国土资源大调查项目经费
中国地质大学(武汉)学术著作出版基金 资助

地质环境评价

DIZHI HUANJING PINGJIA

周爱国　周建伟　梁合诚
唐朝晖　甘义群　孙自永　等编著

中国地质大学出版社

内容简介

本书较为系统、全面地阐述了地质环境评价的含义、基本原理、评价方法和技术手段，结合大量的实例对地下水环境、土壤环境、城市地质环境、矿山地质环境、生态地质环境、地质灾害等评价工作进行了全面的论述，并对地质环境评价的图件编制进行了讨论。这些内容中的相当大一部分是近年来地质环境评价领域的最新研究成果，其观点新颖，内容充实，实例丰富，方法先进，具有较强的理论意义和实际应用价值。

本书可供从事环境保护和环境地质工作的技术人员和高等院校师生参考，也可作为高等院校相关专业本科生、研究生的教材。

图书在版编目(CIP)数据

地质环境评价/周爱国等编著. —武汉：中国地质大学出版社，2008.5（2019.9重印）

ISBN 978-7-5625-2237-9

Ⅰ.地…
Ⅱ.周…
Ⅲ.地质环境-评价
Ⅳ.X141

中国版本图书馆 CIP 数据核字(2008)第 059119 号

地质环境评价
DIZHI HUANJING PINGJIA

周爱国　周建伟　梁合诚　唐朝晖　甘义群　孙自永　等编著

责任编辑：方　菊　　责任校对：张咏梅

出版发行：中国地质大学出版社（武汉市洪山区鲁磨路 388 号）　　邮政编码：430074
电话：(027)67883511　　传真：67883580　　E-mail：cbb @ cug. edu. cn
经　销：全国新华书店　　http://www.cugp.cn

开本：787mm×1092mm 1/16　　字数：350 千字　　印张：13.5
版次：2008 年 5 月第 1 版　　印次：2019 年 9 月第 2 次印刷
印刷：湖北睿智印务有限公司　　印数：3001-4000册

ISBN 978-7-5625-2237-9　　定价：36.00 元

《地质环境评价》编写人员名单

周爱国	周建伟	梁合诚	唐朝晖
甘义群	孙自永	蔡鹤生	于世勇
方勇刚	邢新丽	孙爱荣	赵启明
张庆军	谢先明	古　琴	余绍文
张　俊	吕敦玉	吴　尚	余　楚

前　言

快速的地质环境变化或灾变越来越受到重视，这种不可预见的变化对社会的影响非常广泛和深刻。尤其是由于人类活动对地质环境产生了深远的影响，提速或扰动了某些地质过程，导致前所未有的复杂效应。因此，环境问题已成为地球科学的前沿和热点。地质科学和环境科学相互交叉而产生的一门新学科——环境地质学，也就成为地球科学与环境科学中发展最快、影响日益巨大的学科。

地质环境评价是环境地质学的重要组成部分，是环境地质学的一个重要分支学科。它是围绕一定的目标，以地球系统科学为指导，在地质环境调查的基础上，从资源-环境-经济协调发展的综合角度出发，全面研究地质环境-人类活动之间的相互影响和反馈作用，以定性与定量相结合、定性分析作为约束定量分析的框架为基本准则，对地质环境进行深入、系统的分析，并对地质环境质量的优劣进行定量描述，编制出评价图系。它具有综合性、系统性、复杂性等特点。地质环境评价工作是环境地质研究领域中一项非常重要、必不可少的工作，所有的环境地质调查成果必须经过地质环境评价这一环节，将专业性的调查成果转变为通俗易懂、实用性强的评价成果，才能提供社会所用。因此，地质环境评价是地球科学从资源保障为主的比较传统的发展为依托，开始向更贴近新的社会生活、满足社会发展多种需要的方向转变，在研究人类生存和发展的地质背景中更好地找到了自身发展的基础和空间必不可少的学科领域。

1998 年，笔者根据多年来为各类环境地质研讨班、短训班和在校学生开设地质环境评价方面课程的讲义、内部教材和相关的一些科研成果，在参考国内外相关文献的基础上，编著出版了地质环境评价领域的国内第一本专著《地质环境质量评价理论与应用》。这本书在环境地质研究领域引起较大反响，几年来，除了直接应用于大量生产实际，还有相当多的著作和文章引用书中相关理论和方法，很多单位和个人希望该书能够再版。另外，笔者从 21 世纪开始承担了区域环境地质调查、城市环境地质调查、农业地质调查、地质灾害调查等一系列环境地质调查研究项目，在一些研究项目中负责完成了其中的地质环境评价专题研究，进行了多方面的理论和方法的探讨，并在实践中进行了应用和验证，取得了一些研究进展。因此，从 2005 年起就着手准备本书的撰写工作，力求用浅显的语言、实用的技术、丰富的实例来诠释地质环境评价工作的理论、方法与技巧，经过多人的共同努力，几易其稿，才编撰了此书。

本书在原专著的基础上，更为详尽地阐述了地质环境评价的相关概念、基本原理、评价方法和技术手段，利用大量的实例对地下水环境、土壤环境、城市地质环境、矿山地质环境、生态地质环境、地质灾害等相关评价工作进行了全面的综合论述、归纳和探讨，并对地质环境评价的图件编制工作做了论述。这些研究内容中的相当大一部分是近年来地质环境评价领域的最新研究成果，具有较强的理论意义和实际应用价值，期望这本书能对本学科的相关研究人员及实际工作者提供一些帮助和借鉴。

本书第一、二、九章由周爱国、周建伟、梁合诚、蔡鹤生编写；第三、八章由周建伟、甘义群、孙爱荣编写；第四章由甘义群、邢新丽编写；第五章由梁合诚、张庆军编写；第六章由唐朝晖、梁合诚、于世勇编写；第七章由孙自永、邢新丽、方勇刚编写。全书由周爱国统稿，蔡鹤生校订，赵启明、古琴、谢先明、余绍文、张俊、吕敦玉、吴尚等参加了资料收集、文字整理、文稿校对和图件清绘等工作。

本书中的大部分内容所依托的调查研究项目来源于国土资源部，项目的完成在很大程度上得益于相关单位同仁的大力支持。在此，衷心感谢国土资源部地质环境司、科技司和中国地质调查局水环部相关领导和专家，他们在项目进展和书稿撰写过程中提供了相当多的指点和帮助；感谢中国地质科学院水文地质环境地质研究所的王明德研究员、刘长礼研究员、叶浩研究员和南京地质矿产研究所的冯小铭研究员、陈冰研究员、姜月华研究员、刘红樱研究员等专家，他们在项目开展、相关规范与指南编制过程中提出了很多有创意的思想和意见；感谢陈梦熊院士、张宗祜院士、沈照理教授、段永侯研究员、哈承佑研究员等前辈的指导。

在项目研究的过程中，还得到了中国地质大学(武汉)张人权、朱立、徐恒力、孟高头、王焰新、靳孟贵、梁杏、陈植华、祁士华等教授和中国地质环境监测院的田廷山、李文鹏、郝爱兵、侯春堂、李瑞敏、冯翠娥等研究员的热心帮助和建议，在此一并表示感谢！

另外，还要感谢为书中的实例提供了素材和地质环境背景资料的众多单位的同仁们，在本书的编写过程中，所有引用的文献尽量注明，但在多次学术交流中，许多学者和同仁在口头上或以邮件方式向笔者提出了许多宝贵的建议，提供了一些尚未发表的资料与成果，给予了许多启发，这里无法一一注明，特此致歉，并表示衷心感谢。

由于环境地质学及地质环境评价基本理论与方法近年来发展非常迅速，它所涉及的内容相当广泛，限于笔者的水平和实践经验有限，书中肯定有不当和错误之处，敬请广大读者批评、指正，以促进地质环境评价这一分支学科更好更快地发展，使其应用水平更上一层楼。

作　者

2007年12月于中国地质大学(武汉)

目 录

第一章　地质环境评价概述

第一节　环境与环境质量

一、环境

人类生活在一定的环境中。人类的一切活动，包括生产活动和日常生活，都离不开环境，但也都不可避免地要对周围的环境产生一定的影响，而周围的环境状况，又要对人类的生存与繁衍产生制约作用。

从“环境”一词的通用含义来讲，与某一中心事物有关的周围事物，就是这个事物的环境(Environment)。环境总是相对于某一中心事物而言的，总是作为某项中心事物的对立面而存在，它因中心事物的不同而不同，随中心事物的变化而变化。中心事物与环境既相互对立，又相互依存、相互制约、相互作用和相互转化，在它们之间存在着对立统一的关系。

《中华人民共和国环境保护法》(1989 年 12 月 26 日发布)第一章总则第二条对环境的内涵有如下规定：本法所称环境，是指影响人类社会生存和发展的各种天然的和经过人工改造的自然因素总体，包括大气、水、海洋、土地、矿藏、森林、草原、野生动物、自然古迹、人文遗迹、自然保护区、风景名胜区、城市和乡村等。

在地球上，中心事物是人类，因而，环境科学中的所谓环境就是指人类的生存环境，指人类赖以生存和发展的物质条件。也就是说，环境是指围绕着人群的空间及其中可以直接、间接影响人类生活和发展的各种自然因素和社会因素的总体。其中，自然因素的总体称为自然环境，社会因素的总体称为社会环境。自然环境是人类生存和发展的必要物质条件，包括各种天然的和经过人工改造的自然要素，例如阳光、空气、水、土壤、岩石和生物等，以及由这些要素构成的各圈层，如大气圈、水圈、岩石圈和生物圈，这些要素和圈层构成了人类的生存环境和地理环境。社会环境是指人类的社会制度等上层建筑条件，包括构成社会的经济基础、城乡结构和建设以及与各种社会制度相适应的政治、经济、法律、宗教、艺术、哲学的观念和机构等。

二、环境的分类

人类对自然环境的利用、改造的深度和广度，在时间上随着人类社会的发展而发展，在空间上则随着人类活动领域的扩张而扩张。因此，人类的生存环境，可以根据其与人类生活的密切关系和人类对自然环境改造加工的程度，由近及远、由小到大地分为聚落环境、地理环境、地质环境和星际环境。

1. 聚落环境

聚落环境是人类聚居的场所和活动的中心，是与人类生产和生活关系最密切、最直接的环境。它是指人类有目的、有计划地利用和改造自然环境而创造出来的生存环境。聚落环境按其性质和功能可以分为院落环境、村落环境和城市环境，它是人工环境占优势的生存环境。

2. 地理环境

地理环境位于地球表层，处于大气圈、水圈、岩石圈和生物圈相互制约、相互转化的交错带上。它下起岩石圈的表层，上至大气圈下部的对流层顶，范围大致与水圈和生物圈相当。这里是来自地球内部的内能和来自太阳辐射的外部能量的交锋地带，有常温常压的物理条件、适当的化学条件和繁茂的生物条件，构成了人类活动的舞台和基地。

3. 地质环境

从空间范围来说，地质环境的顶部与地理环境的底部相互交融，而其下部则为人类科学技术活动能够达到的地壳深部。地理环境是在地质环境的基础上、在星际环境的影响下发生和发展起来的，因此可以说地质环境是人类生存的最基本环境。在地理环境、地质环境和星际环境之间不断地进行着物质和能量的交换。

4. 星际环境

星际环境似乎离人们很遥远，但它的重要性不容忽视，人类生存环境中的能量主要来自于太阳辐射，星际环境的上限是人类科学技术活动能够达到的星际空间。地球是迄今为止人们所知道的唯一由人类这样高等生物居住的星球，主要原因在于它从太阳获取的能量为生物的产生、繁荣和昌盛创造了必要条件。

三、环境的基本特性

环境是一个系统，而且是一个具有大量物质、能量和信息流入流出的开放式系统。作为一个系统而言，环境有其自身的基本特性，主要表现在如下方面。

1. 整体性与区域性

整体性是环境最基本的特性，是指环境的各个组成部分和要素之间构成了一个完整的系统，故又称系统性。这就是说，在不同的空间中，大气、水域、土壤、植被乃至人工系统等环境要素之间，有着确定的数量、空间布局和相互作用关系。

环境的区域性是指环境整体特性的区域差异，即不同区域的环境具有不同的整体性。实际上，区域性与整体性是同一环境特性在两个不同侧面上的表现。

2. 变动性与稳定性

环境的变动性是指在自然和人类社会的共同作用下，环境的内部结构和外在状态始终处于不断变化之中。

与变动性相对应的是环境的稳定性，稳定性是指环境系统具有一定的自我调节功能的特性，也就是说，当人类行为作用引起的环境结构与状态的改变不超过一定的限度时，环境系统可以借助于自身的调节功能使这些改变逐渐消失，结构和状态得以恢复。

3. 资源性与价值性

没有环境就没有人类的生存，更谈不上人类社会的发展。从这种意义上说，环境具有不可估量的价值。环境的价值特性源于环境的资源性。人类的繁衍、社会的发展都是环境对之不断提供物质和能量的结果。

过去人们较多注意环境资源的物质性方面，如生物、土地、淡水、矿藏等。这些年来，随着环境科学的发展和研究的深入，人们逐渐认识并注意到环境资源特性的非物质性部分。具体到环境而言，环境状态也是一种资源，不同的环境状态对人类社会的生存发展将会提供不同的条件。

四、环境质量

正如我们认识一件物品的质量，谈其好坏一样，环境质量(Environmental Quality)就是环境素质的优劣程度，是环境素质好坏的表征。目前对这一概念有两种理解：一种认为环境质量是环境状态惯性大小的表示，即环境从一种状态变化到另一种状态，其变化难易程度的表示；另一种认为环境质量是环境状态品质优劣的表示。

不同的中心事物往往有不同的评价标准。环境科学研究的环境是以人类为中心的，人群是环境的主体和核心，因此，衡量环境优劣程度的标准是：是否适宜于人类健康的生存和美好的生活，或者是否具有良好的经济效益。也就是说，环境质量是指在一个具体的环境内，环境的总体或环境的某些要素，对人群的生存和繁衍以及社会经济发展的适宜程度，是反映人类的具体要求而形成的对环境评定的一个概念。人类通过生产和消费不断地改变着周围的环境质量，环境质量的变化又不断地反作用于人类的生产和生活。

环境质量包括自然环境质量和社会环境质量两部分。自然环境质量按构成自然环境要素的不同可分为大气、水、土壤、生物、岩石等的环境质量。社会环境质量则包括政治的、经济的、文化的和美学等方面的内容。

以前，我国环境科学中所谈的环境质量，是指由于大工业、大农业的发展，由于污染而造成的环境质量的下降。实际上，这并不是环境质量的全部内容，仅是环境质量中的一部分。随着环境科学的发展及环境质量评价工作的深入，环境质量已从污染环境质量扩展到了生态环境质量，即除了污染影响外，主要是减少生物多样性而导致生态环境质量下降，包括结构恶化和功能的降低。其中，开发各种资源(如矿产资源、水力资源等)对生态环境质量的影响尤其巨大。在判定污染环境质量时往往以国家规定的环境标准或污染物在环境中的本底值作为依据。评价生态环境质量则要建立生态学方面的定量指标体系。

由于环境对人类生存发展的影响重大，不论如何理解环境质量都必须对具有不同环境状态的品质进行定量的描述与比较。在现实情况下规定了一些具有可比性的内容作为衡量环境质量的指标。当前主要是对由于人类活动所产生的环境质量变化进行研究，并侧重于由污染造成的环境质量下降、确定的环境质量指标和标准仅限于进入环境中的污染物及其含量水平的研究。随着认识的不断深入，对环境质量的表征将更加完善，使其能与社会、经济可持续发展的有关指标形成一个完整的指标体系。

对于环境质量的变化，不论从空间上或是从时间上研究其变化规律，都是以环境中的物质运动、转化所产生的各种环境效应来衡量的，充分认识环境质量的目的在于了解其变化趋势，为控制和改善环境质量提供依据。

环境质量变化的特性表现在以下几个方面。

(1)人类活动导致的环境质量变化，有直接的和间接的作用，而环境质量影响则具有正负反馈效应和时滞性。

(2)环境质量的变化是一个自然过程，即使没有人类活动的扰动，在自然环境演变过程中也会出现环境质量的变异，这种变化可能是缓慢的，也可能是灾变性的。

(3)人类活动造成的环境质量变化，通常分为人为作用、环境参数变化、环境质量变异三个阶段。例如：环境污染所造成的环境质量变化包括有害物质的释放、在环境中的迁移转化和产生污染危害三个过程，只有当污染物质及各种环境参数的变化超过人体适应能力时，才有可能造成危害，产生环境质量变异。

五、环境质量标准

(一)环境标准的概念与分类

标准就是对经济、技术、科学及其管理中需要协调统一的事物和概念所作的统一技术规定。这种规定是为获得最佳秩序和社会效益,根据科学、技术和实践经验的综合成果,经有关方面协商同意,由主管机关批准,以特定形式发布,作为共同遵守的准则。

环境标准是有关控制污染、保护环境的各种标准的总称,它是环境保护立法的一个重要组成部分,是由政府制定的强制性法规,也是我们进行环境研究以及环境评价的基础。环境标准主要回答两个问题:①人群健康及与其利益有密切关系的生态系统和社会财物不受损害的环境适宜条件是什么?②为了实现这些环境条件,又能促进生产的发展,人类的生产、生活活动对环境的影响和干扰应控制的限度和数量界限是什么?前者是环境质量标准的任务,后者是人类对环境作用的极限标准(包括排放标准)的任务。另外,还有为保证实现这两类标准规定的环境基础标准及方法标准等。也就是说,环境标准可定义为:为保护人类健康、社会财产和促进生态良性循环,对环境中的污染物(或有害因素)水平及其排放源、人类对环境的破坏行为应规定的限量阈值或技术规范。

环境标准种类繁多,依分类原则而异。按标准的级别可分为:国际级、国家级、地方级。例如饮用水质量标准,1971 年世界卫生组织(WHO)制定了《国际饮用水标准》,我国于 1985 年颁布了《生活饮用水卫生标准》(GB5749—85),以后各地又结合本地实际情况补充了一些项目作为地方级的标准。

按照环境标准的性质可分为:法律性标准和参考标准(如指南、方针、建议等);按标准控制的对象和形式可分为环境质量标准、污染物排放标准、行业标准、基础标准和方法标准等。

(二)我国的环境标准体系

环境标准体系是各个具体的环境标准按内在联系组成的科学体系。我国的环境标准体系可由三类两级标准组成。三类即环境质量标准、污染物排放标准、基础标准与方法标准,两级指国家和地方两级标准。

1. 环境质量标准

以保护人类健康、促进生态良性循环为目的而规定的各类环境的组成、状态在一定时间和空间范围内的容许水平称为环境质量标准。它包括两个方面的内容:①各类环境中的有害物质(或各类污染因素)的容许浓度,是针对环境被污染而言的;②各类环境的状态变化的界限值,是针对环境被破坏而言的。环境质量标准是环境保护及有关部门进行环境管理和制定人类活动的行为标准(包括排放标准)的依据。环境质量标准包括国家环境质量标准和地方环境质量标准(或规定)。

2. 污染物排放标准

控制人类活动对环境的影响,包括两个方面的内容:①环境的化学组成的变化,即人为活动排放的污染物对环境的影响;②环境的物理组成(即状态)的变化,即人为活动对环境的物理性状的影响。目前多只是规定了污染物的排放标准,而对环境状态变化标准则视实际情况而定。

污染物排放标准就是为了实现国家(或地方)环境目标,对污染源排放污染物进行控制所规定的允许排放水平。建立这种标准的目的在于直接控制污染源以有效地保护环境。因此,在经有关法律认可后,它对污染源就有直接的约束力,是实现环境质量目标的重要控制手段。污染物排放标准分为国家排放标准和地方排放标准两级。

3. 基础标准与方法标准

在制定各类标准时，对必须统一的原则、方法、名词术语等做出的相应规定，是制定和实现环境标准、实现统一管理的基础。它为环境标准的制定提供统一的语言和方法，指导各项指标的制定。

在环境标准体系中，最根本的是要实现国家环境质量标准，通过执行国家级排放标准和特定地区的排放标准直接控制各类企业、事业单位的污染源排放量来实现。

第二节　地质环境与环境地质

一、地质环境的含义

人类的技术-经济活动不断地改变着地球的面貌，甚至导致地球上一些新的地质现象的出现。人类的活动对岩石圈的影响随着科学技术的发展而愈来愈强烈了，从现阶段看，已经不是局部的，常常是区域的或全球性的问题。这种人为作用对改变岩石圈表部的组成、状态、性质已经达到相当大的规模。由此可见，人类活动与岩石圈的表层关系是十分密切的。然而，岩石圈的表层又是与大气圈、生物圈、水圈相互作用最直接的部分。因而，一般将这个与大气圈、生物圈、水圈相互作用最直接，又是人类活动关系最密切的岩石圈接近地表的部分称为地质环境，地质环境是人类环境的一部分。

地质环境是具有空间概念的。它是岩石圈上部有特殊性质的部分，是生命和人类活动的环境。地质环境的上限是岩石圈的表面，这里所有的地质环境因子都积极地参与大气、地表水体、生物之间的相互作用。这种相互作用在形成环境结构、性质和生态质量中起着基础作用。地质环境的下限是人类科学技术活动所能达到的地壳深部，下限的深度是随着科学技术的进步而发展的，取决于人类的科学技术水平和生产活动能力。

目前的地质环境是地球经过长期发展和演化才得以形成的。这种演变是从地球形成以后就不停止地进行着，主要是通过地球上的大气、水和岩石之间以及地球与外部空间之间不停地进行物质和能量交换逐步达到适宜于人类的生存、发展以及人类同地质环境中的其他生物的发展与生态平衡。同时人类与其他生物生存与发展的活动又对地质环境产生不同的影响，使地质环境不断地发生物理的和化学的变化，甚至达到使地质环境发生某些不利于人类生存和生态平衡的破坏的程度。并且随着人口的增多，这种不利影响也会急剧地增长。

总之，地质环境就是与人类社会发展有特殊的、紧密相联系的、积极地与大气、水、生物圈相互作用着的岩石圈的接近地表的部分。地质环境是一个开放的、独立的环境系统，它具有物质组成、地质结构和动力作用三种基本要素。因此，地质环境是环境中最重要的组成部分，是客观存在的实际物质，它控制着其他地球环境中其他部分的基本格局。地质环境的概念不仅仅局限在地质学科的范畴内，它还说明自然与社会的相互作用和相互渗透，研究地质环境离不开人类的社会经济活动。

二、地质环境的分类

(一)按人-地作用分类

1. 原生地质环境

即没有受到人为改造或破坏的地质环境。这种地质环境被称为第一环境，或叫原生环境或一次环境。

2. 次生地质环境

如被开垦成为梯田的山地丘陵，为防止洪水灾害而修筑的堤防及水库的平原和低地，为工矿业生产而破坏或污染了的山区和河流等等，也可称为第二环境或次生环境。

当然，并不是只有次生环境才是对人类社会带来危害的环境，第一环境，即原生地质环境，或由于当地的地层条件，物理、化学的，地貌的或特殊的气候条件等等，都有可能给人类社会带来疾病、灾害或其他不便等等。比如，由于气候条件的干旱缺水，会导致荒漠化，使土地变为沙漠、戈壁，原有的河流、湖泊断流萎缩乃至消亡。又如，在某些原生地质环境中，由于岩石、地层或土壤、水体中某些有害化学元素的富集或有益化学元素的缺乏而使人类产生不同的疾病，称为地方病或水土病。

（二）按物质构成要素分类

地质环境按照其物质构成要素（水、气、土壤、岩石、生物）主要可分为水环境、土壤环境和岩石环境。

1. 水环境

广义的水环境包括地表水环境与地下水环境两部分。由于地表水与地下水有着十分密切的水力联系，两者相互转化，因而不应该将两者割离开来。

2. 土壤环境

指岩石圈的表部土壤层，它与人类的生存繁衍关系密切，是大气圈、水圈、生物圈、岩石圈所共同作用的部分。

3. 岩石环境

指岩石圈中岩石部分（包括坚硬岩石与松散岩石），它源源不断地向外部环境输送物质和能量，丰富的矿物资源是人类赖以生存的物质基础。

地下水环境、土壤环境和岩石环境三者之间，存在着物质、能量与信息的交换、转移，不应该把它们割离开来进行分析，必须作为一个整体来进行分析研究。大气圈、生物圈对地质环境系统有很大影响，是地质环境的外部环境系统。

此外，地质环境也可以按照环境的范围分类，如区域地质环境、城市地质环境等；还可以按照地质环境的功能分类，如水源地地质环境、矿山地质环境、斜坡地质环境等。

三、地质环境问题

1. 环境问题

环境问题是随着人类社会的迅速发展而产生并加剧的，人类对环境问题的认识也是在人类社会的发展过程中不断加深的。人类在被动地适应环境、被动地解决环境问题的进程中，逐步改善着人类生产活动与自然环境的关系，逐步地预见到人类活动对环境所引起的近期和远期的影响。

人类早期的环境问题主要是由于对土地的盲目开发所造成的森林破坏、严重水土流失、荒漠化等与土地破坏有关的环境问题。后来由于工业文明的发展，生产技术进步，人类开发地球的规模越来越大，所造成的环境问题越来越多，比如严重的环境污染现象，大气污染、水体污染、土壤污染、噪声污染、农药污染和核污染等的规模之大，影响之深都是前所未有的，历史上曾出现过举世闻名的“八大公害”事件。于是，环境问题就成了全球性的问题，在这种严峻形势下，人类不得不重新审视自己的社会经济行为和走过的历程，认识到通过高消耗追求经济数量增长“先污染后治理”的传统发展模式已不再适应当今和未来发展的要求，而必须努力寻求一条人口、经济、社会、环境和资源相互协调的，既能满足当代人的需求而又不对满足后代人需求的能力构成危害的可持续发展的道路。

2. 地质环境问题

地质环境问题，是指由自然因素和人类活动作用影响而发生的，使人类赖以生存的地质环境的质量发生不良变化或遭到破坏，直接或间接地威胁人类的生产生活或造成人类生命财产严重损失的事件。

按主要诱发因素的不同，地质环境问题可分为原生地质环境问题与次生地质环境问题。原生地质环境问题，即由自然因素引起的与人类活动无关的地质环境问题。如火山爆发、地震活动、地方病等。次生地质环境问题，也称为人为地质环境问题，即由于人类的社会生产活动引起的地质环境中物质组成、性质、状态和地质结构的变化以及与其有关的地质作用和现象问题。例如过量开采地下水引起的地面沉降、矿区疏干引起的地面塌陷、地下水水质恶化、人类工程活动引起的地质灾害（滑坡、崩塌、泥石流等）等等。实际上，任何一个人为地质环境问题都牵涉到人类活动和地质环境中的各个环境要素，只不过对该环境问题的研究侧重于地质学科中的某一个分支学科，因而，对人为地质环境问题是否细分或者如何细分都值得进行深入研究。

地质环境问题按其出现的地域范围可分为区域地质环境问题（如一个城市的地面沉降、地下水污染等）和全球性地质环境问题（如矿产资源短缺、沙漠化等）等，也可按其发生变化的性质分为化学的地质环境问题与物理的地质环境问题。

3. 地质灾害

地质灾害是地质环境问题中最为突出的问题，它是指由自然因素和人类活动作用影响而发生的，可以对人类生命财产及生存环境造成破坏和损失的地质过程与现象。

中国地质灾害种类多，分布广泛，发生频繁，是世界上地质灾害严重的国家之一。地质灾害的发生和发展严重地威胁着生存环境，危害人类的健康及生命，并给国家造成巨大经济损失。所以，地质灾害是重大环境问题。

四、环境地质及其学科归属

“环境地质”一词，虽然常被人们使用，但其严格的含义（或者说是定义），都很少被人们认真推敲过。因此，出现了各不相同的说法。环境地质的概念在国外出现于 20 世纪 60 年代初期。关于它的含义和研究范畴，各国学者持有不同的理解。

在我国，也是随着一系列的环境问题，如环境污染、地质灾害等对生产、生活的影响愈来愈突出而提出的。国内学者从 20 世纪 70 年代以后对环境地质开始有所讨论，几乎所有的学者都将环境地质定位于一门学科，只不过有学者认为环境地质是研究地质环境问题的产生、发展和防治等的一门学科，是地质学的分支，也是环境科学的组成部分。也有部分学者将环境地质定义为研究人类技术-经济活动与地质环境相互作用、影响的学科。

归纳起来国内外学者对环境地质学含义有如下几点共同的认识：①环境地质学是地质科学中的一门新兴应用学科，是环境科学的重要组成部分；②环境地质学是应用地质科学的理论与方法，研究地质环境的基本特征、功能和自身演变规律的学科；③环境地质学侧重研究人类工程技术经济活动与地质环境相互作用；④环境地质学着力为人类合理开发利用地质资源和保护人类生存的地质环境提供地学方面的科学依据，在可持续发展战略中做出贡献。可见环境地质学已经成为国际地学界认同为地质科学中一门应用科学，并且已经成为环境科学和环境保护方面一个不可忽视的研究领域。

但是，就学科发展的范畴来说，环境科学是围绕着人与环境之间的各种问题而展开的，是全方位的研究，它是在现代社会经济和科学发展过程中，为了解决环境问题而诞生的一门科学。地质学是以地球或地质体为对象，对各种地质现象、地质作用及其过程所遵循的自然规律的探索，其成果对人类的社会进步、经济发展、环境保护有着重要意义。所以，从这个层次上来说，环境地质学无论归属于地质学还是环境科学都不为过，它本身就是两者之间的交叉学科，其实质主要是研究地球表生带中的岩(土)、水、气、生等构成相互作用过程与现象，以及其对人类社会的影响。

综合分析认为，环境地质学是研究人类-地质环境系统的发生和发展、调节和控制以及改造和利用的科学。因此，环境地质学的任务就是应用地质科学与环境科学的理论和方法，研究地质环境的基本特性、功能和演变规律，研究人类活动与地质环境之间的相互作用关系，解决人类开发自然环境的过程中遇到的和可能引发的地质环境问题，并探索在发展社会经济的过程中，合理利用和保护地质环境的途径。环境地质研究的目的，正是在于探讨人类活动的影响对地质环境质量发生变化的规律及对人类的反馈作用，从而为合理利用和保护地质环境、改善地质环境和创造新的地质环境提供科学依据。环境地质学本身具有广泛性、边缘性及学科交叉性的特点。它不仅涉及地质学中的许多学科，而且还涉及环境科学和其他许多学科的内容。

五、环境地质学的主要研究内容

环境地质学研究的是人类-地质环境这一复杂的大系统，其研究内容十分丰富并不断拓宽。

环境地质学研究内容尚有许多争议，其中一个主要争议是一些传统地质学科中的某些内容是否归为环境地质学的研究范畴。诸如火山、地震、滑坡、泥石流、边坡稳定等分属于地震地质、工程地质等传统地质学，如处理不当，必然会引起学科间研究内容的混乱和重复。但要处理好这些学科研究内容之间的有机融合又并非易事。但是，如果不将前述内容包含于环境地质学范畴内，环境地质学亦就不能成为一门完整的学科，在地质环境评价中，就会缺少上述重要的环境因子，为保持学科研究内容的系统性，学科间研究内容的交叉与重复古今有之，这是学科发展的必然。例如，岩土的水理性质研究，在水文地质学和工程地质学中均有，前者研究是为了说明岩土的水文地质特性，后者则是为了论证岩土工程特性。尽管它们研究的基本对象相同，但研究的出发点、目的迥然不同。总之，不能将环境地质学仅限于人类技术经济活动引起的地质环境恶化，亦不宜把它变成没有自身特色的包罗万象的学科。

因此，环境地质学的研究内容应包括两种时空尺度的问题：①区域和全球范围，大时空尺度的地质环境问题，包括海平面上升、气候的变化、水资源短缺、生态分布格局与地质过程的关系等；②局域的中、小时空尺度的地质环境问题，包括各种地质灾害，如崩塌、滑坡、泥石流、地面沉降、地面塌陷、地裂缝、水污染、土地盐渍化、土壤侵蚀、荒漠化等。

当前，国际上环境地质学研究主要有以下几个方向。

1. *以动态观点及非线性动力学理论和方法来探索地质环境演化*

在自然因素与人为因素双重作用下的地质环境产生变化，而这些因素的变化在许多情况下是无序的，是一个非线性问题。要了解和掌握这些因素变化，就要通过长期的连续的对各环境要素进行监测，取得必要的资料，然后以各类环境监测数据为基础，采用动态观点及非线性动力学理论和方法，综合性地探索地质环境演化的特点和地质环境灾变预报的可能性。

2. 从不同空间尺度研究地球环境演化

地球系统中的大气、水文、陆地部分都是在不同的空间尺度上演化和变化的。大尺度的环境研究有全球性变化、各层圈间的相互作用，其研究重点是各圈层间的界面上的物质传输、能量转换的化学的和物理的通量和过程。

中尺度（地区性或地带性）的环境地质研究，以研究区特有环境和对社会经济发展的影响为主要方向，其内容有气候与陆地生态系统的耦合、对陆地生态系统变化的影响、全球变化对地区农业与粮食保障的影响等等，这些区域主要集中在生态脆弱地区，如干旱半干旱地带、海岸带、大河流域、盆地、三角洲等以及不同气候区和自然灾害多发区等。

小尺度空间的环境研究，多为环境问题比较集中的地点，如城市、工矿区、重大地质灾害发生地、经济发展较快的地区有不同的突出环境问题，多以人为活动为主导诱发因素，主要研究环境变化中的动力的、化学的过程和人类的工程技术活动影响程度以及防治措施等。

3. 环境变化的时间效应成为环境地质研究中的一个十分重要的方向

由于空间尺度不同和发生过程及机理的复杂性，环境变化的时间效应不同，有时是周期性的，有的可能是突发性的，有的可能具较长时间的滞后性。周期性环境变化的周期长短又不一样，短周期环境变化的研究更有实用意义。目前在环境变化的时间效应研究上，高分辨率时段的研究，不论在理论上还是在方法上都已成为重要课题。因此，在了解和掌握环境变化的过程和预测其变化趋势上，其时间效应是十分重要的。

4. 地质灾害防治与地质环境保护问题已成为环境地质学研究领域内的重点问题

随着人类改造自然能力的增强和人类社会经济活动的越来越频繁，导致与人类生存休戚相关的一系列环境问题不断发生。诸如温室效应、酸雨、臭氧层破坏、沙漠化、石漠化、诱发地震、地下水污染、地方病以及崩塌、滑坡、泥石流、地面沉降、地裂缝、海水入侵等等已经给人类自身的生存和发展造成威胁。

自 1980 年第 26 届国际地质大会上提出地质环境问题宣言开始，越来越多的地球科学工作者已深刻地意识到，地质科学拓展方向和出路之一主要在于参与解决地球的环境与灾害问题。反映地球科学领域对灾害和环境问题的讨论也成为主流。如何对自然界存在的地质灾害和人为因素造成的环境恶化进行防治，以及采取怎样的措施保护现有的生存环境等问题，已经成为并且在今后仍将是环境地质学研究领域内的重点问题。

5. 深入探索环境地质学的科学基础：水-岩相互作用

水-岩相互作用是近地表环境演化的重要驱动力。人类赖以生存的四大环境要素——水、土、气、生，是不同时间尺度与空间尺度上的、自然的或受人类活动影响的水-岩相互作用的产物。在地球系统科学的框架下，以水-岩相互作用理论为指导，借助于现代先进的同位素示踪技术、数值模拟技术、空间信息分析技术等，深入研究不同时空尺度与不同条件下的水-岩相互作用，重塑表生带环境演化过程，揭示环境演化规律、分析环境变异（突变）机制，必能为人类生存环境的有效改善、最终实现人类与环境的协调发展提供理论基础。当前，从水-岩相互作用这一科学基础出发正在开展研究的有下面几个方向。

（1）浅层地下水系统的环境演化与生态效应。

水-岩相互作用不仅使地下水本身、同时也使其次生沉积物中蕴含了丰富的环境变化与生态效应方面的信息。该方向侧重于水-岩相互作用中的水分以及基于地下水、沉积物高分辨率环境记录的研究，重建不同时间尺度、特别是历史时间尺度的高分辨率环境演化过程，为环境变化的预测、预警以及浅层地下水系统的生态效应提供理论基础。

(2)水土环境污染。

基于人类干预下的不同条件的水-岩相互作用的研究可以为环境修复提供强有力的理论基础。该方向侧重于水-岩相互作用的化学组分的研究。主要研究内容：①揭示污染物的空间分布特征，研究污染物的来源和时间演化规律，开展污染物存在形态的水文地球化学热力学模型研究，进行污染物的生物有效性分析；②研究溶质在地下水环境中迁移所经历的水-岩相互作用，分析引起溶质质量减少和存在形态改变的主要水文地球化学作用和影响因素，建立地下水流、溶质运移与地球化学反应模拟相耦合的“反应-运移模拟”数值模型，预测溶质在地下水中的时空分布；③研究污染物在天然水-土-气-生系统中发生的水-岩相互作用，分析影响污染物在天然地下环境中迁移、分散、富集、降解和存在形态改变的主要影响因素，揭示水-土-气-生系统自净作用机理，探究利用其进行环境修复的可行途径。

(3)突变性地质环境过程。

突变性地质环境过程是近地表环境中水-岩相互作用的临界平衡态在外界突发因素(如人类活动暴雨等)的诱发下而发生的失稳、再平衡过程。该方向侧重于水-岩相互作用的物理学机制(力学)的研究，主要研究以突发性地质灾害(如泥石流滑坡、塌陷等)在其形成、发展(演变)过程中经历的水-岩相互作用研究为基础，结合物理力学模型和监测模型等，构建突变性地质灾害仿真、预报(警)模型，为突变性地质灾害的防治、修复和风险评估提供理论基础。

6. 环境地质研究的新技术、新方法

因为现代环境科学研究的问题，多是当代各有关学科的前沿科学问题，特别是多学科相交叉的边缘科学，许多问题还在探索发展。因此，在环境地质学研究中，从宏观到微观应用了大量现代新技术和新方法。例如，网络信息技术、3S技术和方法、系统科学的理论和方法、卫星通讯技术和高速信息传输技术、生物工程技术、高精度的分析测试技术和方法、高分辨率的年代学测年技术，以及最近的环境磁学的形成和发展等等都标志着环境地质学在研究方法和手段上的这一特点。

第三节　地质环境质量、容量和承载力

一、地质环境质量

地质环境质量(Geo - Environmental Quality)就是指在一个具体的地质环境内，环境的总体或者环境的某些要素，对人群的生存和繁衍以及社会经济发展的适宜程度。人类通过其生产活动(从地质环境中获取资源和能源)与消费活动(向地质环境排放废弃物)不断地改变着周围地质环境的物质组成与状态，即改变地质环境质量，而地质环境质量的变化又不断地反作用于人类。例如，过量开采地下水改变了地质环境质量，可能导致地面沉降(如上海、天津等城市)，而地面沉降后导致建筑基础破坏、地下管线断裂、堤防功能丧失等问题，反过来又影响了人类的正常生产与生活。

地质环境质量包括土壤环境质量、地下水环境质量与岩石环境质量等。地质环境是由容

易受到人类活动影响、并决定其影响性质的那部分岩石圈组成的，因而地质环境质量与人类的关系非常紧密，考虑地质环境质量必须注意人类对它的影响；同时，大气圈、生物圈是地质环境的外部系统，研究地质环境时也不能忽视其影响。

判断地质环境质量优劣的标准有两个：一是看它是否有利于人体及生物健康与种族繁衍，二是是否有利于本地区社会经济的发展。

1. 土壤环境质量

土壤环境质量包括土壤环境中各环境要素本身的质量状况和土壤受到人类活动影响后质量变化的情况，以及把土壤作为农业资源开发的土壤资源质量这三方面内容。土壤环境问题主要是指在人类活动影响下产生的土壤污染和结构破坏，其中土壤污染是研究的重点。

土壤环境质量评价是指在研究土壤环境质量变化规律的基础上，按一定的原则、标准和方法，对土壤污染程度进行评定，或评价土壤对人类健康的适宜性。也就是说，土壤环境质量评价是对土壤环境质量高低和优劣作定性或定量的评判。

2. 地下水环境质量

地下水环境质量主要包括三个环境要素，即对某一含水系统(或含水层)而言，其所含的地下水的水量、地下水的水质、含水系统本身的结构和状态。地下水环境质量的变化集中表现在以下三个环境要素的变化上。

(1)水量增加或减少。

水量增加表现为地下水位上升，由此引起的环境问题有次生盐渍化、次生沼泽化、矿坑突水、对建筑物的不适宜影响等；水量减少表现为地下水位下降，由此引起的环境问题主要有水资源枯竭和草原退化，以及地面沉降、地面塌陷、海水入侵等。

(2)水质好转或恶化。

水质好转是指当地下水水质较差时，因某种原因水质由差向好的方向转化；水质恶化即水中化学物质含量增加或物理性质变差，天然条件下产生的即为水质异常，人为作用下产生的即为水质污染。

(3)含水系统(或含水层)结构稳定或破坏。

这主要是指人类活动对含水系统结构的影响。如果人类对地下水的开发利用没有引起含水系统结构、状态的显著变化，则认为其结构稳定。反之，引起如边界条件改变、含水层空隙性变化、相对隔水层透水性变化等，则认为含水系统(或含水层)的结构已遭受破坏。

天然条件下，地下水环境也发生着变化，这种变化主要是反映在原生地质环境质量出现某种问题，但变化进程是一种缓变的过程。而人类活动的强烈干扰，则产生了一系列的次生地质环境质量问题，使地下水环境质量的变化进程大大加快，甚至在一定时刻出现地下水环境质量的变异。

地下水环境质量评价主要研究地下水环境质量现状和时空变化规律与其所处的自然地理、地质、水文地质等条件之间的关系，以及人类活动对地下水环境质量影响。它可为保护地下水环境、改善其环境质量以及水资源与环境规划提供科学依据，也是地质环境评价的重要组成部分，实质是对地下水环境质量的优劣程度进行定量描述，即按一定的评价标准和评价方法对一个特定区域(或一个特定的含水系统)中的地下水环境质量进行说明、评定和预测。

总之，从地质环境质量的概念和含义来说，针对不同的环境目标和评价对象，地质环境的质量也是不一样的，因而必须从相应的目的出发，对地质环境质量进行综合分析与评价。

二、地质环境容量

1. 环境容量

环境容纳污染物的能力有一定的界限，这个容纳界限称为环境容量。所谓一定的界限，指排污与开发活动造成的环境影响不能超过的环境容许极限。

环境容量概念在提出时主要是评价环境的纳污能力大小，其概念首先是由日本学者提出来的。目前国内外对环境容量的定义仍未统一，大致可分为以下几类：

(1)环境容量就是环境质量标准与环境单元内总体积的乘积；

(2)环境容量等于环境质量标准与本底的差值乘以总体积；

(3)把环境容量看成是最大允许排污总量的增值与控制浓度的增量的比值；

(4)环境容量定义为环境自净能力的度量，它是自净系数与总体积的乘积；

(5)环境容量就是指环境介质容量容纳各种污染物质的多少；

(6)环境容量就是污染源释放某种有害物质于环境中，由于环境作用而不造成环境危害的最大允许释放频率；

(7)环境容量是指某一环境单元所允许承纳的污染物质的最大数量。

环境容量有两种表达方式。其一，在能满足环境目标值的范围内，区域环境容纳污染物的能力，其大小由环境的自净能力和区域环境自净介质的总量来决定；其二，在保持环境目标的前提下，区域环境容许排放的污染物总量。这样就将环境容量转化为用区域环境目标值计算出污染物最大允许排放总量的问题。

2. 地质环境容量的概念

环境容量的原意是指：在人类生存和自然不致受害的前提下，某一环境所能容纳的污染物的最大负荷量。而对地质环境容量(Geo－Environmental Capability)来说，目前国内学术界对其概念还存有争议，总体来说有两种认识。

狭义的地质环境容量仍旧是指地质环境(水、土、岩等)对污染物的稀释、扩散和净化能力，或者是指在一定时期和一定环境状态下，某一区域内环境污染物的最大排放量。简言之，即污染物的允许排放量、环境的最大纳污量等。自然界对外界侵入物(污染物)具有某种能使之无害的净化能力。它对城市环境保护中实行污染物的总量控制有着重要意义，然而由于表征容量大小的指标仅仅是区域范围的人类经济活动所排放的某一种或多种污染物的数量和浓度，因此用它来体现环境系统的状态与功能尚有许多不足之处。

随着环境容量应用领域的不断拓宽，地质环境容量也由狭义的“排放容量、纳污容量”演变为广义的“对人类活动的支持能力大小”。它是指在一定的时期和一定的区域范围内，在维持区域地质环境系统结构不发生质的改变，不引起地质环境朝着恶化方向发展(或者说不产生地质环境问题)的条件下，区域地质环境系统内的不同地质单元对人类活动的相对支持能力的大小。很明显，广义的地质环境容量表征的应该是某一区域范围内不同地质空间所能承受人类活动的相对潜能大小，也可看作是区域环境系统结构对区域社会经济活动的适宜程度，类似于目前广为使用的地质环境承载力。所以，目前大部分研究人员倾向于用地质环境承载力表征地质环境系统承受人类活动的能力，而把地质环境容量仍旧定义为地质环境对污染物的最大负荷量。

三、地质环境承载力

1. 地质环境承载力的概念

可以从地质环境系统内的人-地关系分析出发，给定一个地质环境承载力的概念（Geo-Environmental Carrying Capacity），即在一定时期的一定区域内，在一定的环境目标下，在维持地质环境系统结构不发生质的改变，系统功能朝着有利于人类社会、经济活动方向发展的前提下，地质环境系统所能承受人类活动和外部力量的影响与改变的最大能力。

2. 地质环境承载力的内涵

从以上的定义可以看出，地质环境承载力具有如下内在含义。

（1）地质环境承载力是地质环境系统结构特性的一种抽象表示。地质环境系统的任何一种结构，均有承受一定程度外部作用的能力，在这种程度之内的外部作用下，系统可通过自身内部各子系统的协调作用使系统由无规则状态转化为宏观有序的状态，因而其本身的结构特征、总体功能均不会发生质的变化。地质环境的这种本质属性，是其具有承载力的根源。

（2）地质环境承载力表征系统的功能可以因人类对地质环境的改变而变化。人类对地质环境开发、利用和改造的规模、强度、速度是基于某一时期的社会生产力和认识水平。先前认为难以治理的地质环境问题，随着生产力水平的发展现今也可以防治了；先前不能利用的地质资源，随着科学技术的发展也可以利用了；先前人类对地质环境的改造规模与速度较小时，不会出现地质环境问题，但随着生产力的发展，其规模和速度大大增长，将来可能导致出现更大的地质环境问题。这些都可能使地质环境承载力随着科学技术水平、社会生产力发展而减小或增大。因此，地质环境承载力定义中所作的某一时期的限制，实际上也就给定了社会生产力、科技发展水平，在此条件下地质环境承载力才具有相对应的量值。

（3）地质环境承载力是地质环境系统活力的表现，是系统产出能力和自我调节能力的表现。但是，用不同的环境目标来衡量同一地质环境承载力，可能会得出不同的结论，这也反映出人类对地质环境的依赖性。地质环境目标的制定是基于人类的认识水平、社会生产力的发展水平和人类对地质环境的具体要求，这使得环境目标具有暂时性、可变性。那么，在这一可变的环境目标的指导下，地质环境承载力也是可变的，即针对同一特定地质环境，在不同环境目标下，其承载力肯定也是不同的。

3. 地质环境承载力的特点

地质环境系统是一个开放性系统，它必然要与外界环境进行物质、能量、信息的交换。随着科学技术水平和社会生产力的快速发展，人类活动对地质环境开发、利用、改造的规模、强度、速度将越来越大，在人类活动影响下，地质环境与外界之间的交换将越来越广泛和深入。因此，地质环境承载力具有如下特点。

（1）地质环境承载力是一客观存在的量，是可以准确衡量的。地质环境承载力是地质环境系统结构、功能特征的反映，其质和量是客观存在的，可以通过一定的方法来准确地计量。

（2）地质环境承载力具有可变性和可控性。随着地质环境系统结构、功能的变化，作为地质环境系统结构、功能表征的地质环境承载力也会随之变化。人类在掌握地质环境系统演变规律和人-地相互作用机制的基础上，根据生产和生活的实际需要，可以对地质环境进行有目的的开发、利用和改造，从而可以使地质环境承载力在质和量两方面朝着人类预定的目标变化，以保障人类社会、经济活动的可持续发展。正因为地质环境承载力的可控性，才使得研究地质环境承载力具有更重要的现实意义。

四、地质环境质量、容量与承载力之间的关系

地质环境质量、容量和承载力三个概念的提出，其根本目的都是为了描述地质环境所能承受人类活动的强度、方向与规模，但其表现角度与方式各有不同。地质环境质量从人体(及生物)的健康角度出发，用各环境要素是否超出规定标准、超标值的大小等来表现。地质环境容量从寻求地质环境系统对污染物净化能力入手，用各要素在系统的恢复力(或阈值)之内所能承受的污染物总量或最大浓度来表现。而地质环境承载力则从人类-环境-经济相关系统中，通过探讨地质环境与人类活动之间的相互关系，表述地质环境对人类社会经济活动的支承力，并用人类社会经济活动的强度、方向、规模等来表现。地质环境承载力是系统活力的体现，也是系统产出能力和自我调节能力的体现。当人类活动对地质环境的索取超过了一定的限度时，地质环境系统的结构和功能便会发生质的变化，它将反过来危及人类的生存与发展。

在地质环境系统结构保持相对稳定的情况下，地质环境的质和量都是可以把握的。地质环境质量与地质环境承载力是环境系统的基本属性，而地质环境容量仅局限于污染物承受量，它是环境系统的一个属性，而非基本属性。

第四节　地质环境评价

一、地质环境评价的概念

地质环境评价是环境评价的重要组成部分。广义来说是对地质环境形成条件、结构、状态、功能的现状进行分析，在自然条件和人类活动影响作用下对可能发生的变化趋势进行预测，对其与社会经济发展活动的协调性进行定性或定量的评估。地质环境评价工作，是了解地质环境变化趋势、制定地质环境保护规划和进行宏观决策的一种方法和手段。

地质环境的范围很广，所包含的内容相当复杂，进行地质环境评价时所必须考虑的因素也很多。而且，正是由于对地质环境评价的出发点和目的有多种要求，对同一地质环境的评价结果也不尽相同。因此，尽管地质环境是不以人的意志为转移的客观存在，但判断其优劣有着浓厚的目的性和人为性。地质环境评价主要用来判断地质环境对人类社会生存发展需求的满足程度。

从地质环境的质量来说，在一定程度上，其优劣程度对人类的生活和社会经济的发展都有重大影响，必须进行地质环境监测、评价和管理。只有在科学地进行评价的基础上，才能够达到合理地开发利用、保护地质环境、合理地规划人类的工程-经济活动、最大限度地控制工程-经济活动对地质环境的影响，从根本上保护和改善地质环境，使之更适宜于人类的生产和生活的目的。所以，地质环境质量评价就是对地质环境质量的优劣进行定量描述，即按照一定的评价标准和评价方法对一个特定区域的地质环境质量进行说明、评定和预测。

二、地质环境评价的目的和意义

地质环境评价是实现地质环境管理工作的必要前提和重要手段。以我国为例，近年来，随着国民经济的快速发展，人类对地质环境的改变越来越大，地质环境的状况也急剧恶化，迫切需要在各地开展地质环境评价工作，为搞好地质环境的综合管理提供科学依据。通过对大量第一手调查资料的分析整理、评价和预测，弄清区域内地质环境状况和发展变化的有关规律，

可为制定区域地质环境综合整治、规划方案、控制环境恶化提供科学依据。

几十年来的实践也表明：水工环领域内任何项目的成果最终表达，都必须通过评价来实现，评价方法是否科学是成果表达是否正确的最为关键的环节。如果没有科学的方法来处理调查的原始数据，再先进的调查手段对成果的使用者来说都是没有实际意义的。因此，进行系统性的地质环境评价研究工作刻不容缓。

举个例子来进行说明。三峡库区的原巫山县城在水库蓄水后，共有多个集镇和重要村镇将被全部淹没，需迁建新城。在原县城附近新选的城址地带，地形崎岖，斜坡稳定性问题较多，如何在这片新址上进行合理的设计和规划是前期工作的重点。哪些地段比较安全？哪些边坡需要治理？而哪些地段根本无法进行建设？这些都是当务之急要解决的问题。所以，在详细的地质调查、勘察等工作的基础上，必须对单体斜坡的稳定性进行评价，并对整个新址区的地质灾害危险性进行分区评价，才能解决所面临的问题，为新城的规划提供必要的科学依据。而这里的评价过程，必须依靠一定的科学手段去进行。

再如，目前在全国开展的地下水污染调查工作中，各个省市都进行了大量的野外取样分析，获取了相当多的第一手资料和数据，但是，不可能把这一大堆数据直接交给政府和公众，他们是没法看懂的，必须把这些数据进行处理，把处理的结果告诉政府和公众，让他们明白目前不同地方的地下水质量状况、污染程度和有关地下水的更多信息，这就需要一个评价的过程，通过计算、评价和分析，并制作相应的图件来反映评价结果，使政府在制定环境保护政策和加强地质环境管理工作时有一个明确的依据。

所以，科学合理的地质环境评价工作是有效监测和保护地质环境的关键所在，同时只有在地质环境评价的基础上才能进一步搞好地质环境区划和相关管理工作，更有效地保护我们的环境。

三、地质环境评价的分类

前面已经提到，基于不同的时空范围和不同目的的评价，其评价方法是不一样的，所以，按照不同的方式，可将地质环境评价进行如下分类。

(1)按照评价范围的不同，可分为：区域地质环境评价、流域地质环境评价、城市地质环境评价、矿山地质环境评价等等。

目前的地质环境评价往往是在一个区域范围内，为了某种具体目的而进行的，即区域地质环境评价。大多是先作地质环境现状评价，然后再根据其目的和要求进行地质环境的变化和预测，或进行影响评价。

流域的地质环境评价则侧重于某一流域的地质环境状况，水、土、岩石等的现状及变化趋势，或者是评价河流岸带区的地质环境质量状况，其目的是为了建港选址或岸带开发等。城市地质环境评价则以评价目的不同而不同，如评价建设用地和评价城市水体环境、地下空间等的评价方法也各有不同，但其目的是为了城市的合理规划、管理和环境的综合整治。矿山地质环境评价就是评价矿山范围内的地质环境质量的优劣和矿山开采对地质环境的影响程度，其目的是为既能顺利开采矿产资源又能保护地质环境提供科学依据。不同地区、不同目的的地质环境评价的评价因子的选取、评价标准和数学模型的建立等都是有区别的。

(2)按照人类活动与地质环境的关系，可分为：地质环境质量评价、地质环境容量评价和地质环境承载力评价等。

地质环境质量评价就是对地质环境质量的优劣进行定量描述。即按照一定的评价标准和评价方法对一个特定区域的地质环境质量进行说明、评定和预测。包括土壤环境质量评价、地下水环境质量评价等。

地质环境容量和地质环境承载力的含义在上面已经介绍，其大小可以通过一定的方法和手段进行计算和评定。地质环境容量和地质环境承载力评价是当前环境地质研究的热点，合理进行评价有相当的难度。

地质环境承载力的概念稍大，是表征人类活动强度与一定目标条件下的地质环境承受能力之间关系的一个概念，是一个特定的值，但随着目标条件的变化、科技水平的提高，它又是动态的。根据特定的目标条件，承载力评价可以包括地下水环境承载力评价、农业环境承载力评价、土地资源承载力评价、地下空间的承载力评价等等。

(3)按照评价的对象不同，又可以把地质环境评价分为土壤环境评价、地下水环境评价和生态环境评价等。

土壤环境评价是指在研究土壤环境质量变化规律的基础上，按一定的原则、标准和方法，对土壤的质量进行评定，或是评定土壤对人类健康的适宜程度。

而地下水环境评价又可以分为地下水污染评价、地下水质量评价和地下水防污性能评价三个方面的内容，针对不同的评价目的，各选取不同的评价方法和标准。

(4)按照人类对地质环境的要求不同，可将地质环境评价分为地质环境适宜性评价、地质环境危险性评价和地质环境风险性评价等，主要是针对人类活动而言的。

地质环境适宜性评价是指对地质环境适合于人类生产和生活的程度进行评价，包括以往进行的已经制定标准的各种质量评价、为某一目的所做的选址评价以及各种现状评价等，它们均以是否适宜于人类生产和生活为评价原则和标准。比如：地下水污染评价是指对地下水被人类使用的适宜性程度进行评价，地下空间开发适宜性评价是指对城市的地质环境条件适宜于地下空间开发的程度进行评价。

地质环境的危险性评价主要是针对灾害而言的，如地质灾害危险性评价，就是指对某一地区发生地质灾害的危险性进行分析和评定。地质灾害危险性评价作为地质灾害灾情评估的一项重要内容，具有十分重要的研究意义。

地质环境风险性评价是指对地质环境系统中的某些不良环境因素或不良区域，以及由人类活动所引起的地质环境变化对人类生活和社会生产产生影响或危害的程度所做的预测性评价。它包括两种类型。①自然因素引起：对未来自然界可能出现的地质环境变化对人类生活和社会生产的影响程度的评价，如地质灾害风险性评价(原生灾害)、自然灾害风险性评价。②人为因素引起：对人类活动引起的地质环境变化反过来可能对人类生活和社会生产所产生影响程度的评价，如地质灾害风险性评价(诱发灾害)、地下水污染风险性评价、生态破坏风险性评价、建设用地风险性评价、地下建设工程风险性评价、采矿工程风险性评价、重大建设项目损毁的风险性评价等等。

四、我国的地质环境评价工作现状

我国目前已开展了全国性区域环境地质调查和评价工作。

1999 年，国土资源部编发了《全国部分省地质灾害情况通报》，为政府及有关部门制定防灾减灾战略提供依据。其主要是依据国土资源部所属的各级地质环境监测站及有关地质灾害防治部门的监测、调查资料，由全国地质环境监测总站编制。

国土资源部从 2001 年开始，每年编发《中国地质环境公报》(《公报》)，定期向各级领导、有关部门和社会团体公告我国地质环境状况，以推进我国地质环境保护工作的发展，加强地质环境管理，促进地质环境的合理开发利用与保护。《公报》内容包括：全国地质灾害发生和危害情况、地质灾害防治工作和减灾成果，地下水水位、水质动态和地下水开采引起的环境问题，地质遗迹保护现状和保护措施，矿山地质环境问题概况和治理措施等。

1999 年启动的新一轮国土资源大调查工作，其中包括了重点地区地质环境与灾害的评价，全国矿山地质环境调查与评估，重点地区区域环境地质调查，西南岩溶石山地区地下水资源与环境地质调查等。地方各级省市开展了不同目的、不同精度的地质环境调查与评价工作，初步完成了省市范围内的地质环境单项评价和综合评价。

国土资源大调查实施以来，各单位按照《国土资源大调查管理若干规定（试行）》（国土资发[1999]259 号）的要求，进一步建立完善了国土资源大调查项目管理的各项制度，制定了一批技术规范和标准。

根据大调查项目特点，2004 年出台了中国地质调查局工作标准《区域环境地质调查总则（试行）》（DD 2004—02）。该《总则》在综合原地质矿产部地质环境管理司制定的《省（自治区）环境地质调查基本要求（比例尺 1：50 万）（试行）》等技术要求的基础上，规定了区域环境地质调查的内容与要求、调查工作技术方法、地质环境评价的原则和方法、报告书与图件编制要求等。

这些调查工作积累了大量的监测数据和资料，为全国范围内的区域地质环境评价工作奠定了良好的基础。

五、我国的地质环境分区

参照《中国环境地质分区图及说明书》（段永侯等，1992）及其说明书的区划原则和方法，按自然地理、地质环境类型划分评价单元，将全国划分为 6 个地质环境区、25 个地质环境亚区（图 1-1，表 1-1）。

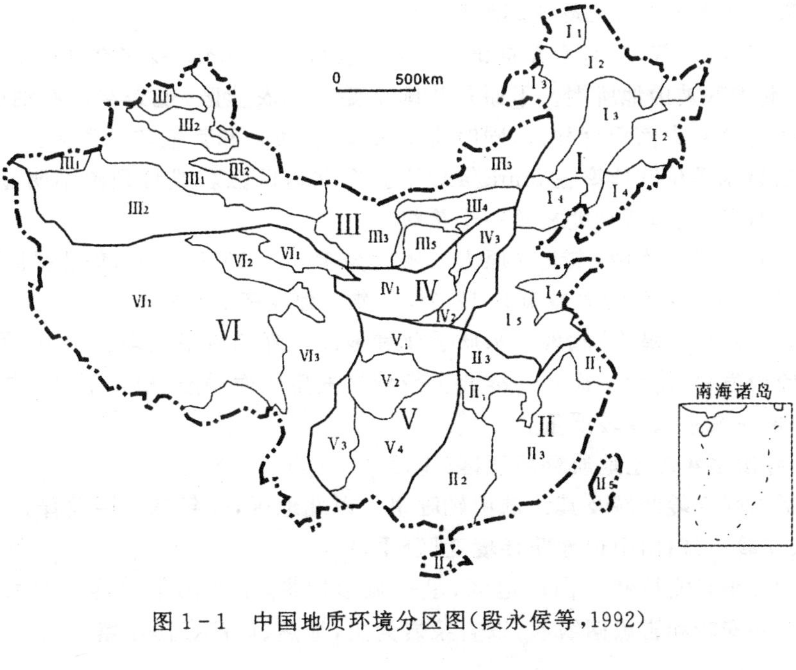

图 1-1 中国地质环境分区图（段永侯等，1992）

表 1-1　我国的地质环境分区

代号	地质环境区	代号	地质环境亚区
Ⅰ	华北、东北平原丘陵山地地质环境区	$Ⅰ_1$	东北高纬度多年冻土地质环境亚区
		$Ⅰ_2$	大小兴安岭、长白山山地地质环境亚区
		$Ⅰ_3$	呼伦贝尔高原、三江—松辽平原地质环境亚区
		$Ⅰ_4$	燕山山地、胶辽山地地质环境亚区
		$Ⅰ_5$	黄淮海平原地质环境亚区
Ⅱ	华南丘陵山地地质环境区	$Ⅱ_1$	长江中下游平原地质环境亚区
		$Ⅱ_2$	湘桂低山丘陵地质环境亚区
		$Ⅱ_3$	淮阳山地—东南丘陵山地地质环境亚区
		$Ⅱ_4$	海南台地山地地质环境亚区
		$Ⅱ_5$	台湾平原山地地质环境亚区
Ⅲ	西北盆地、山地、高原地质环境区	$Ⅲ_1$	阿尔泰、天山、阴山山地地质环境亚区
		$Ⅲ_2$	准噶尔、塔里木、吐鲁番盆地地质环境亚区
		$Ⅲ_3$	内蒙古高原地质环境亚区
		$Ⅲ_4$	银川、河套平原地质环境亚区
		$Ⅲ_5$	鄂尔多斯高原地质环境亚区
Ⅳ	黄土高原、山西山地地质环境区	$Ⅳ_1$	黄土高原地质环境亚区
		$Ⅳ_2$	汾渭谷地地质环境亚区
		$Ⅳ_3$	山西山地地质环境亚区
Ⅴ	秦巴、西南中山高原地质环境区	$Ⅴ_1$	秦巴山地地质环境亚区
		$Ⅴ_2$	四川盆地地质环境亚区
		$Ⅴ_3$	滇中、川西南高原高山地质环境亚区
		$Ⅴ_4$	鄂西—云贵岩溶中山高原地质环境亚区
Ⅵ	青藏高原地质环境区	$Ⅵ_1$	青藏高原、祁连山山地多年冻土地质环境亚区
		$Ⅵ_2$	柴达木—共和盆地地质环境亚区
		$Ⅵ_3$	藏东、川西、滇西南山地地质环境亚区

1. 华北、东北平原丘陵山地地质环境区(Ⅰ)

本区属湿润-半湿润气候,自南东向北西,年降水量由 800mm 衰减至 300mm。以我国两大平原为主体,北中部被山地所围。平原是我国主要的工农业区,也是富产石油的能源基地。山地为我国集中连片的大面积森林区,同时也蕴藏煤炭、黄金和其他矿产资源。

区内活动断裂水平位移速率在 5mm/a 以下。东北地区强震成带现象不明显。华北地区地震活跃,与我国西部地震活动度相差一个量级。

人口在平原和工矿区集中,东北平原人口密度为 100～400 人/km^2,华北平原为 200～600 人/km^2。区内百万以上人口的大城市有 12 个,人类工程经济活动强烈。

本区发生地下水位区域下降、地下水质恶化和地面沉降的城市较多。燕山、辽西和辽南山地滑坡和泥石流较发育,济南—徐州—淮北一带较易发生地面塌陷,松辽平原北端局部土壤侵蚀强烈,环渤海沿岸海水入侵较严重。

(1)东北高纬度多年冻土地质环境亚区($Ⅰ_1$)。

本亚区包括大兴安岭北端及其北部伊勒呼里山以北地区,多年冻土层发育。

(2)大小兴安岭、长白山山地地质环境亚区($Ⅰ_2$)。

本亚区包括大小兴安岭和长白山地区,呈一弧形地带,是我国集中连片的大面积原始林区。本亚区属大兴安岭和吉黑褶皱系,以岩浆岩为主,地热、矿产资源丰富。

(3)呼伦贝尔高原、三江—松辽平原地质环境亚区(I_3)。

呼伦贝尔高原,以剥蚀堆积为主的层状地形为特征,地表多覆盖沙丘,低洼地区多沼泽。三江—兴凯湖平原堆积物厚达千米以上,是我国最大的沼泽平原。松辽平原以第四纪巨厚的砂砾石沉积层为主。

(4)燕山山地、胶辽山地地质环境亚区(I_4)。

本亚区属中朝地台的北、东边缘,基底隆起,NNE向的郯庐断裂带活动较强烈。区内以岩浆岩、变质岩、碳酸盐岩和碎屑岩为主。

(5)黄淮海平原地质环境亚区(I_5)。

本亚区位于中朝地台东部,主要由第四纪冲积物组成。矿产资源丰富,以石油、煤炭为主。

2. 华南丘陵山地地质环境区(Ⅱ)

本区位于我国东南部,包括淮阳山地和长江中下游及其以南的广大区域。

本区以丘陵山地为主,一般海拔高度小于500m,属湿热季风气候,年降水量普遍大于1 000mm。本区北部的长江中、下游平原为第四纪松散沉积物分布区,西部以碳酸盐岩为主,东部为变质岩、碎屑岩和岩浆岩混合分布的地区。区内除台湾断裂系活动强烈外,其他活动断裂平均位移速率每年小于1mm。地震活动也是如此,台湾地区强震频度非常高,其他地区总体上是一个少震、弱震区。

本区地质环境问题种类多,一般是在较为不利的地质条件下,由于不合理的人类活动造成的。比较突出的是地面沉降、岩石塌陷和诱发地震。

(1)长江中下游平原地质环境亚区(II_1)。

本亚区包括江汉平原、洞庭湖、鄱阳湖、太湖和长江三角洲。地势自西向东由海拔40m渐变至2m。以第四纪河、湖、海相淤泥质黏性土沉积为主,软土的累计厚度为3～6m。自东汉时期以来就是人类活动频繁的地区,人类活动对环境的影响最为显著。

(2)湘桂低山丘陵地质环境亚区(II_2)。

本亚区范围为罗霄山、珠江三角洲以西,雪峰山以东,是我国亚热带岩溶发育区,以巨厚、质纯和相对单一结构的碳酸盐类岩层为其特色,发育有峰丛、峰林景观。

(3)淮阳山地—东南丘陵山地地质环境亚区(II_3)。

本亚区包括南阳盆地、襄樊谷地、大洪山、桐柏山、大别山和长江中游及下游平原以南的地区。区内地形以丘陵山地为主,其间分布规模不等的山间盆地和河谷平原。本亚区属华南褶皱系,以变质岩、碎屑岩和岩浆岩为主。东南沿海发育有挽近活动断裂。

(4)海南台地山地地质环境亚区(II_4)。

岛上西北部为玄武岩台地和海相沉积,地势平坦,中部为海拔600～1 000m以上的山地,以花岗岩为主。

(5)台湾平原山地地质环境亚区(II_5)。

本亚区以碎屑岩为主,西部海岸为第四纪松散沉积物。发育有台湾断裂带,地震活动十分强烈,频率高,强度较大,是我国地震活动最强烈的地震带。台湾中央山脉地区泥石流比较发育,常呈较大范围的群发。

3. 西北盆地、山地、高原地质环境区(Ⅲ)

本区范围东界大致为大兴安岭的西麓,南界自小腾格里沙漠,沿集宁东南部的丘陵地北坡,向西穿过黄土高原的北缘,沿祁连山和昆仑山的北麓直至我国最西部的帕米尔高原。西界和北界为国境线。

本区为我国的干旱地区，年平均降水量一般在250mm以下，蒸发量很大，一般在1 400～3 000mm之间，干燥度一般为2～8，气候极为干燥。

本区除阿尔泰、天山、阴山山地外，东部以高原为主，海拔在800～1 400m之间，地面开阔坦荡，切割轻微，起伏和缓。西部以内陆盆地为主，多形成荒漠，分布着我国九大沙漠和沙地，风力侵蚀、剥蚀作用强烈。

本区除阿拉善山地区等为没有沉积盖层的基底隆起外，其他地区均处于长期的相对沉降过程中，并堆积了巨厚的中、新生代陆相盖层。

本区大部分地区人口密度小于10人/km^2，绿洲和城市人口相对集中。本区矿产资源丰富。

在天山山地、祁连山东北坡及河西走廊一带山地，泥石流发育。

(1)阿尔泰、天山、阴山山地地质环境亚区(Ⅲ$_1$)。

本亚区为中度泥石流灾害区，泥石流地质灾害和不合理开发矿产资源引起的问题将是本亚区的主要地质环境问题。

(2)准噶尔、塔里木、吐鲁番盆地地质环境亚区(Ⅲ$_2$)。

准噶尔和塔里木盆地边缘为山前倾斜平原，地下水资源丰富。吐鲁番盆地和哈密盆地为天山断陷盆地，由于水资源开发强度大，出现地下水位区域下降。黑河流域下游的金塔盆地、酒泉盆地、敦煌灌区等，出现地下水位区域下降。祁连山东、北坡及河西走廊一带山地，为中度泥石流灾害区。

(3)内蒙古高原地质环境亚区(Ⅲ$_3$)。

本亚区包括阴山以北的内蒙古高原和狼山以西的阿拉善高原。区内河流短小，径流集中，其西部分布有巴丹吉林和腾格里大沙漠。东南部为小腾格里沙地，沙丘间为盐化或沼泽化土壤。草场退化和水资源不平衡为本区主要地质环境问题。

(4)银川、河套平原地质环境亚区(Ⅲ$_4$)。

本亚区包括河套平原和银川平原，为干旱气候带沉降型盆地，以湖积粉细砂沉积物为主，地层含盐量高，形成广布的咸水。潜水径流不畅，垂直交替为其循环的主要特征。

(5)鄂尔多斯高原地质环境亚区(Ⅲ$_5$)。

本亚区范围为黄河河套以南、长城以北的地区。气候干燥，风力作用强烈。区内分布有毛乌素和库布其两大沙漠，土壤侵蚀在晋、陕、蒙交界的地区严重，并有增强的趋势。该区煤炭资源丰富，随着以煤为主的能源资源的开发，土壤侵蚀等地质环境问题亦将更加突出。

4. 黄土高原、山西山地地质环境区(Ⅳ)

本区位于黄河流域中部，其范围在长城一线以南，秦岭、伏牛山以北，西以乌鞘岭、日月山为界，东抵太行山，总面积约58万km^2。主体海拔1 000～2 000m，黄土厚度一般50～100m，最厚可达250～300m，是世界上黄土分布最广、沉积最厚的区域。

本区属温带内陆半干旱气候区，年平均降水量自东南向西北由700mm递减至300mm，降雨集中于7～9月，多呈暴雨形式。

本区西部发育北西向活动断裂，20世纪有强震活动；其东部有汾渭裂谷带，其强震活动1900年前非常活跃，20世纪以来活动很弱。

(1)黄土高原地质环境亚区(Ⅳ$_1$)。

吕梁山以西的黄土高原即是本亚区范围。区内黄土湿陷性强烈，湿陷等级多为Ⅱ～Ⅲ级。本亚区的侵蚀以流水侵蚀为主，其边缘山地以重力侵蚀为主。

(2)汾渭谷地地质环境亚区($Ⅳ_2$)。

本亚区范围东起潼关，西至宝鸡，北起太原，南至运城，包括晋中盆地、晋南谷地、运城盆地和关中平原，是重要的粮棉集中产区。本亚区海拔330～800m，其边缘断裂呈雁行排列。盆地内，中、新生代沉积物厚度巨大。

(3)山西山地地质环境亚区($Ⅳ_3$)。

本亚区范围由吕梁山以东、太行山以西的山地和大同盆地、忻定盆地、长治盆地、晋城盆地等组成，是我国晋、陕、蒙能源及重化工基地的中心。本亚区以煤系地层和碳酸盐岩分布为主。本亚区以采矿地质环境问题为主。矿区古塌陷较发育，矿区集中抽排地下水使水资源紧缺等问题较为突出，且为发生泥石流灾害可能性大的地区。

5. 秦巴、西南中山高原地质环境区(Ⅴ)

本区位于我国中部山区，其范围是由大秦岭以南，经武当山，以宜昌—新化—河池—大新一线为东界。

本区为湿润气候，以海拔2 000m左右的山地和高原为主。大地构造上位于扬子地台西部和秦岭褶皱系的中东部。本区西侧为南北构造带的中南段，挽近活动断裂活动强烈，平均位移速率6～10mm/a，地震活动强度大、频率高，是我国重要的强震活动区。其北侧主要为秦岭东西向构造带，在地质、地貌和地理方面，都是分隔我国南北方的重要界线。

本区碳酸盐岩分布广泛，其次是碎屑岩。

秦巴和川滇山地泥石流和滑坡很发育，四川盆地和川滇山地土壤侵蚀较严重，是我国山地地质灾害最严重的地区。云贵高原地面塌陷严重。随着修建铁路、开发水利和矿产资源等活动强度的增大，地质灾害将更趋严重。

(1)秦巴山地地质环境亚区($Ⅴ_1$)。

本亚区由秦岭、大巴山山地组成，海拔2 000m以上的高峰众多。

本亚区属典型的大陆季风气候，多年平均降水量600～1 300mm。侵蚀山地的地貌和降雨异常是引起地质环境问题的主要因素。区内滑坡、泥石流极为发育，是我国暴雨型泥石流灾害最突出的地区。

本亚区矿产资源丰富，随着采矿业的发展，采矿引起的地质环境问题也将明显起来。

(2)四川盆地地质环境亚区($Ⅴ_2$)。

本亚区位于长江上游，四周高山环绕，是我国最大的外流盆地。盆地内以红层丘陵为主，海拔高度在250～500m之间。其次为成都冲积平原，是我国重要农业区之一。

(3)滇中、川西南高原高山地质环境亚区($Ⅴ_3$)。

位于乌蒙山以西。地处康滇地轴的台缘褶皱带、南北向断裂带的南段，以红色碎屑岩发育为主，地震活动强烈，频度较高，强度较大，断裂带平均滑动速率为2.4mm/a。区内构造地貌显著，海拔2 000m左右。年降水量1 000mm上下。

在地震震中和活动断裂带附近常集中分布泥石流、滑坡、崩塌。

(4)鄂西—云贵岩溶中山高原地质环境亚区($Ⅴ_4$)。

本亚区由海拔1 000～2 000m的云贵高原、鄂西岩溶山地和滇、黔、桂高原斜坡区组成。

本亚区以碳酸盐岩与碎屑岩多次交替沉积的多溶层结构为主要特色，是我国南方岩溶塌陷最发育的地区之一。

6. 青藏高原地质环境区(Ⅵ)

本区范围北起昆仑山、阿尔金山和祁连山,南至喜马拉雅山,西抵国界,东达岷山、横断山和牢山。是我国大江大河的发源地。

本区属中—新生代强烈隆起区,平均海拔在 3 000m 以上,气候寒冷。

本区挽近活动断裂发育较广,大多数分布在主要山脉的山前地带或沿一些江河展布,如喜马拉雅山、三江流域。活动断裂活动强烈,一般水平位移速率多在 6mm/a 以上,有的大于 10mm/a,地震活动频度高、强度大,其活动程度仅次于台湾地区。

区内的多年冻土分布最广,其次是季节性冻土。高原边缘为高山峡谷。

本区为我国冰川型泥石流的主要分布地区,对公路有一定的威胁。

(1)青藏高原、祁连山山地多年冻土地质环境亚区($Ⅵ_1$)。

本亚区包括昆仑山、喜马拉雅山和横断山脉西部环抱的青藏高原和祁连山山地,为多年冻土发育区。随着地势向周围地区倾斜,冻土发育程度相应变差。本区边缘发育冰川-暴雨型泥石流,今后随道路建设可能会有所发展。

(2)柴达木—共和盆地地质环境亚区($Ⅵ_2$)。

本亚区包括柴达木盆地和日月山以西的共和、贵德盆地。

柴达木盆地是一个具有巨厚的中—新生代陆相碎屑岩沉积的断陷盆地。主要地质环境问题是与开发资源有关的问题,即道路修建、淡水资源开发、盐化学工业开发和能源开发等引起的地质环境问题。

(3)藏东、川西、滇西南山地地质环境亚区($Ⅵ_3$)。

本亚区由四川的甘孜、阿坝地区、岷山、邛崃山,经过大渡河上游和大雪山,雅砻江上游和九拐山,至横断山脉的中、南段。

本亚区位于松潘—甘孜褶皱系东南段,三江褶皱系的中南段,以碎屑岩沉积为主,构造活动强烈,地震频率高、震级大。

由于地质环境脆弱,区内泥石流发育,且以横断山西部—哀牢山地最为严重,为重度泥石流灾害区。

第二章　地质环境评价的基本方法

第一节　地质环境评价的一般程序

对于区域地质环境，经过资料收集、野外调查、取样分析之后都必须经过定性、定量或定性与定量相结合的方法对所获资料进行总结与归纳，而这个总结和归纳的过程即是评价的过程。当然，随着计算机技术的发展，其中的部分过程可以通过计算机进行快速处理。地质环境评价的一般程序如图 2－1 所示。

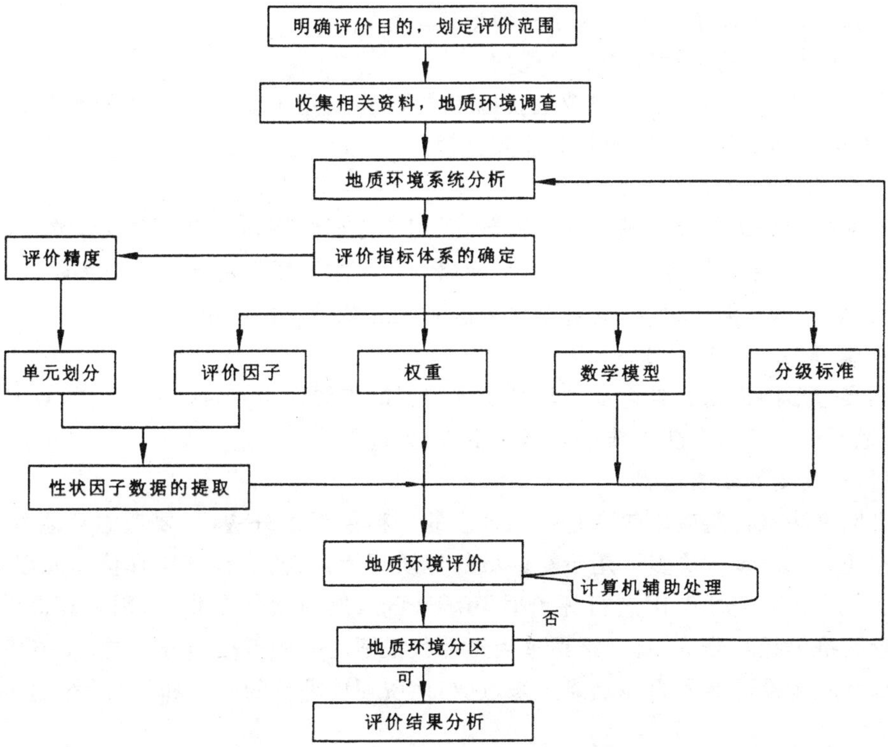

图 2－1　地质环境评价的一般程序

对于区域地质环境评价来说，指标的构建、权重的确定和数学模型的选取都是相当重要的步骤，贯穿于地质环境评价的全过程之中。

第二节 评价单元的划分

由于各种地质因素在不同局部区域的差异性和复杂性，要做到较为精确的评价，需将整个研究区域分成若干个小图元，即评价单元。评价单元是具有相同特性的最小地域单元，同一评价单元在地质环境条件方面具有一致性，而不同的评价单元之间应具有可比性。

根据各个小区域的具体地质环境条件，分别赋予所选定的评价指标以不同的属性，然后再根据这些属性进行区域评价。常用的单元划分方法有三种，即三角形剖分法、正方形网格划分法和不规则多边形网格划分法。

1. 三角形剖分法

三角形剖分法是以三角形为基本的评价单元进行评价区域划分。总的来说，该方法进行评价区域单元划分是任意的，但应该遵循以下三个原则。

(1)三角形的任意一角不得大于90°，三条边的长度尽可能接近；

(2)三角形顶点不能落在另外某个三角形边上；

(3)每个评价单元的性状因子尽可能均一。

三角形剖分法大多与有限元或数值模拟相关联，主要用于地下水资源评价、地面沉降分析计算等，该方法对小范围评价区域划分比较合理。

2. 正方形网格划分法

正方形网格划分法是以地理坐标来控制，采用正方形网格划分需根据具体情况，确定网格大小，可由 $0.01km^2$ 至数平方千米。正方形网格划分法主要用于地质环境现状评价，如土壤环境质量评价、地下水污染评价等，这种划分方法对大区域的评价比较合理。

3. 不规则多边形网格划分法

不规则多边形网格划分是以地质环境条件突变的界线为边界，如：

(1)以地形地貌相对突变界线(如山脊、山谷)为边界；

(2)以岩性突变界线为边界。

不规则网格法是目前应用较广且相对合理的一种单元划分法，主要考虑到地质环境自身条件差异性而设定。该方法多适用于小区域的地质环境评价，往往规定评价单元以0.5km×0.5km为上限。因为对小范围进行评价时，由于地形、地质条件变化大，因素离散性大，若仍采用正方形网格单元划分法，就会把评价因子性状很不均一的区段划分在同一评价单元内，而把均一性较好的区段可能人为地割离开来，这与地质环境评价的要求和目的是相违背的。

第三节 地质环境评价指标体系

要建立一个包含所有地质环境因素的模型来评价地质环境质量，在实际工作中几乎是不可能的。因为，一方面某些因素所包含的参数有时很难取得；另一方面，由于参数过多，他们之间存在着错综复杂的协同或相互影响。这就要求在进行评价时根据具体问题进行具体分析，尽量找出影响地质环境的主要因素，舍去次要因素。

合理选择对评价目标起主导作用、比较稳定、可量化表示的参评因子是评价工作的关键。因此，在分析选择这些因子的过程中尽量考虑到各因子间的相对独立性和可比性，必须从研究区域的客观实际出发，并根据评价目的，在对地质环境因素的全面综合分析与主导因素的重点分析的基础上，确定出相应的评价因子。

按照地质环境因子对人类活动的敏感程度可划分为：敏感因子、重要因子和一般因子。敏感因子是指对人类活动极为敏感或者具有决定性制约作用的环境因子（或状态），重要因子是指对人类活动具有重要影响或者人类活动较容易改变其环境性状的因子（或状态），而一般因子则是对人类活动影响不大或者人类活动不易改变其性状的因子（或状态）。一般选择敏感因子和重要因子作为评价因子。其中对敏感因子的选取应该极为慎重，它对地质环境评价的结果起着极为关键的影响作用。

对于地质环境敏感因子而言，其确定思路有两种：第一种情况，某种环境因子的质量完全不能适应人类活动，在当今的技术经济条件下人类活动无法进行或者需要太大的经费投入，称之为对人类活动影响极大的环境因子。显然，人类活动对这种环境因子极为敏感，即只要地质环境中存在这种环境因子，人类活动就不能或极难进行。第二种情况，某种环境因子受某项人类活动的影响极为强烈，该人类活动一旦出现，此类环境因子的质量很容易发生变异，超出其环境容量，同时又反作用于人类活动，使之不能进行。显然，这种环境因子对人类活动极为敏感，某人类活动一旦出现，这类环境因子就出现质量变异，限制人类活动并使其不能正常进行。例如，对于山区，一旦滑坡、崩塌、泥石流等地质灾害出现，即使评价区内其他因素质量再优越，其总体质量也是差的；对于平原地区，只要某个评价单元内存在地裂缝、地面塌陷、地面沉降等地质灾害或者位置处于集水洼地、湿地、洪水位之下等，无论其他条件多么好，该评价区的总体环境质量仍旧是差的。

一、指标选取的原则

评价指标并不是随便取得的，必须在对地质环境状况进行充分分析的基础上，依据以下原则进行选取。

（1）针对性。地质环境是一个广义的概念，必须针对地质环境评价的目的和要求选取评价指标，使评价具有实际意义。

（2）简明性。为了便于数据的收集和整理，应对指标进行筛选，选择的指标尽可能简单明了，使之能够恰当地反映地质环境系统的变化特征。

（3）普适性。要综合考虑所选指标具有普适性，其指标不但能反映一定的地质环境现状，而且可以用于描述大多数地区的地质环境特征。

（4）数据易取得。所选指标的数据用现有的测试手段能够得到，或者利用公式可以由一般性指标推导出来。

（5）指标可量化。所选取的指标能够用数据进行量化，并可进行分级。

（6）动态与静态相结合。地质环境系统的协调发展是一个动态的过程，其指标体系不但要有能反映现状的静态指标，而且还要有反映其发展趋势的动态指标，作到动静结合，更好地反映系统协调发展的整个过程。

二、基本指标

根据目前进行的地质环境评价工作，常用的有如下指标。

(1)气象。气温、降雨量、蒸发量、相对湿度、气压带、气候类型、风力与风向等。

(2)水文。地表水体特征、地表径流量、径流模数、水力特征、水位、水体污染情况,如污染物的特征、污染源、污染途径、污染范围等。

(3)地形。类型、地表高程、地面坡度、地形切割密度等。

(4)地貌。地貌单元、微地貌形态、总体地势等。

(5)地层岩性。岩性特征、岩层厚度、岩石成因类型等。

(6)地质构造。断层、褶皱、节理裂隙等。

(7)地震。烈度、动峰值加速度、历史地震活动情况等。

(8)地下水。地下水赋存类型,含水层的埋藏条件,水位埋深,单井涌水量,地下水化学类型、矿化度、腐蚀性等级,地下水开采现状、水位动态,地下水的补给、径流和排泄,地表水与地下水的水力联系等。

(9)工程地质。区域地壳稳定性,基岩埋深,主要持力层岩性、承载力,岩土体工程地质分区,不良地质与特殊性岩土等。

(10)地质灾害及地质环境问题。类型及发育分布特征、规模、影响因素、危害等。

(11)放射性污染问题。污染类型及程度。

(12)地方性疾病。疾病类型、发病率、死亡率及致病因素等。

三、指标数据的提取及标准化处理

(一)性状数据提取

数据的提取是地质环境评价的基础性环节。可以根据评价目标和指标类型的不同而采取不同的提取方法。

(1)从测试分析数据中提取。根据野外调查获取的样品实验室测试结果,从中选择所需的指标数据。例如:地下水污染评价和土壤环境质量评价中的各项分析测试数据。

(2)从各种地质、水文地质、工程地质等基础图件中提取。例如:城市建设用地地质环境评价和地质灾害危险性评价中的地面高程、斜坡坡度、地层厚度等。

(3)经验数据。例如:地下水防污性能评价和城市建设用地地质环境评价中人为给地层岩性、地质灾害发育程度等指标相应的量值。

(二)数据的标准化处理

因地质环境系统中各因素的物理意义不同,故数据的量纲也不一定相同,如评价因子中既有物理状态指标,又有化学组分指标,显然其量纲不同,而且数值大小的数量级相差悬殊,几何曲线也不相同,如水环境质量评价中的化学指标,宏量元素(组分)的浓度数与微量元素(组分)的浓度数值相差几个数量级。这样,在进行比较时就难以得到正确的结果。因此,对原始数据需要进行变换消除量纲,使其成为可以比较的数据列。

原始数据的变换可用以下方法。

1. 初值化变换

分别用原始序列的第一个原始数据去除以后面的各个数据,得到其倍数数列,即初值化序列。

若某因素(或某指标)的原始数据为 $x(k)$,其初值化序列为

$$x'(k)=x(k)/x(1), \qquad k=1,2,\cdots,n$$

式中,$x'(k)$为初值化以后形成的新数列。

2. 均值化变换

先分别求出各个原始序列的平均值，再用均值去除以对应序列中的每个数据，便得到新的数据列，即为均值化序列。

$$x'(k)=x(k)/(\bar{x}),\qquad k=1,2,\cdots,n$$

式中，$x'(k)$为均值化以后形成的新数列；$\bar{x}=\frac{1}{n}\sum_{k=1}^{n}x(k),k=1,2,\cdots,n$。

3. 极值化变换

先求出该数列极大值和极小值之差，再用序列中的每个数据与最小值之差除以极大值和极小值之差，得到的数列即为均一化数列。

$$x'(k)=\frac{x(k)-x_{\min}}{x_{\max}-x_{\min}},\qquad k=1,2,\cdots,n$$

式中，$x'(k)$为均值化以后形成的新数列；$x_{\max}$为数列中的极大值；$x_{\min}$为数列中的极小值。

4. 标准差变换

标准差变换也是较常用的变换方法之一。

$$\hat{x}_i(k)=\frac{x_i(k)-\bar{x}_i}{\sigma_i}\qquad i=1,2,\cdots,m;k=1,2,\cdots,n$$

式中，σ_i 为数列的标准差，经变换的 $\hat{x}_i(k)$值，均值为 0，标准差为 1。

第四节　地质环境评价指标权重的确定

一、权重的含义

在地质环境评价中，往往要选择多个环境要素和环境因子一起参与评价，在这些评价因素综合时，对各个变量具有权衡轻重作用的数值，即称为权重。权重要反映不同评价因子间重要性程度的差异。

由权重的概念可知，既然地质环境评价中不同评价因子间的权重是反映相对某评价观点的“重要”程度的数值，故可以理解为：求权重的过程就是一种对于不同评价因子间“重要”性程度的分析过程，属于程度分析的范畴。权重的确定过程，本质上是客观的，但又容许有一定的人为技巧。其客观性就是深入研究环境要素对环境质量状况和人类生产生活的影响，特别是要加强研究环境要素之间对环境影响的拮抗与协同效应；其主观性就是运用近代数学工具，如线性代数、概率论、模糊数学、灰色系统等进行数学解析。

在进行地质环境评价时，所选定的评价因子既有定量因素，也有非定量因素，并且评价因子数目往往较大，这就给确定权重带来了很大困难。为了适应不同的定权场合，有必要在进行权重内涵分析的基础上建立较完整的定权方法体系。

二、权重的确定方法

权重的确定有很多种方法，目前应用研究相对比较成熟的主要有以下几种。

(一)专家打分法

专家打分法即是由少数专家直接根据经验并考虑反映某评价观点后定出权重，实际上是经验估计法与意义推求法的综合。前者是指不说明任何定权的理由和根据而直接给出权值的一类方法，其特点是无任何说明而直接定权；后者是讲明定权时考虑问题的具体根据、依据的意义等再直接给出权值的方法，其特征是有抽象说明而无具体定权过程的方法。专家打分法基本步骤如下：

(1)选择定权组的成员，并对他们详细说明权重的概念、顺序和定权的方法。

(2)列表。列出对应于每个评价因子的权值范围，可用评分法表示。例如，若有五个值，那么就有五列。行列对应于权重值，按重要性排列。

(3)发给每个参与评价者一份上述表格，反复核对、填写，直至没有成员进行变动为止。

(4)要求每个成员对每列的每种权值填上记号，得到每种因子的权值分数。

(5)要求所有的成员对作了记号的列进行逐项比较，看看所评的分数是否能代表他们的意见，如果发现有不妥之处，应重新划记号评分，直至满意为止。

(6)要求每个成员把每个评价因子(或变量)的重要性的评分值相加，得出总数。

(7)每个成员用第(6)步求得的总数去除分数，即得到每个评价因子的权重。

(8)把每个成员的表格集中起来，求得各种评价因子的平均权重，即为“组平均权重”。

(9)列出每种的平均数，并要求评价者把每组的平均数与自己在第(7)步得到的权值进行比较。

(二)序列综合法

该类方法的定权因子就是评价因子的某些定量的性状指标，其思路是根据这些定量数据的大小排序后给对应分数，而后综合这些分数定权值。

1. 单定权因子排序法

即当定权因子只有一个时的序列综合法。其有三个步骤。

(1)明确定权因子的物理含义，统一度量单位，排序。

(2)根据数值大小范围和排序结果对应分数或级别。

(3)根据以上分级结果定权。

例如，在某地面水环境质量评价中，以其质量标准的倒数(或倒数的对数)为基础，每相差一个数量级，序列值相差0.06，分重权、中权和轻权，而且归一化后得到权值。

2. 多定权因子排序法

即当定权因子有两个以上时的序列综合法。其分为四个步骤。

(1)明确 $k(k\geqslant 2)$ 定权因子的物理意义，分别统一度量单位后，按大小分别排序。

(2)根据排序结果，给定对应序列值并列表。

(3)计算每一评价因子所有序列值的和。

(4)归一化后得 N 个评价因子的权值。

例如在某地下水环境质量评价中，选择了三个定权因子，即评价因子的监测数、检出率、超标率来综合考虑定权。

(三)数理统计法

即有明确定权公式(函数形式)和自变量含义的定权方法。自变量即为定权因子，其计算结果为权值。一般每个评价因子计算一次，N 个评价因子分别计算得到的权值，而后所有评价因子归一化后得最后结果。一般常见的有下列公式。

1. 三元函数法

选择三个定权因子，即超标率 X、评价标准 Y 和明显危害浓度 Z。该定权公式称为三元函

数式，第 i 个评价因子的权重为

$$w_i=\frac{X_iY_i}{Z_i},\qquad i=1,2,\cdots,N$$

2. 概率法

已知某评价因子实测数据的平均值为 $\bar{x}_i$，标准差为 σ_i，评价标准为 s_i，则

$$w_i=\frac{\sigma_i}{\ln(s_i-\bar{x}_i)}$$

3. 相关系数法

该方法计算权值考虑不同评价因子间的相关作用，引入相关系数定权，其公式为

$$w_i=\sum_{j=1}^{m}r_{ij}\Big/\sum_{i=1}^{n}\sum_{j=1}^{m}r_{ij}$$

$$L_{ij}=\sum C_iC_j\,\frac{(\sum C_i)(\sum C_j)}{m}$$

$$r_{ij}=L_{ij}/\sqrt{L_{ii}L_{jj}}$$

$$i=1,2,\cdots,m;\ j=1,2,\cdots,n$$

式中，r_{ij} 为评价因子 i 与 j 的相关系数；C_i、C_j 分别为两评价因子的实测数据。

4. 信息量法

考虑各评价因子对环境质量提供的信息量，其公式为

$$w_i=\lg P_i\quad 或\quad w_i=\log_2 P_i$$

式中，P_i 为 i 评价因子的概率，目前有三种计算方法，即

$$P_i=C_i\Big/\sum_{i=1}^{n}C_i\quad 或\quad P_i=C_{bi}\Big/\sum_{i=1}^{n}C_{bi}\quad 或\quad P_i=C_{0i}\Big/\sum_{i=1}^{n}C_{0i}$$

式中，C_i 为 i 评价因子的实测数据；C_{0i} 为 i 评价因子的环境背景值；C_{bi} 为 i 评价因子的评价标准。

经过此过程计算出的权值是相对权，还需作归一化处理。

5. 隶属函数法

权值可以理解为对于“重要”模糊子集的隶属度。故模糊数学的一套隶属函数中，只要意义相符，就可用于作为定权公式；但有些由于定义域差异需经过一些变换方可应用。例如，用正弦隶属函数作权函数时，可经如下处理：记 i 评价因子的实际权值为 w_i，因子数据中的两个极值分别为 $X_{i\max}$ 和 $X_{i\min}$，则

$$w_i=\sin\left(\frac{X_i-X_{i\min}}{X_{i\max}-X_{i\min}}\right)$$

6. 复杂度分析法

该方法的基本思想是：如果某评价因子愈复杂、变化愈大，则它对总体质量的影响就愈大。故可根据诸评价因子的复杂程度，引入复杂度的概念，并由复杂度分布归一化后，求得它的权分布。

复杂度的计算式为

$$G_j=\frac{2(C_{jm2}-C_{j1}-C_{j2})(C_{j2}-C_{j1})}{(C_{jm2}-C_{jm1})}$$

式中，G_j 为 j 评价因子的复杂度；C_{jm2}、C_{jm1} 分别为该评价因子地区性的最大、最小值（包括评价

区外)；C_{j2}、C_{j1}分别为评价区内该评价因子的大小实测数据，可取统计曲线上概率为5%时的数值。

G_j值介于0与1之间，此值愈大愈复杂，反之愈简单。

(四)层次分析法(AHP法)

该方法原理较为简单，目前应用较为广泛。大体可分为以下四个步骤。

1. 建立问题的递阶层次结构

首先，根据对问题的了解和初步分析，把复杂问题按特定的目标、准则和约束条件等分解成被称为因素的各个组成部分，把这些因素属性作不同分层排列。同一层次的因素对下一层的某些因素起支配作用，同时它又受上一层次因素的支配，形成了一个自上而下的递阶层次。最简单的递阶层次分为三层。最上面的层次一般只有一个因素，它是系统的目标，被称为目标层；中间的层次是准则，其中排列了衡量是否达到目标的各项准则；最底层是指标层，表示所选取的具体指标等，如图2-2所示。

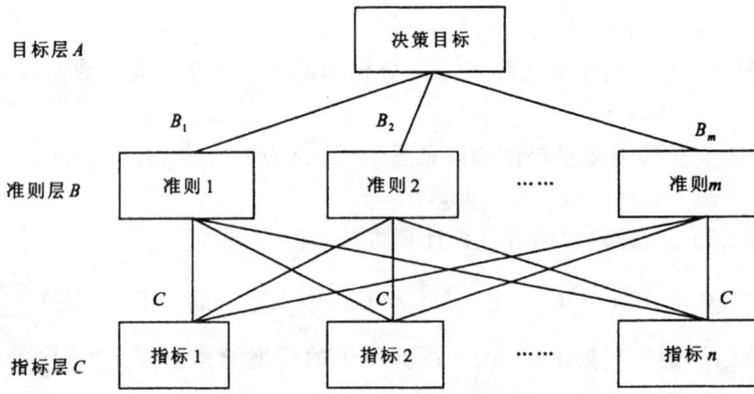

图2-2　层次分析法结构图

地质环境评价是个复杂的决策系统，根据层次分析法的基本原理，可划分为三个层次。

(1)目标层(A)。把地质环境作为工作的目标。

(2)准则层(B)。把影响地质环境的因素归为n个主要方面，并列为评价的基本准则，如地形地貌(B_1)、水文地质条件(B_2)、工程地质条件(B_3)等。

(3)指标层(C)。根据评价准则，将上述地质环境因素进一步细分为若干具体评价指标，如工程地质条件细分为：基岩埋深(C_1)、承载力状况(C_2)、地基土均匀性(C_3)、特殊土厚度(C_4)等。

2. 确定判断矩阵B

按表2-1所示的T. L. Satty的1～9标度，每位专家独立地两两比较所有的评价因子后得出各自的判断矩阵，接着将每个成员构造的判断矩阵集中得到综合判断矩阵，并经全体专家讨论修改直至所有专家对综合判断矩阵没有意见为止。

表 2-1　层次分析定权法的判断矩阵标度及其含义

标　度	含　义
1	表示两个因素相比，具有同等重要性
3	表示两个因素相比，一个因素比另一个因素稍微重要
5	表示两个因素相比，一个因素比另一个因素明显重要
7	表示两个因素相比，一个因素比另一个因素更为重要
9	表示两个因素相比，一个因素比另一个因素极端重要
2,4,6,8	上述两相邻判断的中值，表示重要性判断之间的过渡性
倒数	因素 i 与 j 比较得到判断 b_{ij}，则因素 j 与 i 比较的判断 $b_{ji}=1/b_{ij}$

3. 根据构造的判断矩阵，计算指标权重(即求解判断矩阵的最大特征向量)

(1)计算矩阵各行 n 个元素乘积

$$m_i = \prod_{j=1}^{n} b_{ij}$$

(2)计算 n 次方根

$$x_i = \sqrt[n]{m_i}$$

(3)对向量进行规范量化。将上述 n 次方根所得的 n 个向量组成矩阵，并对向量进行归一化处理

$$w_i = x_i \Big/ \sum_{i=1}^{n} x_i$$

得到：$\boldsymbol{W}=(w_1,w_2,\cdots,w_n)$，为所求得的特征向量的近似值，即为各指标的权重。

(4)计算矩阵的特征值 $\lambda_{\max}$。

$$\lambda_{\max} = \frac{1}{n}\sum_{i=1}^{n}\frac{[BW^{\mathrm{T}}]_i}{w_i}$$

式中，$[BW^{\mathrm{T}}]_i$ 为向量 BW^{T} 的第 i 个元素。

(5)由于客观事物的复杂性及对事物认识的片面性，构造的判断矩阵不一定是一致性矩阵，但当偏离一致性过大时，会导致一些自相矛盾的问题。因此，得到 $\lambda_{\max}$后，还需进行随机一致性检验，检验公式为

$$\mathrm{C.I}=(\lambda_{\max}-n)/(n-1) \qquad \mathrm{C.R}=\mathrm{C.I}/\mathrm{R.I}$$

式中，C.I 为一致性指标；$\lambda_{\max}$为最大特征根；n 为矩阵阶数。R.I 为平均随机一致性指标，取值如表 2-2 所示，C.R 为随机一致性比率。只有当 C.R<0.10 时，判断矩阵才具有满意的一致性，才认为所获取的权值是合理的。

表 2-2　层次分析法的平均随机一致性指标值

矩阵阶数(n)	1	2	3	4	5	6	7	8	9
平均随机一致性指标值(R.I)	0.00	0.00	0.58	0.90	1.12	1.24	1.32	1.41	1.45

如果在第一次专家打分后，打分结果不能通过一致性检验，则返回重新进行打分，直到通

过检验为止。

4. 计算各层次因子的组合权重

求出某一层的因素权重后，再按2～3的步骤计算其他层次的因素权重，并最终求得指标层(最下层)的组合权重。

(五)熵值法

熵值法是近几年在社会科学领域中应用比较多的一种定权方法，主要过程如下。

1. 数据的标准化处理

根据选取的指标进行有关数据的提取，形成原始数据矩阵，进行指标的标准化处理，其处理公式为

$$x'_{ij}=(x_{ij}^{0}-x_j)/s_j$$

式中，x'_{ij}为标准化后的指标值；x_{ij}^{0}为指标原始值；x_j为第j指标的均值；s_j为第j指标的标准差。

2. 数据的归一化处理

根据各指标对地质环境影响的作用方向，可以将其划分为正效指标和负效指标。正效指标的值越大，地质环境质量越好；负效指标的绝对值越大，地质环境质量越差。为了统一，分别对指标采用以下两种方法进行归一化处理。

当x'_{ij}为正效指标时，$x_{ij}=\dfrac{x'_{ij}-x'_{j\min}}{x'_{j\max}-x'_{j\min}}$

当x'_{ij}为负效指标时，$x_{ij}=\dfrac{x'_{j\max}-x'_{ij}}{x'_{j\max}-x'_{j\min}}$

3. 信息熵处理

(1)将各指标同度量化，计算第j项指标下第i方案指标值的权重p_{ij}：

$$p_{ij}=x_{ij}\Big/\sum_{i=1}^{m}x_{ij}$$

(2)计算第j项指标的熵值e_j：

$$e_j=-k\sum_{i=1}^{m}p_{ij}\ln p_{ij}$$

式中，$k>0$，ln为自然对数，$e_j\geqslant 0$。

如果x_{ij}对于给定的j全部相等，那么

$$p_{ij}=x_{ij}\Big/\sum_{i=1}^{m}x_{ij}=1/m$$

此时e_j取极大值，即

$$e_j=-k\sum_{i=1}^{m}\frac{1}{m}(\ln\frac{1}{m})=k\ln m$$

若设$k=1/\ln m$，则$0\leqslant e_j\leqslant 1$。

4. 差异性系数计算

对于给定的j，x_{ij}的差异性越小，则e_j越大，指标就越重要；当x_{ij}全部相等时，$e_j=1$，此时对于方案的比较，指标x_{ij}毫无作用；当各方案的指标值相差越大时，e_j越小，该项指标对于方案比较所起的作用越大。定义差异性系数为

$$g_j=1-e_j$$

则当 g_j 越大时，指标越重要。

5. 指标定权

第 j 项指标的权重

$$a_j = g_j \Big/ \sum_{j=1}^{n} g_j$$

以上所述的定权方法各有利弊，但不管采用何种方法来计算权重，都必须对计算结果进行仔细分析和推敲，必要时请相关专家对给定的权重仔细分析，看是否有不符合实际的异常情况出现，必要时采用多种定权方法相互验证，找到最合理的权重进行评价。

第五节 地质环境评价的数学模型

一、概述

地质环境评价工作是建立在系统的环境地质研究、地质环境的调查、监测和变化趋势研究等工作的基础上，并按一定的要求、目的和方法进行的。其中，比较关键的是地质环境评价的方法学，就是研究如何用一个区域的各种地质环境要素的各种质量参数和定量化指标，反映区域的地质环境要素和总体地质环境质量的客观属性，并将这些量化的指标利用数学手段构建起相应的数学模型，从而定量评价环境质量的优劣以及预测人类活动对地质环境的影响。

目前常用的地质环境现状评价的数学模型，大致可以分为四类：指数模型、概率统计模型、模糊数学模型和灰色系统模型。这四类方法相互有所区别，但没有明确的界线，可以综合使用。

二、指数模型

截至目前，指数模型方法仍是地质环境评价的主要方法。

(一)地质环境指数的作用

地质环境背景研究、环境监测和调查取得的是大量的物理、化学及生物方面的定性和定量数据，这些数据来自于客观环境，显然它反映了地质环境的现状。但是，这些数据太专业化，专业技术人员很清楚它们的含义，但若把它们直接置于环境管理决策与规划人员或者广大公众面前时，他们就很难从中了解地质环境的现状。为此，将大量的监测、调查数据和资料经过整理、分析、归纳成几个地质环境指数，用它来表征地质环境状况就比较容易被人们理解和应用。

例如，城市噪声远较地质环境监测数据容易让人们关心并理解其含义。正是为了让公众了解城市噪声对人体健康的危害，在许多城市中心地带设置了噪声显示器，显示板上表示出的是监测的噪声分贝值，或 64 或 65 或其他数值等，而有多少公众明白其含义呢？若将这些分贝值与国家“城市区域环境噪声标准”对比，显示出的是环境噪声指数值，即“超过国家标准的噪声级××倍”、“没超标”等，显然更利于城市居民理解其含义并加以重视，从而有利于环境保护的宣传和环境综合治理。

(二)指数模型的建立

将大量的地质环境监测数据及资料转化为少数有规律的地质环境指数是一个信息流动过程，也是一项复杂的系统工程，地质环境指数的获取有多个层次。

(1)系统研究整个地质环境。

(2)进行地质环境要素的筛选,确定参与地质环境评价的环境要素。

(3)对参与评价的各种地质环境要素中的环境因子进一步筛选,确定参与各地质环境要素的评价因子,若这些评价因子需进一步分解,则还要进行筛选,直至达到最低层次的地质环境因子为止。

(4)将监测数据、资料变为单因子指数。

(5)将单因子指数按一定模式叠加转化为单要素指数,即分指数。

(6)将分指数综合为地质环境总指数,并对此进行分析、说明。

(三)地质环境指数模型的一般结构形式

地质环境指数是由单因子指数→单要素指数→综合指数逐层综合得到的。

1. 单因子指数模型

单因子指数模型的通式为

$$I_{ij}=f_{ij}(C_{ij})$$

式中,I_{ij}为第 i 个地质环境要素中第 j 个评价因子的指数;C_{ij}为该评价因子的理化指标,即反映其物理结构和状态的性状数据或实测值。

一般用两种形式表示:

(1)$I_{ij}=C_{ij}$,直接用环境因子的理化指标来表示其质量状况。

(2)$I_{ij}=C_{ij}/S_{ij}$

式中,S_{ij}为第 i 个地质环境要素中第 j 个评价因子的评价标准。

这种形式是用环境因子的理化指标超过评价标准的倍数表示其质量状况,即超标倍数。I_{ij}值为 1 则表示当时该评价因子的环境质量处于临界状态。一般多用该形式表示单因子质量。

由于 I_{ij}的值是相对于某一评价标准而言的,评价标准值的确定又涉及到多种因素,而且对于不同的区域和不同的要求及目的可以确定不同的标准。因此,在有国家标准时,应统一选用国家标准。无论如何,在进行地质环境的横向比较时,更应使用相同的评价标准。

单因子地质环境指数只能代表一个评价因子或一种理化指标的环境状况,不能反映地质环境的全貌,但它是其他各种地质环境指数、地质环境分级和综合评价的基础。

2. 分指数模型

分指数模型的通式为

$$I_i=g_i(I_{i1},I_{i2},\cdots,I_{im})$$

式中,I_i为第 i 个地质环境要素的分指数; m 为地质环境要素中的评价因子数。

一般有几种常用形式。

(1)线性函数

$$I_i=\alpha I_{ij}+\beta \qquad (\alpha、\beta为常数)$$

(2)分段线性函数

$$I_i=\alpha I_{ij}+\beta$$

式中的 α、β在 I_{ij}或 C_{ij}的不同定义域上有不同的值。物理指标多具有此特性。

(3)非线性函数

常见的有两种

$$I_i=\alpha I_{ij}^{\beta} \quad 或 \quad I_i=\alpha\beta^{I_{ij}}$$

3. 综合指数模型

在进行地质环境指数的综合时，可以只考虑实际值，也可以考虑平均值或最大值或最小值模型，也可以全部加以考虑。因此，考虑的角度不同就有不同的综合指数，这就使得分指数综合的形式多种多样。常用的环境综合指数法及其主要特点见表2-3。

表2-3　常用的综合指数模型

类　型	公　式	特　点
简单叠加法	$PI=\sum_{i=1}^{n}p_i$①	该法认为地质环境是各种要素共同作用的结果，因而多种要素作用和影响必然大于其中任一种要素的作用和影响。用所有评价参数的相对值的总和，可以反映出环境要素的综合质量
算术平均值法	$PI=\frac{1}{n}\sum_{i=1}^{n}p_i$	为了消除选用评价参数的项数对结果的影响，便于在用不同项数进行计算的情况下进行比较要素之间的好坏程度
均方根法	$I=\sqrt{\frac{1}{n}\sum_{i=1}^{n}I_i^2}$	平方后的分指数，大于1时其平方越大，小于1时其平方越小，故不仅突出最高的分指数，也顾及到其余各个大于1的分指数的影响
加权平均法	$PI=\sum_{i=1}^{n}W_ip_i$	权值 W_i 的引入可以反映出不同环境要素对环境影响的不同作用
计权平均幂函数法	$I=(\alpha\times\frac{1}{n}\sum_{i=1}^{n}W_i\times I_i^{q_i})^{1/p}$	式中，α、p、q 均为常数，是上述均方根模型的一般化模型
最大值法	$PI=\sqrt{p_{max}^2+p_{ave}^2}$	突出影响最大的要素对地质环境的影响和作用
积分值法	$M=\sum_{i=1}^{n}a_i$	M 为某评价单元的总评分值；a_i 为 i 评价因子的评分值；n 为评价因子数
W 值法	$SN_{10}^{n_1}N_8^{n_2}N_6^{n_3}N_4^{n_4}N_2^{n_5}$②	充分考虑了影响地质环境的主要因子的作用

说明：①式中 p_i 代表评价因子的评分值（或称分指数），以下同。

②式中，S 为参与评价的因子的数目；$n_1, n_2, \cdots, n_5$ 分别为取10分、8分、6分、4分和2分的因子数目。W 值法以最低两项得分值之和来进行环境质量评价。

三、数理统计模型

随着计算机技术的发展，一些比较复杂的数学模型逐渐引入并应用在地质环境评价的分级分类中。应用于地质环境评价的数理统计模型主要有三类：定性判别分析模型、聚类分析模型、主成分分析和因子分析模型。

（一）定性判别分析模型

判别分析法属于多元统计分析的一个分支，在多种学科中有广泛的应用。在判别分析中，自变量（判别对象）是数量指标，因变量（判别标准）是定性的已知类别。

如果地质环境评价的单元数为 n 个，选取的评价因子数为 p 个，则对于 j 评价单元，可以获取的性状数据（指标值或变量）记为

$$x_j=\begin{bmatrix}x_{j1}\\x_{j2}\\\vdots\\x_{jp}\end{bmatrix}, \qquad j=1,2,\cdots,n$$

已知评价标准可分为 k 个类别，记为：$T_1, T_2, \cdots, T_k$。从属于 T_i 类别的评价单元中抽取 n_i 个单元，每个单元的所有评价因子的性状数据为

$$x_a^{(i)}=\begin{bmatrix} x_{a1}^{(i)} \\ x_{a2}^{(i)} \\ \vdots \\ x_{ap}^{(i)} \end{bmatrix}, \qquad j=1,2,\cdots,R$$

判别分析就是根据已有的评价标准的类别信息确定评价单元 j 应属于哪个类别。

(二)聚类分析模型

聚类分析，是多元统计分析中的一个比较新的分支，近年来发展较快，已在多种领域中广泛应用，常见的有系统聚类分析、模糊聚类分析、灰色聚类分析模型等。这里将介绍系统聚类分析的计算过程，模糊聚类分析、灰色聚类分析将在其他部分模糊综合评价法和灰色理论模型中进行介绍。

系统聚类分析是目前使用得较为广泛的一种方法。其基本原理是：假设要评价的地质环境有 n 个评价单元，每个单元测得 p 个指标评价值(变量)，首先将 n 个单元(或指标)各自看成一类，然后根据单元(或指标)间的相似程度，每次将最相似的两类加以合并；然后计算新类与其他类之间的相似程度，再选择最相似者并类，这样每合并一次就减少一类，继续这一过程，直至将所有单元(或指标)合并为一类为止。

系统聚类按照类的形成过程可分为一次形成法和逐次形成法。一般多采用逐次形成法。这里举例简单介绍其进行过程。

设 $n=5, p=1$，实测数据为 $(x_1, x_2, \cdots, x_5)=(1,4,5,7,11)$ 进行分类。

评价单元间的相似程度采用欧氏距离来刻画，则距离为

$$D^{(0)}=\begin{bmatrix} 0 & 3 & 4 & 6 & 10 \\ & 0 & 1 & 3 & 7 \\ & & 0 & 2 & 6 \\ & & & 0 & 4 \\ & & & & 0 \end{bmatrix}$$

第一步：记下 $D^{(0)}$ 中非对角元素中的最小值 $d_{23}^{(0)}=1$，划掉第三行第三列，此时第 2、第 3 个评价单元合成一类；在实测数据中用 $x_2^{(1)}=(x_2+x_3)/2=4.5$ 代替第二个评价单元的数据 x_2；重新计算第二个评价单元与第 $j(j\neq3)$ 个评价单元的欧氏距离，得

$$D^{(1)}=\begin{bmatrix} 0 & 3.5 & 6 & 10 \\ & 0 & 2.5 & 6.5 \\ & & 0 & 4 \\ & & & 0 \end{bmatrix}$$

第二步：记下 $D^{(1)}$ 中非对角元素中的最小值 $d_{24}^{(1)}=2\frac{1}{2}$，划去第四行第四列，此时第 2、第 3 和第 4 个样品合并为一类；在实测数据中用 $x_2^{(2)}=(2x_2^{(1)}+x_4)/3=5\frac{1}{3}$ 代替 $x_2^{(1)}$；重新计算第 2 个评价单元与第 $j(j\neq3,4)$ 个评价单元的欧氏距离，得

$$D^{(2)}=\begin{bmatrix}0 & 4\frac{1}{3} & 10\\ & 0 & 5\frac{2}{3}\\ & & 0\end{bmatrix}$$

第三步：记下 $D^{(2)}$ 中非对角元素中的最小值 $d_{12}^{(2)}=4\frac{1}{3}$，划去第二行第二列，此时第 2、第 3、第 4 和第 1 个评价单元合并为一类；在实测数据中用 $x_1^{(3)}=(3x_2^{(2)}+x_1)/4=4\frac{1}{4}$ 代替 x_1；重新计算第 1 个评价单元与 x_5 的距离，得

$$D^{(3)}=\begin{bmatrix}0 & 6\frac{3}{4}\\ & 0\end{bmatrix}$$

第四步：记下 $D^{(3)}$ 中非对角元素中的最小值 $d_{15}^{(2)}=6\frac{3}{4}$，划去第五行第五列，此时第 1、第 2、第 3 和第 5 个评价单元合为一类。至此，就逐次将所有评价单元聚成一类。聚类过程到此结束，画出图 2－3 谱系图。

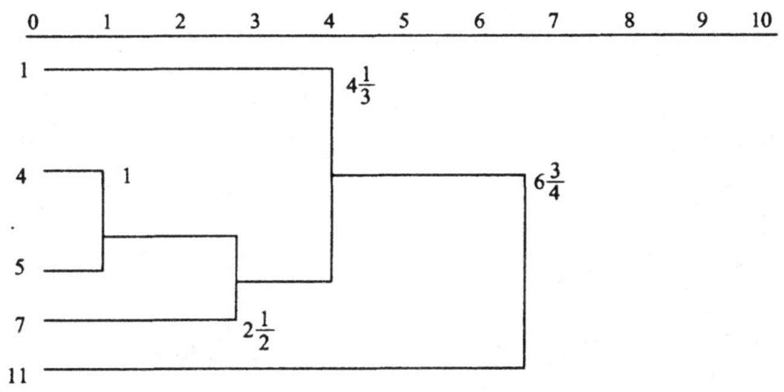

图 2－3　系统聚类分析谱系图

（三）主成分分析和因子分析模型

1. 主成分分析模型

主成分分析是把描述地质环境的多个要素化为少数几个综合指标的一种统计方法。设有 n 个评价单元，有 p 个评价指标，则可实测 n 个 p 维性状数据，即

$$x_i=\begin{bmatrix}x_{1i}\\ x_{2i}\\ \vdots\\ x_{pi}\end{bmatrix},\qquad i=1,2,\cdots,n$$

要求将这 n 个单元分类。用主分量分析法，首先计算样本（单元）均值 $\overline{X}$ 与样本（单元）协方差阵 $\hat{\sum}$。再求方程 $O=\left|\hat{\sum}_{p\times p}-\lambda I_{p\times p}\right|$ 的最大根 λ_1 与次大根 λ_2，即矩阵 $\hat{\sum}$ 的最大特征根与次大特征根。解方程

$$\begin{cases}(\hat{\sum}_{p\times p}-\lambda_1 I_{p\times p})Y=0\\(\sum_{p\times p}-\lambda_2 I_{p\times p})Y=0\end{cases}$$

将解得的 Y 标准化，即

$$\boldsymbol{a}^{(1)}=\frac{Y}{\sqrt{Y'Y}}=\begin{bmatrix}a_1^{(1)}\\a_2^{(1)}\\\vdots\\a_p^{(1)}\end{bmatrix};\ \boldsymbol{a}^{(2)}=\frac{Y}{\sqrt{Y'Y}}=\begin{bmatrix}a_1^{(2)}\\a_2^{(2)}\\\vdots\\a_p^{(2)}\end{bmatrix}$$

以上 $\boldsymbol{a}^{(1)}$ 与 $\boldsymbol{a}^{(2)}$ 即 $\hat{\sum}$ 的最大特征根与次大特征根所对应的特征向量。

再计算 n 个单元(样本)p 维指标的第一、第二主分量，得

$$\begin{aligned}Z_{1t}&=\boldsymbol{a}^{(1)\prime}x_t=\sum_{k=1}^{p}a_k^{(1)}x_{kt}\\Z_{2t}&=\boldsymbol{a}^{(2)\prime}x_t=\sum_{k=1}^{p}a_k^{(2)}x_{kt}\end{aligned}\qquad(t=1,2,\cdots,n)$$

由此得到每个评价单元中所有指标的第一、第二主分量，将 n 个二维点(Z_{1t}，Z_{2t})(其中，$t=1,\ 2,\cdots,\ n$)点在平面直角坐标系中，一般以 Z_1 为横坐标，Z_2 为纵坐标。到此数学计算已完成，下一步是依据具体的地质环境条件，结合专业知识进行分析，将直角坐标系中距离近者归为一类，其聚多少类视具体情况而定，这样便把 n 个评价单元进行了分类。

如此分类的合理之处在于：原来是由 n 个评价单元、p 个评价指标构成的 $n\times p$ 维空间的点 $X_t(t=1,\ 2,\cdots,n)$，经坐标轴的刚性旋转之后在新坐标系中坐标变为 Z_t。刚性旋转并不改变点与点之间的绝对距离，实质上只是改变记号而已，结构并未大变。但是此刚性旋转使得 Z_t 中后几个指标(分量)差异不大，当然这些指标对分类也就不起主要作用了，故可舍去，从而压缩维数，使得难以作图的多维空间的点变为易于作图的二维或三维空间的点。在许多实际的环境评价中，往往取前两个主分量，就已经提取了主要信息。当然有时仅取二维是不够的，取多少个分量才合适，主要看各特征根的大小，如果 λ_3 也较大，则取三维，维数再高就难以分类了。

对所有的评价单元进行了分类后，还要能够结合实际的地质环境，对保留的主分量与分类情况予以解释，这才是用主分量分析法进行地质环境评价的全部意义。

2. 因子分析模型

因子分析属于多元统计分析，其基本思想是将实测的多指标(多维向量)，用少数几个潜在指标的线性组合表示。例如，对地下水水质，通常是检测其中的化学组分来说明，如分析 SO_4^{2-}、Cl^-、Ca^{2+}、Mg^{2+}、Cr^{6+}、CN^- 等的浓度，往往这些化学物质的浓度值之间有内在联系，亦即不全是相互独立的，可能有的化学物质来自同一围岩，或来自某污染源，或多源的叠加，并受到含水层中地下水水动力条件、含水层性状等因素的共同影响。这些因素可能是在实测数据中未能明显表现出来的起主导作用的潜在因子，准确地找出这些潜在因子并予以正确的分析和合理的解释，利用潜在因子函数求出各评价单元的主因子的载荷，据此在平面上点图分类，这便是用因子分析的方法评价地质环境状况的基本过程。

因子分析的基本数学模型(线性关系式)如下

$$\begin{pmatrix} x_1 \\ x_2 \\ \vdots \\ x_p \end{pmatrix} = \begin{pmatrix} a_{11} & a_{12} & \cdots & a_{1m} \\ a_{21} & a_{22} & \cdots & a_{2m} \\ \vdots & \vdots & & \vdots \\ a_{p1} & a_{p2} & \cdots & a_{pm} \end{pmatrix} \begin{pmatrix} f_1 \\ f_2 \\ \vdots \\ f_m \end{pmatrix} + \begin{pmatrix} s_1 \\ s_2 \\ \vdots \\ s_p \end{pmatrix}$$

简记为

$$\boldsymbol{X} = \boldsymbol{AF} + \boldsymbol{S}$$

式中：$\boldsymbol{X}$ 是可实测的 p 维向量；F 称为潜因子或公共因子或主因子，其维数 $m<p$；A 矩阵称为因子载荷矩阵，由多次实测的 X 来估计；S 称为特殊因子，其中包括了随机误差，通常理论上要求 S 的协方差阵是对角阵。

根据研究的对象不同，因子分析分为 R -型和 Q -型。当研究变量（评价指标）之间相互关系时采用 R -型因子分析，当研究样品（评价单元）间相互关系时采用 Q -型因子分析。下面简单介绍其计算过程。

(1)R -型因子分析。

设有 n 个评价单元，每个单元获取了 p 个评价指标值，原始数据矩阵为 $X_{n\times p}$。

①计算指标间的相关阵。

R -型因子分析的出发点是各指标（单元）的相关系数 $R=(r_{ij})_{p\times p}$，其中

$$r_{ij} = \frac{\sum_{k=1}^{n}(x_{ki}-\bar{x}_i)(x_{ki}-\bar{x}_j)}{\sqrt{\sum_{k=1}^{n}(x_{ki}-\bar{x}_i)^2 \cdot \sum_{k=1}^{n}(x_{kj}-\bar{x}_j)^2}} \qquad (i、j=1,2,\cdots,p)$$

$$\bar{x}_i = \frac{1}{n}\sum_{k=1}^{n}x_{ki}\,;\quad \bar{x}_j = \frac{1}{n}\sum_{k=1}^{n}x_{kj}$$

②用 Jacobi 方法求相关阵 R 的特征值和特征向量。特征值按大小次序排列为 $\lambda_1 \geqslant \lambda_2 \geqslant \cdots \geqslant \lambda_p$，特征向量也按相应的次序排列：$u_1, u_2, \cdots, u_p$。

③求主因子的个数 M。

给定一个靠近 1 的数值 PD（通常取 PD=0.70，0.85 或 0.90 等）。取前 M 个主因子，使其累计贡献率

$$\sum_{i=1}^{m}\lambda_i \Big/ \sum_{i=1}^{p}\lambda_i = \sum_{i=1}^{m}\lambda_i \Big/ P \geqslant \mathrm{PD}$$

④求主因子 $F=(F_1, F_2, \cdots, F_m)'$ 的因子载荷矩阵 A

$$A=\begin{pmatrix} u_{11}\sqrt{\lambda_1} & u_{12}\sqrt{\lambda_2} & \cdots & u_{1m}\sqrt{\lambda_m} \\ u_{21}\sqrt{\lambda_1} & u_{22}\sqrt{\lambda_2} & \cdots & u_{2m}\sqrt{\lambda_m} \\ \vdots & \vdots & & \vdots \\ u_{p1}\sqrt{\lambda_1} & u_{p2}\sqrt{\lambda_2} & \cdots & u_{pm}\sqrt{\lambda_m} \end{pmatrix} \xrightarrow{\text{记}} \begin{pmatrix} \ddots & & \cdot^{\cdot^{\cdot}} \\ & a_{ij} & \\ \cdot^{\cdot^{\cdot}} & & \ddots \end{pmatrix}_{p\times p}$$

其中，$u_k=(u_{1k}, u_{2k}, \cdots, u_{pk})$ 是 λ_k 相应的特征向量。

并计算主因子对变量 x_i 的贡献（即共同度）

$$h_i^2 = \sum_{j=1}^{m}a_{ij}^2, \qquad i=1,2,\cdots,p$$

然后对矩阵 A 按行规格化：$A \to A^* = (a_{ij}^*)$，

其中，$a_{ij}^* = a_{ij} \Big/ \sqrt{h_i^2}$，$i=1,2,\cdots,p$；$j=1,2,\cdots,m$。

⑤对规格化后的因子载荷矩阵 A^* 施行方差最大的正交旋转。

逐次对任两个因子 F_k、F_j 作正交旋转。每次的转角 φ_{kj} 满足使总方差 V 达最大。对总计 M 个因子，每轮要做 C_m^2 正交旋转。

⑥计算因子得分。

因子得分函数 F_j 的估计公式为

$$F_j = \begin{pmatrix} \hat{F}_1 \\ \vdots \\ \hat{F}_m \end{pmatrix} = (A^{(k)})' R^{-1} X$$

然后可根据样品的因子得分情况，对样品(单元)进行分类。

(2)Q-型因子分析。

Q-型因子分析的出发点是各指标的相似系数。设有 n 个评价单元(样本)，有 p 个评价指标，则可得实测数据阵 $X_{n\times p}$。第 i 个指标与第 j 个指标在 n 单元中的数据为

$$(x_{i1}, x_{i2}, \cdots, x_{in})$$
$$(x_{j1}, x_{j2}, \cdots, x_{jn})$$

其相似系数

$$q_{ij} = \frac{\sum_{k=1}^{n} x_{ik} x_{jk}}{\sqrt{\sum_{k=1}^{n} x_{ik}^2 \sum_{k=1}^{n} x_{jk}^2}}$$

后续计算与 R-型因子分析完全相同。步骤如下：

①计算样品相似系数矩阵 Q

$$Q = (q_{ij})_{n\times n}$$

②用 Jacobi 方法求 Q 的特征值和特征向量。

③求主因子的个数 m。

④求主因子的载荷矩阵 $A_{n\times m}$。

⑤对因子载荷矩阵 A 作方差最大的正交旋转。

⑥计算样品的因子得分，并据此进行样品(评价单元)分类。

(3)对应因子分析。

对应分析又称为 R-型、Q-型因子分析，它是在 R-型和 Q-型因子分析的基础上发展起来的一种多元统计分析方法。

由于 R-型或 Q-型因子分析未能很好地揭示变量和样品间的双重关系。另外，当样品数量 N 较大(如 $N>100$)，进行 Q-型因子分析时，计算 N 阶方阵的特征值和特征向量对于微型计算机的容量和速度来讲都难以胜任。为此，人们研究出了对应因子分析方法。该方法是在因子分析的基础上发展起来的，它对原始数据采用适当的标度方法，把 R-型和 Q-型因子分析结合起来，同时得到两方面的结果，在同一因子平面上对变量和样品一起进行分类，从而揭示它们之间的内在联系。

对应分析由 R-型因子分析的结果，可以很容易地得到 Q-型因子分析的结果，这不仅克服了样品数量大时作 Q-型因子分析所带来的计算上的困难，而且把 R-型和 Q-型因子分析统一起来，把评价单元和环境指标(变量)同时反映到相同的因子轴(坐标轴)上去，这就便于环

境质量评价及其解释和推断。计算步骤如下。

设有 n 个评价单元，m 个评价指标(变量)，便有原始数据阵 $X_{n\times m}$。

①计算对应变换后的新数据阵 Z，令

$$Z_{ij}=\frac{x_{ij}-x_{i.}\times x_{.j}/T}{\sqrt{x_{i.}\times x_{.j}}},\ i=1,2,\cdots,n;j=1,2,\cdots,m$$

式中，$x_{i.}=\sum_{j=1}^{m}x_{ij};x_{.j}=\sum_{i=1}^{n}x_{ij};T=\sum_{i=1}^{n}\sum_{j=1}^{m}x_{ij}$

则 $Z=(Z_{ij})$ 为 $n\times m$ 新数据阵。

②计算变量的"协方差阵"R。

$$R=Z'Z=(r_{ij})$$

式中，$r_{ij}=\sum_{t=1}^{n}Z_{ti}Z_{ij}(j、i=1,2,\cdots,m)$

③从 R 阵出发进行 R -型因子分析。

首先用 Jacobi 法求 R 的特征值：$\lambda_1\geqslant\lambda_2\geqslant\cdots\geqslant\lambda_m\geqslant0$ 及相应的特征向量 $u_1,u_2,\cdots,u_m$。然后由临界概率 PD 确定主因子个数 k，使累计百分比不小于 PD。随后计算 R -型因子载荷阵 A，并在两两因子轴平面上作变量点图。

④从 $Q=Z'Z$ 出发进行 Q -型因子分析。

因 Q 与 R 的非零特征值相同，故 $\lambda_1\geqslant\lambda_2\geqslant\cdots\geqslant\lambda_m\geqslant0$ 也是 Q 的特征值。又因 $u_i(i=1,2,\cdots,m)$ 是 R 的特征向量，故 $V_i=Zu_i(i=1,2,\cdots,m)$ 是 Q 的特征向量。从而 Q -型因子载荷阵为

$$G=\begin{pmatrix}V_{11}\sqrt{\lambda_1} & V_{12}\sqrt{\lambda_2} & \cdots & V_{1k}\sqrt{\lambda_k}\\ V_{21}\sqrt{\lambda_1} & V_{22}\sqrt{\lambda_2} & \cdots & V_{2k}\sqrt{\lambda_k}\\ \vdots & \vdots & & \vdots\\ V_{n1}\sqrt{\lambda_1} & V_{n2}\sqrt{\lambda_2} & \cdots & V_{nk}\sqrt{\lambda_k}\end{pmatrix}$$

这里假定 $V_i(i=1,2,\cdots,m)$ 为单位向量。

然后在与 R -型因子分析相应的因子平面上作样品(评价单元)点图。从而可以进行环境质量分类评价，并结合第③步的成果分析、解释。

四、模糊数学评价模型

模糊数学是研究和处理具有"模糊性"现象的科学。"模糊性"主要是指客观事物的差异在中间过渡时所呈现的"亦此亦彼"性，即不确定性。对于这些难以明确划定界限，即没有明确的内涵和外延的概念，叫做模糊概念。模糊概念不能用普遍集合论来刻画，于是便产生了模糊集合论，它用隶属程度来描述差异的中介过渡，是用精确的数学语言对模糊性的一种描述。模糊数学作为一种新的数学工具，在地质环境评价中应用很广。下面依次介绍几种模糊数学评价法。

(一)模糊综合评价法

模糊综合评价是根据模糊集的理论和方法来确定地质环境归类的。这里简单介绍其应用过程。

1. 确定评价集和因子集

设某评价单元中的评价指标集合

$$U=\{u_1,u_2,\cdots,u_m\} \quad (i=1,2,\cdots,m)$$

为参与评价的 m 个环境因子的性状数据。而环境质量的评语(评价标准)集合为

$$V=\{v_1,v_2,\cdots,v_n\} \quad (j=1,2,\cdots,n)$$

$v_1,v_2,\cdots,v_n$ 为 u_i 相应的评价标准的集合。在环境质量的分级评价中,U 是一个模糊向量,而 V 则是一个矩阵。

在 U 和 V 都给定后,因素论域(环境因子)与评语论域(评价标准)之间的模糊关系可以用模糊关系矩阵 R 来表示。

$$R=\begin{pmatrix} r_{11} & r_{12} & \cdots & r_{1n} \\ r_{21} & r_{22} & \cdots & r_{2n} \\ \vdots & \vdots & & \vdots \\ r_{m1} & r_{m2} & \cdots & r_{mn} \end{pmatrix}$$

根据模糊关系的定义,r_{ij} 表示第 i 个评价因子的环境质量数值可以被评为第 j 级环境质量的可能性,即 i 对于 j 的隶属度。因此,模糊关系矩阵 R 中的第 i 行 $R_i=(r_{i1},r_{i2},\cdots,r_{in})$,$i=1,2,\cdots,m$,实际上代表了第 i 个评价因子对各级环境质量标准的隶属性;而模糊关系矩阵中的第 j 列 $R_j=(r_{1j},r_{2j},\cdots,r_{mj})$,$j=1,2,\cdots,n$,则代表了各个评价因子对第 j 级环境质量标准的隶属性。

如果因素论域 U 上的模糊子集为

$$A=\frac{a_1}{u_1}+\frac{a_2}{u_2}+\cdots+\frac{a_m}{u_m}$$

式中,$a_i(i=1,2,\cdots,m)$表示单因素 u_i 在所有因素中所起作用大小的度量,可以视为第 i 个评价因子在环境质量评价的诸评价因子中的权重。

评语论域上模糊子集为

$$B=\frac{b_1}{v_1}+\frac{b_2}{v_2}+\cdots+\frac{b_n}{v_n}$$

式中,$b_j(j=1,2,\cdots,n)$表示 v_j 对综合评定模糊子集的隶属程度,也就是第 j 级环境质量标准对综合分级的隶属程度。

2. 评价因子分级标准的确定

评价标准的划分都是一个区间值。例如地面水中高锰酸钾指数的分级(表 2-4)。由表 2-4,若高锰酸钾的浓度小于等于 2,则归于Ⅰ级;等于 4 时,应归于Ⅱ级;若等于 7,则介于Ⅲ级与Ⅳ级之间。那么Ⅲ级与Ⅳ级之间的界限是多少呢?为此可以这样来确定各相邻类别之间的界限值,或称为代表值;对于第Ⅰ级,取第Ⅰ级的环境质量标准值作为其代表值,记为 e(Ⅰ);对第Ⅱ级取第Ⅰ级和第Ⅱ级环境质量标准值的平均值作为代表值,记为 e(Ⅱ),其余类推。如果环境质量标准分为 m 级,则有 $m+1$ 个代表值:e(Ⅰ),e(Ⅱ),$\cdots$,$e(m+1)$。

表 2-4 高锰酸钾的地面水环境质量标准 (单位:mg/L)

质量分级	Ⅰ	Ⅱ	Ⅲ	Ⅳ	Ⅴ
高锰酸钾指数	≤2	4	6	8	10

分级代表值是确定环境因子性状数据的隶属度的基础。有了分级代表值后,可以根据实

际环境因子的性状数据来计算其隶属度。

环境质量标准的划分有时候也采用特征值的办法，每一级预先给定一个数值作为该级标准的代表值，相当于直接给出了评价标准分级代表值。

3. 隶属函数的确定

隶属函数的确定方法有很多种。如矩形分布隶属函数、Γ 型分布隶属函数、正态型分布隶属函数、柯西分布隶属函数、梯形分布隶属函数、半领型分布隶属函数等。在地质环境评价实际工作中，梯形分布的隶属函数应用最为广泛，且获得了较好的效果，隶属函数有如下关系式

$$\mu_{\mathrm{I}}(x)=\begin{cases}1, & x\leqslant e(\mathrm{I})\\ [e(\mathrm{II})-x]/[e(\mathrm{II})-e(\mathrm{I})], & e(\mathrm{I})<x\leqslant e(\mathrm{II})\\ 0, & x\geqslant e(\mathrm{II})\end{cases}$$

$$\mu_{\mathrm{II}}(x)=\begin{cases}1-\mu_{\mathrm{I}}(x), & e(\mathrm{I})<x\leqslant e(\mathrm{II})\\ [e(\mathrm{III})-x]/[e(\mathrm{III})-e(\mathrm{II})], & e(\mathrm{I})<x<e(\mathrm{III})\\ 0, & x\leqslant e(\mathrm{I}),x\geqslant e(\mathrm{III})\end{cases}$$

$$\vdots \qquad\qquad \vdots$$

$$\mu_m(x)=\begin{cases}1-\mu_{m-1}(x), & e(m-1)<x\leqslant e(m)\\ [e(m+1)-x]/[e(m+1)-e(m)], & e(m)<x<e(m+1)\\ 0, & x\leqslant e(m-1),x\geqslant e(m+1)\end{cases}$$

$$\mu_{m+1}(x)=\begin{cases}0, & x<e(m)\\ 1-\mu_m(x), & e(m)<x<e(m+1)\\ 1, & x\geqslant e(m+1)\end{cases}$$

式中，$\mu_{\mathrm{I}}(x),\mu_{\mathrm{II}}(x),\cdots,\mu_{m+1}(x)$ 分别为环境因子 x 对一级、二级、…、$m+1$ 级环境质量标准的隶属度。隶属函数的图示如图 2-4 所示。

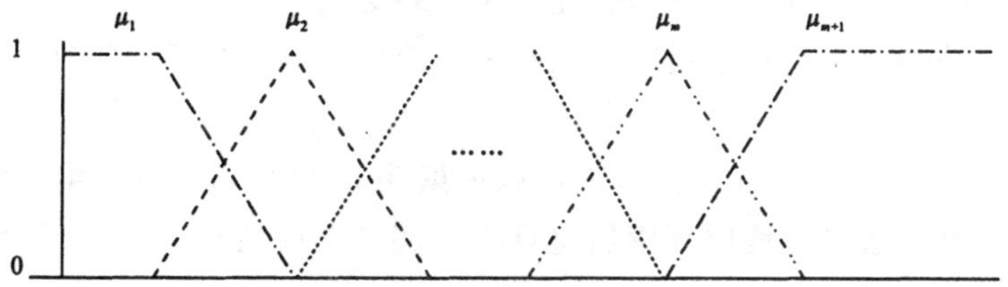

图 2-4　分级隶属函数图

计算每个评价因子对各个环境质量级别的隶属度，并构造隶属矩阵 R。

$$R=\begin{pmatrix}r_{11} & r_{12} & \cdots & r_{1n}\\ r_{21} & r_{22} & \cdots & r_{2n}\\ \vdots & \vdots & & \vdots\\ r_{m1} & r_{m2} & \cdots & r_{mn}\end{pmatrix}$$

根据模糊关系的定义，r_{ij} 表示第 i 个评价因子的环境质量数值可以被评为第 j 级环境质量的可能性，即 i 对于 j 的隶属度。因此，模糊关系矩阵 R 中的第 i 行 $R_i=(r_{i1},r_{i2},\cdots,r_{in})$，$i=1,2,\cdots,m$，实际上代表了第 i 个评价因子对各级环境质量标准的隶属性；而模糊关系矩阵

中的第 j 列 $R_j=(r_{1j},r_{2j},\cdots,r_{mj})$，$j=1,2,\cdots,n$，则代表了各个评价因子对第 j 级环境质量标准的隶属性。

4. 确定权重

在此不单独介绍，详见有关篇章。

5. 矩阵合成

矩阵合成表达式为

$$\boldsymbol{A}\bigcirc R\xrightarrow{\max(\cdot+)}\boldsymbol{B}$$

其中合成算子很多，根据模糊集的运算方法，可以有四种模型用以计算评价结果向量 $\boldsymbol{B}$ 的值（表 2-5）。

表 2-5 常用的模糊集的运算方法

模型	公式	指导思想
$M_1(\cap,\cup)$	$b_j=\bigcup_{i=1}^{m}(a_i\cap r_{ij})=\max\{\min(a_1,r_{1j}),\cdots,\min(a_m,r_{mj})\}$	按小中取大的原则进行判别
$M_2(\cdot,\cup)$	$b_j=\bigcup_{i=1}^{m}a_{ij}\cdot r_{1j}=\max\{a_1\cdot r_{1j},\cdots,a_m\cdot r_{mj}\}$	按其中最大者的原则进行判别
$M_3(\cdot,\oplus)$	$b_j=\sum_{i=1}^{m}a_i\times r_{ij}=\min\{1,\sum_{i=1}^{m}a_i\times r_{ij}\}$	归一加权平均模型
$M_4(\cap,\oplus)$	$b_j=\sum_{i=1}^{m}(a_i\cap r_{ij})=\min\{1,\sum_{i=1}^{m}\min(a_i,r_{ij})\}$	$\oplus$表示模糊加

模型 M_1、模型 M_2 都突出了主因素，属于单因素决定模型，两者与加权平均模型 M_3 都可用于地质环境质量评价。在评价出发点、评价原理等方面各有特点，但因素决定模型适用于个别参评因素超标过大，严重影响地质环境质量，评价出发点为希望体现单因素否决的情况。而加权评价模型则主要适用于各个参评因素超标情况接近，即不存在单因素否决，且评价出发点为希望评价体现不同参评因子对地质环境质量的综合的情况。模型 M_4 在计算中没有突出主要因素。

在计算出 $b_j(j=1,2,\cdots,n)$ 的值后，就可以根据 b_j 的大小来进行环境质量评价。

用模糊综合评价方法进行地质环境质量评价的实例在后续章节中将有介绍。

（二）模糊贴近度模型

模糊贴近度模型的概念是：若以 A_j 和 B_k 为论域 $U=\{U_1,U_2,\cdots,U_n\}$ 的模糊子集，则 A_j 与 B_k 的贴近度为：$A_j=\{A_1,A_2,\cdots,A_m\}$，$B_k=\{B_1,B_2,\cdots,B_k\}$，按下列计算选择最大贴近度为评价结果。定义 A 评价标准的集合和 B 评价指标集合的贴近度为

$$(A,B)=\frac{\sum_{i=1}^{n}\min[\mu_A(\mu_i),\mu_B(\mu_i)]}{\sum_{i=1}^{n}\max[\mu_A(\mu_i),\mu_B(\mu_i)]}$$

式中，μ_A 和 μ_B 分别为 A 和 B 的隶属函数。

隶属函数的选择或设计已在模糊综合评价法中简单介绍，读者可套用其中的函数形式，也可依据具体情况自己确定。

又设在论域 U 上有 n 个模糊子集：$A_1,A_2,\cdots,A_n$，若有 $j\in\{1,2,\cdots,n\}$，使

$$(B,A_i)=\max_{1\leqslant j\leqslant n}(B,A_j)$$

则称 B 与 A_i 最贴近。

若 $A_1,A_2,\cdots,A_n$ 是 n 个已知评价标准集，A_i 满足上式，则可断言 B 应归入模式 A_i，即评价指标集 B 属于 i 级。

（三）模糊概率法模型

对于多要素环境系统作环境质量综合评价只用简单的综合评判是不行的。事实上，一方面因为环境质量的评价等级之间没有明确的界限，因而它的划分和对数是一个模糊问题；另一方面，由于在区域环境内选择检测点位的方式和指标实测值在各分段区间内的点位数具有随机性，使得上述问题的讨论已经超出经典概率的范围。因此，对区域环境的综合评价用模糊概率法讨论比较恰当。

应用模糊概率的原理和方法，首先对区域环境内的各单项评价指标进行分级综合评价，然后考虑各单项指标在总评价中的地位，最后将各单项指标的作用综合起来，比较总的合成效果隶属于各评价等级的大小，从而作出该区域环境内环境质量的综合评价的择优选择。

用模糊概率原理对一个区域环境内的环境质量作综合评价的步骤如下。

1. 单项参评指标的 Fuzzy 概率评价

首先，在待评价的区域环境内随机选取 N 个检测点位，在每个点位上分别对各单项指标进行测试，按 $x_{ij}=C_{ij}/S_j$ 确定分指数 x_{ij}。

其次，按评价等级要求，分别建立每个单项指标对各评价等级的隶属函数。

然后，根据实际情况，将每一单项指标的值划分为一系列连续区间，由该单项指标实测值在各区间的点位数，确定出实测值位于各区间内的概率 p_i，同时计算出各单项指标在每段区间内的取值隶属于各评价等级的平均隶属度。

最后，按式 $P(A)=\sum_{i=1}^{\infty}X_A(x_i)p_i$ 分别计算出单项指标隶属于各评价等级的 Fuzzy 概率，从而给出区域环境内单项指标的评价。

2. 决定各分指标的权重

根据区域环境内分指标的平均得分情况进行加权。计算加权公式为

$$\overline{W}_i=\frac{\overline{C}_i/S_i}{\sum_i\overline{C}_i/S_i}$$

式中，$\overline{C}_i$ 为第 i 个评价指标的平均实测值；S_i 为第 i 个指标对某种要求的标准值。

权重的计算方法也可根据不同的评价类型、评价对象灵活选择。

3. 综合计算总体对各评价等级的隶属大小

将各单项指标属于某评价等级的 Fuzzy 概率按该单项指标在总体中的权重进行加权平均，得到综合考虑所有指标后属于某评价等级的可能性大小，最后比较这些数值大小，作出环境质量综合评价的最优选择。

（四）模糊聚类模型

在环境系统分析中应用模糊聚类分析的方法，是由于环境系统中的许多事物优劣类别之间的界限不是十分清楚，需要借助模糊数学的原理和方法对之进行分类分级。

模糊聚类分级的理论基础是模糊数学中的模糊等价关系。所谓模糊等价关系是指在给定

评价因素集 $U=\{u_1,u_2,\cdots,u_n\}$ 上一个模糊关系矩阵 $A=(a_{ij})_{n\times n}$，如果矩阵满足：自反性，$a_{ij}=1$；对称性，$a_{ij}=a_{ji}$；传递性，$A\wedge A\subseteq A$. 则称 A 为一个模糊等价矩阵，其相应的关系称为模糊等价关系。

应用模糊关系进行聚类时，该模糊聚类关系必须同时满足上述三个性质，否则会产生甲与甲不同类，甲与乙同类而乙与甲却不同类的谬误。一般以相似系数法或相关数法建立起来的模糊矩阵，只满足自反性和对称性，而不满足传递性，必须对其加以改造，一般的做法是采用平方法，即做模糊矩阵 R 的合成运算：$A\rightarrow A^2\rightarrow A^4\rightarrow\cdots\rightarrow A^{2k}$，当 $A^{2k}=A^k$ 时，则 A^k 是模糊等价矩阵。

模糊聚类法和一般的聚类方法相似，其步骤如下。

(1)选定一种计算距离或相似系数的公式。

(2)由观测数据矩阵计算评价单元间的距离或变量间的相似系数，形成距离矩阵或相似系数矩阵。

(3)将距离矩阵 D 或相似系数矩阵 R 中的元素压缩到 0 和 1 之间，形成模糊矩阵 $A=(a_{ij})$。

一般的，对距离矩阵 D 中的 d_{ij}，令

$$a_{ij}=1-\frac{d_{ij}}{1+\max\limits_{1\leqslant i,j\leqslant n}\{d_{ij}\}}\qquad(1\leqslant i、j\leqslant n)$$

对相似系数矩阵 R 中的 r_{ij}，令

$$a_{ij}=\frac{1}{2}(1+r_{ij})\qquad(1\leqslant i、j\leqslant m)$$

(4)将模糊矩阵 A 改造成为模糊等价矩阵。记为 $\tilde{A}=(\tilde{a}_{ij})=A^k$。

(5)对 $\tilde{a}_{ij}$ 按由大到小的顺序依次取 $\lambda=\tilde{a}_{ij}$，求 $\tilde{A}$ 相应的 λ 截阵 $\tilde{A}_\lambda$，这是个布尔矩阵，其中元素为 1 的表示将其对应的两个变量(或评价单元)聚为一类。随着 λ 的变小，合并的类越来越多，最终当 $\lambda=\min\limits_{1\leqslant i,j\leqslant n}\{\tilde{a}_{ij}\}$ 时，将全部单元聚为一类，这里 λ 值实际是置信水平。

五、灰色系统模型

从系统的角度，称信息完全明确的系统为白色系统，信息完全不明确的系统称为黑色系统。信息部分清楚、部分不清楚的系统则称为灰色系统。在各种不同层次的地质环境研究中，常会遇到含非确定量的系统，以及由于人力、物力和技术等条件的限制而出现小样本的系统，加之地质环境的特殊性和复杂性等，常出现非典型分布或残缺不全及存在严重干扰的数据，对这类问题进行数理分析带来了极大的困难，灰色系统理论则为解决这一问题提供了手段。灰色系统理论从系统的角度，以白的数理方法作为基础，允许系统内存在灰因素、灰系数、灰关系等，提出用灰数、灰区间、灰方程、灰色群等来描述非确定量的系统。

(一)灰色关联模型

1. 灰色关联分析的基本原理

灰色关联分析是分析系统中各种因素间关联程度的量化方法。灰色关联分析的基本思想是：根据有序数列曲线间的相似程度来判断其相对的关联程度，既考虑到所研究区间上曲线的整体性，也考虑了点的特殊性，是从各个因素间的发展态势进行关联分析。这种方法对样本量的多少没有特殊要求，也不限制数据有严格的分布，并且计算量较小，一般不会出现灰色关联度的量化结果与定性分析结果不一致的情况。

设有 m 个有序数列

$$
\begin{aligned}
&\{X_1^{(0)}(k)\}, \qquad && k=1,2,\cdots,N_1\\
&\{X_2^{(0)}(k)\}, && k=1,2,\cdots,N_2\\
&\quad\vdots && \quad\vdots\\
&\{X_m^{(0)}(k)\}, && k=1,2,\cdots,N_m
\end{aligned}
$$

这 m 个数列代表 m 种因素。在地质环境评价中，m 即为评价单元数，各有序数列即各评价单元中获取的评价因子的性状数据。

另外，再给定有序参考数列

$$\{X_0^{(1)}(k)\}, \qquad k=1,2,\cdots,N_0$$

对地质环境评价而言，参考数列即为环境质量标准中评价因子数值组成的指标值序列，这时 $N_0=N_1=N_2=\cdots=N_m$。

参考数列也称为母序列，$\{X_i^{(0)}(k)\}(i=1,2,\cdots,m)$ 则被称为子序列。研究这 m 个子序列与母序列 $\{X_0^{(1)}(k)\}$ 的关联程度，可将这 m 个子序列与母序列均作出图形。凭直觉，凡是几何形状与母序列比较接近的，关联度较大，反之则小。这便是关联度的含义。

关联度公式为

$$r_{0i}=\frac{1}{n}\sum_{k=1}^{n}\zeta_{0i}(k) \quad , \quad i=1,2,\cdots,m$$

$$\zeta_{0i}(k)=\frac{\min\limits_{i}\min\limits_{k}|X_0(k)-X_i(k)|+\rho\max\limits_{i}\max\limits_{k}|X_0(k)-X_i(k)|}{|X_0(k)-X_i(k)|+\rho\max\limits_{i}\max\limits_{k}|X_0(k)-X_i(k)|}$$

为 X_0 与 X_i 在第 k 点的关联系数。

式中，(1) $|X_0(k)-X_i(k)|=\Delta_i(k)$，表示数列 X_0 与 X_i 数列在第 k 点的绝对差。

(2) $\min\limits_{i}\min\limits_{k}|X_0(k)-X_i(k)|$ 称为二级最小差，其中 $\min\limits_{k}|X_0(k)-X_i(k)|$ 是第一级最小差，表示 X_i 数列点的差值中的最小差；而 $\min\limits_{i}(\min\limits_{k}|X_0(k)-X_i(k)|)$ 是第二级最小差，表示在第一级最小差的基础上，再找出其中的最小差。

(3) $\max\limits_{i}\max\limits_{k}|X_0(k)-X_i(k)|$ 是二级最大差，其含义与最小差相似。

(4) ρ 为分辨系数，在 0～1 之间取值，一般取 $\rho=0.5$。

将比较数列 X_i 与参考数列 X_0 各点的关联系数加和平均即得关联度 r_{0i}。

(5)对于单位不同，或初值不同的数列作关联度分析时，一般要对数列作处理，使之无量纲化，归一化。这一步在地质环境质量评价中是必须要做的。

2. 计算步骤

关联分析一般包括下列步骤：原始数据变换、计算关联系数、求关联度、排关联序、列出关联矩阵、结果分析。在实际应用中根据要求，这些步骤不一定全部进行。

(1)计算关联系数。按前述公式计算关联系数 $\zeta_{0i}(k)$。关联系数反映了两比较序列在某一点的紧密程度，如在 $\Delta_{\min}$ 点，$\zeta_{0i}=1$，关联系数最大，而在 $\Delta_{\max}$ 点，关联系数最小。因而，关联系数变化范围为 $0<\zeta\leqslant 1$。

(2)求关联度。关联度分析，实质上是各序列数据进行几何关系的比较。若两比较序列在每个点都重合在一起，即关联系数处处为 1，则关联度也必为 1；对两个比较序列而言，在任何点都不会垂直相交，关联系数均大于 0，故其关联度也必大于 0。关联度按下式计算

$$r_{0i}=\frac{1}{N}\sum_{k=1}^{N}\zeta_{0k}(k)$$

式中，r_{0i}为子序列i与母序列的关联度；N为两比较序列的长度（即数据个数）。

显然，关联度与下列因素有关：母序列X_0、子序列X_i、原始数据变换方法、数据列长度N（数据个数）、分辨系数ρ取值等不同，关联度均会发生变化。

(3)排关联序。将m个子序列对同一母序列的关联度按大小顺序排列起来，便组成关联序。它直接反映了各个子序列对同一母序列的“优劣”或“主次”关系。

(4)列关联矩阵。若有n个母序列($n\neq1$)，并有m个子序列($m\neq1$)，则各子序列对于母序列的关联度分别为

$(r_{11},r_{12},\cdots,r_{1m})$

$(r_{21},r_{22},\cdots,r_{2m})$

……

$(r_{n1},r_{n2},\cdots,r_{nm})$

将$r_{ij}(i=1,2,\cdots,n;j=1,2,\cdots,m)$作适当的排列，便可得到关联度矩阵

$$R=\begin{bmatrix}r_{11} & r_{12} & \cdots & r_{1m}\\ r_{21} & r_{22} & \cdots & r_{2m}\\ \vdots & \vdots & & \vdots\\ r_{n1} & r_{n2} & \cdots & r_{nm}\end{bmatrix}$$

(二)灰色统计模型

灰色统计法是灰色系统决策的方法之一。它是对所搜集的各方面的数量指标和各种分散的、不完全的信息，以统一的标准归纳统计，由基本层次信息作出高层次系统的综合。实际上，灰色统计法是以灰数的白化函数生成为基础的一种映射，它将搜集到的分散信息（数据），按照某种灰数所描写的类别进行归纳和整理。

1. 数学方法概述

灰色统计的“三要素”是统计对象（也称为决策群体）、统计指标（也称为决策方案）和统计灰数（也称为决策灰数）。灰色统计的基本思想是对于已知的样品与指标，给出白化权函数，并给出预先所要确定的类，于是就可以找出一批样品与各类指标的亲疏关系。

设有n个样品（统计对象）：$x_1,x_2,\cdots,x_n$。每个样品中有p个指标（统计指标）。则可以把每个样品看成是p维空间的一个向量。

$$\boldsymbol{x}_i=(x_{i1},x_{i2},\cdots,x_{ip})$$

因此可以构成原始数据矩阵

$$\begin{bmatrix}x_{11} & x_{12} & \cdots & x_{1p}\\ x_{21} & x_{22} & \cdots & x_{2p}\\ \vdots & \vdots & & \vdots\\ x_{n1} & x_{n2} & \cdots & x_{np}\end{bmatrix}$$

式中，x_{ij}是第i个样品对于第j个指标的样本量。

设统计灰数类为$1,2,\cdots,m$。可以x为自变量绘制白化权函数$f_k(x)$，$k=1,2,\cdots,m$。对于非负函数r_{jk}满足

$$r_{jk}=\frac{\sum_{i=1}^{m}f_k(x_{ij})n_j}{\sum_{j=1}^{n}\sum_{i=1}^{m}f_k(x_{ij})n_j},k=1,2,\cdots,m;j=1,2,\cdots,n$$

其白化权函数 $f_k(x)$ 的一般形式为

$$f_k(x_{ij})=\begin{cases}L_k(x_{ij})=\dfrac{x_{ij}-x_1}{x_2-x_1}, & x_{ij}\in[x_1,x_2]\\ 1, & x_{ij}\in[x_2,x_3]\\ R_i(x_{ij})=\dfrac{x_4-x_{ij}}{x_4-x_3}, & x_{ij}\in[x_3,x_4]\\ 0, & x_{ij}<x_1、x_{ij}>x_4\end{cases}$$

这里：①称 r_{jk} 为第 j 个指标对于第 k 个灰数类的灰色统计系数；

②称 $\boldsymbol{r}_j=(r_{j1},r_{j2},\cdots,r_{jm})$ 为第 j 个指标的灰色统计列（向量）；

③称 K^* 为第 j 个指标下灰色统计的白化类，当且仅当 $r_{jk^*}=\max\limits_{k}(r_{jk})$。

2. 计算步骤

对于地质环境质量评价，前述样品（统计对象）即所划分的评价单元，指标（统计指标）即为评价所选定的环境因子，设有 n 个评价单元，p 个评价因子指标，则各评价单元中的各评价指标的性状数据可以构成数据矩阵 $X_{n\times p}$。

统计灰类即为评价标准，设有 $1,2,\cdots,m$ 个灰类。

其计算步骤如下：

(1)作样本矩阵（又称为白化统计量）X，即为 $X_{n\times p}$。

(2)确定统计灰类的白化函数。

(3)求灰色统计数 η_j 和灰色统计数 r_{jk}。

记 $f_k(x_{ij})$ 为实际样本值 x_{ij} 通过统计灰类中第 k 个白化函数 $f_k(x)$ 查出的数值，有

$$\eta_{jk}=\sum_{i=1}^{n}f_k(x_{ij})$$

式中，$i=1,2,\cdots,n;j=1,2,\cdots,p;k=1,2,\cdots,m$。

称 η_{jk} 为第 j 种统计指标属于第 k 种灰类的灰色统计数。再将各种统计灰类的各统计数 η_{jk} 相加得

$$\eta_j=\sum_{k=1}^{m}\eta_{jk}$$

称 η_j 为第 j 种统计指标样本值的灰色统计数，则所有统计对象对第 j 种统计指标主张第 k 种统计灰类的灰色权为

$$r_{jk}=\eta_{jk}/\eta_j$$

(4)作总的统计决策矩阵

$$R=\{r_{jk}\}=\begin{bmatrix}r_{11} & r_{12} & \cdots & r_{1m}\\ r_{21} & r_{22} & \cdots & r_{2m}\\ \vdots & \vdots & & \vdots\\ r_{p1} & r_{p2} & \cdots & r_{pm}\end{bmatrix}$$

(5)判断灰类。

按最大统计数的可信原理进行判断。对 R 中第 j 行，若有 $R_{jk^*}=\max\limits_{j}\{r_{jk}\}$，则第 j 个统计指标属于第 k^* 个统计灰类；即第 j 个环境因子属于第 k^* 类，对 R 中的第 k 列，若有 $R_{j^*k^*}=\max\limits_{j}\{r_{jk}\}$，则说明统计结果是第 k 个灰类适合于第 j^* 个统计指标。这样就对所有的环境因子进行了分类。

（三）灰色聚类模型

灰色聚类就是将聚类对象对不同聚类指标所拥有的白化数，按 n 个灰类进行归纳，以判断该聚类对象属于哪一灰类。

设$(x_1,x_2,\cdots,x_n)$为 n 个聚类对象，对每个 x_i 有 p 项指标。可以把每个 x_i 看成是 p 维空间的一向量 $\boldsymbol{x}_i=(x_{i1},x_{i2},\cdots,x_{ip})$，$i=1,2,\cdots,n$。则有矩阵

$$X_{n\times p}=\{x_{ij}\}$$

x_{ij} 为 $\boldsymbol{x}_i$ 对于第 j 个指标的样本量，设有 m 个灰类。

对于地质环境评价而言，聚类对象即为评价单元，n 为评价单元数；p 为参与评价的环境因子的指标数；灰类即为评价所选定的质量标准，各类即标准分级，灰类数即环境质量的分级数(m)；某个评价单元中评价因子的性状数据即为 x_{ij}。

记 $f_{jk}(x)$ 为第 j 项指标属于第 k 灰类的白化权函数。如果有非负数 σ_{jk} 满足

$$\sigma_{ik}=\sum_{j=1}^{p}f_{ij}(x_{ij})\eta_{jk}\quad,\quad i=1,2,\cdots,n;\quad j=1,2,\cdots,m$$

式中，η_{jk} 为第 j 个指标对于第 k 个灰类的权，且

$$\eta_{jk}=\frac{\lambda_{jk}}{\sum\limits_{l=1}^{p}\lambda_{lk}}$$

式中，λ_{lk} 为第 l 个指标关于第 k 个灰类的白化值。

则称 σ_{ik} 为第 i 个聚类对象对于第 k 个灰类的聚类系数。

称 $\boldsymbol{\sigma}_i=(\sigma_{i1},\sigma_{i2},\cdots,\sigma_{im})$为第 i 个聚类对象的聚类向量。这里有

$$\sigma_{ik^*}=\max_{1\leqslant k\leqslant m}\{\sigma_{ik}\}$$

则称第 i 个聚类对象属于第 k^* 个灰类，从而对各聚类对象进行了分类。

所以，根据以上方法可知，灰色聚类模型的计算过程一般按下述六步进行：①给出聚类白化数 x_{ij}；②确定灰类白化数 $f_{jk}(x_{ij})$；③求指定聚类权 η_{jk}；④求聚类系数 σ_{ik}；⑤构造聚类向量 $\boldsymbol{\sigma}_i=(\sigma_{i1},\sigma_{i2},\cdots,\sigma_{im})$；⑥聚类。

除以上几种常用模型外，近年来也出现了不少新的方法，如神经网络法、物元分析评价法、集对分析法等，也可尝试运用于地质环境评价之中，由于篇幅的限制，在此不一一进行介绍。

第三章　地下水环境评价

水体是河流、湖泊、沼泽、水库、地下水、冰川、海洋等贮水体的总称，地下水只是其中的一部分。地下水环境主要是指某一含水系统所含的地下水水量、地下水水质、含水系统本身的结构和状态。

地下水是地质环境的物质组成要素之一，是一种宝贵的自然资源，同时它又是影响地质环境的地质结构和动力作用的主要因素。因此，地下水环境的研究是“人类-地质环境”系统研究的一个重要内容。

第一节　概　述

随着地下水的开发利用规模日益增大，造成地下水位不断下降，水质也越来越差，不仅影响了城乡供水质量，危及人体健康，而且还诱发出各种各样的地质环境问题，并给经济建设带来巨大损失。因此，研究这些问题并提出综合防治措施就成了亟待解决的问题。地下水环境评价是解决地下水环境问题的一项重要手段。

本章讨论的地下水环境评价主要包括地下水污染评价、地下水环境质量评价和地下水防污性能评价三个方面的内容。

地下水污染评价主要是指以区域地下水环境背景值为标准，对地下水的污染现状所进行的评定，以判断某一范围内地下水的污染状况。

地下水环境质量评价是对地下水环境的质量状况进行评定和预测，包括地下水水量评价、水质评价以及相关地质环境质量评价三个方面的内容。

目前进行的地下水环境质量评价大多是建立在被评价的含水系统有一定的地下水水量的基础上，仅对地下水水质和相关地质环境质量进行评价。但是，由于研究水平所限，地下水环境质量中的相关地质环境质量还难以确定，这个问题有待进行深入研究。因此，现在所谓的地下水环境质量评价往往只评价其中的一方面内容——地下水水质的评价。

地下水防污性能评价是评价地下水体由于其赋存地质环境的差异而具有的抵抗污染的能力大小。它是保护地下水环境、防治地下水污染工作的基础。

第二节　地下水污染评价

一、地下水污染的概念

地下水污染指凡是在人类活动的影响下，地下水水质变化朝着恶化方向发展的现象。无论这种现象是否使水质恶化达到影响使用的程度，只要这种现象一发生，就应该认为地下水已受到了污染。而在天然环境中，在含矿体地层或某种水文地球化学条件影响下，地下水的某些组分相对富集或贫化而造成地下水水质差的现象，不应视为污染，而应称为"天然异常"。也就是说，地下水污染应具备两个条件：其一，水质朝着恶化的方向发展；其二，这种恶化现象是人类活动引起的。

地下水污染与地表水污染有明显的不同，其特点主要表现在隐蔽性和难以逆转性两个方面。

1. 隐蔽性

即使地下水已经受到了较严重的污染，但它往往还是无色无味的，不易从其颜色、气味、动植物死亡等鉴别出来。受有毒组分污染的地下水，对人体健康的影响往往是慢性的、长期的或存在滞后效应。

2. 难以逆转性

地下水一旦受到污染，就很难治理和恢复。主要是因为其流速极其缓慢，切断污染源后仅靠含水层本身的自然净化所需时间很长；其次是因为某些污染物被土壤介质和有机质吸附之后，会在地下水环境特征的变化中发生解吸、再吸附的反复交替。

二、地下水污染评价

地下水污染评价应以地下水污染调查资料为依据，结合评价区的污染源分布、土地利用分区和水文地质条件进行。其旨在说明地下水污染的程度和范围，并不能直接说明地下水的适用性，受污染的地下水不一定超标而影响其使用；反之，超标且不能使用的地下水也不一定受到了污染。

地下水污染评价原则上参照中国地质调查局地质调查技术标准《地下水污染调查评价规范》(1∶50 000 ～1∶250 000)[①]执行，具体评价方法如下。

（一）评价指标

根据污染源评价对污染物的排序，从主要污染物中选择评价因子，一般有：

(1)构成地下水化学类型和反映地下水性质的常规水化学组成的一般理化指标；

(2)常见的重金属和有毒物质；

(3)有机污染物；

(4)细菌等。

（二）评价标准

地下水污染评价对于无机污染组分来说，评价标准应采用对照值；微量有机污染组分可采用生活饮用水卫生标准检测方法的检出限作为评价标准，指标不足部分参照国际公认饮用水卫生标准。

对照值的确定，原则上依据最早的分析资料。在资料比较多、研究程度较高地区建立的地下水质量对照值系列可作为毗邻地区对照值系列参考使用；对缺乏地下水质量资料的地区，可根据该区中无明显污染源部位的补充调查资料统计确定。

根据评价区内分析资料，用下列公式进行数理统计确定对照值

$$Y=\overline{X}\pm 2s$$

式中，Y 为对照值；$\overline{X}$ 为单项测定指标的算术平均值；s 为标准偏差。

---

① 中国地质调查局，地下水污染调查评价规范(1∶50 000～1∶250 000)(征求意见稿)，2005 年 3 月.

（三）评价方法

1. *无机污染评价方法*

单项指标的污染指数，其计算公式

$$I=\frac{C}{C_0}$$

式中，I 为某项污染物的污染指数；C 为某项污染物的实测含量；C_0 为某项污染物的对照值或标准检测方法的检出限。

如果对照值为区间值时，且 C 值在区间内，令 $I=1$，如果 I 大于区间值的最大值，或小于区间值的最小值时，分别用 C 值除以区间值的最大值或最小值。

评价时，以 $I\leqslant1$ 为未污染，$I>1$ 为污染，且 I 值越大，污染越重，并可按 I 值进行地下水污染程度分级（严重、中等、轻微、未污染）。

多项指标的综合污染指数的计算公式如下

$$\mathrm{PI}=\sqrt{\frac{\bar{I}^2+I_{\max}^2}{2}}$$

$$\bar{I}=\frac{1}{n}\sum_{i=1}^{n}I_i$$

式中，$\bar{I}$ 为各单项组分评分值 I 的平均值；$I_{\max}$ 为单项组分评分值 I 的最大值；n 为项数。

根据 PI 值计算结果，按表 3－1 规定划分地下水污染级别。

表 3－1　地下水污染级别划分

级别	未污染	轻微污染	中等污染	严重污染
PI	PI≤1	1<PI≤2.5	2.5<PI≤5	PI>5

2. *有机污染评价方法*

单项指标的污染指数，可根据单项指标的检测浓度按照表 3－2 划分污染级别。

表 3－2　地下水有机物污染级别分类表

污染分级	未污染	轻污染	中污染	重污染	严重污染
取值范围	小于等于检出限	大于检出限至小于饮用水标准值一半	大于等于饮用水标准值一半至小于饮用水标准值	大于等于饮用水标准值至小于饮用水标准值 5 倍	大于等于饮用水标准值 5 倍
I	00/00/00/00/01	00/00/00/01/00	00/00/01/00/00	00/01/00/00/00	01/00/00/00/00

多项指标的综合污染指数可以按下列步骤确定。

（1）根据单项指标的检测浓度按照表 3－2，对不同污染分级的污染指数 I_i 进行赋值。

（2）按照公式 $\mathrm{PI}=\sum_{i=1}^{n}I_i$ 计算综合污染指数。

累加时，将相同位数的数字进行加和，斜线分割的两位数在此认为是相同位数。例如：00/01/00/00/00 与 00/00/01/00/00 加和结果为 00/01/01/00/00。这样获得的综合污染指数物理意义明确，例如：00/00/08/03/12，表示共有 23 项组分参与评价，其中有 8 项介于大于等于饮用水标准值一半至小于饮用水标准范围，有 3 项介于大于检出限至小于饮用水标准值一半，有 12 项未检出。

（3）根据 PI 值进行地下水污染分级，标准如表 3－3 所示。

表 3－3　地下水污染分级标准

01≤PI<01/00	Ⅰ	未污染，各项有机物均未检出
01/00≤PI<01/00/00	Ⅱ	轻污染，有机物至少有一项检出，浓度小于饮用水标准一半
01/00/00≤PI<01/00/00/00	Ⅲ	中污染，有机物至少有一项浓度大于等于饮用水标准一半，但小于饮用水标准
01/00/00/00≤PI<01/00/00/00/00	Ⅳ	重污染，有机物至少有一项浓度大于等于饮用水标准，但小于饮用水标准 5 倍
PI≥01/00/00/00/00	Ⅴ	严重污染，有机物至少有一项浓度大于等于饮用水标准 5 倍

（四）评价结果分析

必须对评价结果加以分析，看其是否与环境水文地质研究的定性结论相符，并对地下水的污染趋势进行预测，还需提出综合防治地下水污染的有效措施。

第三节　地下水环境质量评价

一、地下水环境质量的概念及其变化特点

地下水环境质量主要包括三个环境要素，即对某一含水系统（或含水层）而言，其所含的地下水的水量、地下水的水质、含水系统本身的结构和状态。地下水环境质量的变化集中表现在以下三个环境要素的变化上。

1. 水量增加或减少

水量增加表现为地下水位上升，由此引起的环境问题有次生盐渍化、次生沼泽化、矿坑突水、对建筑物的不适宜影响等；水量减少表现为地下水位下降，由此引起的环境问题主要有水资源枯竭和草原退化以及地面沉降、地面塌陷、海水入侵等。

2. 水质好转或恶化

水质好转是指当地下水水质较差时，因某种原因水质由差向好的方向转化；水质恶化即水中化学物质含量增加或物理性质变差，天然条件下产生的即为水质异常，人为作用下产生的即为水质污染。

3. 含水系统（或含水层）结构稳定或破坏

这主要是指人类活动对含水系统结构的影响。如果人类对地下水的开发利用没有引起含水系统结构、状态的显著变化，则认为其结构稳定。反之，引起如边界条件改变、含水层空隙性变化、相对隔水层透水性变化等，则认为含水系统（或含水层）的结构已遭受破坏。

天然条件下，地下水环境也发生着变化，这种变化主要是反映在原生地质环境质量出现某

种问题，但变化进程是一种缓变的过程。而人类活动的强烈干扰，则产生了一系列的次生地质环境质量问题，使地下水环境质量的变化进程大大加快，甚至在一定时刻出现地下水环境质量的变异。

二、地下水环境质量评价的概念

地下水环境质量评价主要研究地下水环境质量现状和时空变化规律与其所处的自然地理、地质、水文地质等条件之间的关系以及人类活动对地下水环境质量影响。它可为保护地下水环境、改善其环境质量以及水资源与环境规划提供科学依据，也是地质环境评价的重要组成部分，实质是对地下水环境质量的优劣程度进行定量描述，即按一定的评价标准和评价方法对一个特定区域(或一个特定的含水系统)中的地下水环境质量进行说明、评定和预测。

“人类-地下水环境”系统是“人类-地质环境”这一复杂巨系统的子系统，它与“人类-地质环境”系统的其他子系统(如“人类-岩石环境”系统、“人类-土壤环境”系统等)是相互联系、相互作用的。因此，进行地下水环境质量评价必须考虑到与地下水环境有关的所有要素，同时也必须注意到人类活动的影响。

地下水环境质量应该包括地下水的水量与水质两个方面，以及与之有关的地质环境质量。地下水环境质量评价是对地下水环境总的状况进行评定和预测，显然，它应该包括水量评价、水质评价以及相关地质环境质量评价三个方面的内容。

地下水的水量评价，即含水系统的地下水资源量的评价，是水文地质学的主要内容之一。一般情况下，要进行地下水环境质量评价的地下水含水系统应该是具有一定水量的含水系统，即有一定的地下水水量是地下水环境质量评价的前提。只有当含水系统的地下水水量具有开发利用价值时，才有必要对该含水系统进行地下水环境质量评价。

三、地下水环境质量评价的一般要求和原则

现阶段的地下水环境质量评价，主要是针对那些以地下水作为供水水源的城市、工矿企业、农田供水等特定区域的含水系统进行的。因此，要求这项工作必须建立在已有的地质、水文地质调查的基础上，必要时还需进行有关的地质环境问题的监测和试验。

地下水环境质量的现状评价和预测评价(影响评价)应该建立在地下水环境质量背景评价的基础上。地下水环境质量的背景评价是指地下水环境的天然状态未被破坏时对于地下水及其介质环境背景状况的评价。只有了解清楚地下水环境的背景状况，才能对地下水环境的现状和发展趋势做出客观的、科学的评价。

地下水环境质量评价要求深入、细致地研究地下水环境的背景条件和环境监测资料，在地下水环境质量评价、地下水环境质量动态规律研究的基础上，根据评价区的经济发展规划或某些工程建设项目，建立地下水环境质量及其他相关地质环境质量模型，以预测评价区将来地下水环境质量的变化趋势。

在进行地下水环境质量评价时，必须遵循下列原则。

(1)必须全面考虑整个地下水环境，不能就事论事。例如，对于地下水环境质量中的水质研究，计算水质分指数及综合指数仅是其中的很少一部分任务，更为重要的是要弄清楚影响水质变化的各种环境要素及其水质的定量关系，并尽量从环境保护的角度对水质进行定量评价。而水质仅是地下水环境质量中的一个方面，水质污染更只是水质研究的内容之一。因此，地下水环境质量评价必须全面、综合地考虑整个地下水环境。

(2)必须始终以“四水”转化的观点研究地下水环境。地表水、地下水、植物水、大气水是相互联系、相互转化的整体,它们只不过是在水圈中的赋存位置不同而已,任何一个环节的变化,都会导致整个水环境质量的变化。如大气污染会导致酸雨,酸雨会污染土壤和地表水,随之又会污染地下水。地下水环境质量与土壤水、植物水、大气水、地表水以及岩土特征(主要是岩石地球化学环境)都有密切关系。以前,水量评价方面都很好地贯彻了“四水”转化的观点研究地下水的原则,但地下水水质的研究对这一原则尚重视不够。

(3)必须明确地下水环境是一个复杂的多功能的环境系统,地下水环境质量的变异不仅直接影响人体健康,而且还会产生诸多的地质环境问题,从而间接影响人类正常的生产和生活。

四、地下水环境质量评价的内容

地下水环境质量评价的内容主要有以下几个方面。

(一)地下水环境背景资料收集

在系统准备和初步系统分析之后,首先要广泛地收集环境背景资料(如气象、水文、地形地貌、地质、水文地质等资料)以及人类工程经济活动情况等,并对这些背景资料进行系统分析。

(二)地下水环境调查

如果所收集的环境背景资料尚不能满足地下水环境质量评价的要求,则必须对有关环境背景进行实地勘察或监测。同时对污染源、土壤环境与地下水水量、水质均要进行调查、评价及预测。

(三)与地下水有关的地质环境问题调查

地下水环境质量的变化具体表现在与之相关的各类地质环境问题的出现,对此必须全面调查。调查内容主要有水质污染、水量减少、地面塌陷、地面沉降、地裂缝、海水入侵等。

(四)建立评价指标体系和选择评价标准

在上述工作的基础上,合理地选择评价要素与评价因子,并提取相应的性状数据,建立数学模型,选择定权方法。

确定评价标准,一般以国家颁布的《地下水质量标准》(GB/T14848—93)或《生活饮用水卫生标准》(GB5749—2006)为评价标准。其中,《生活饮用水卫生标准》(GB5749－2006)自2007年7月1日开始实施。《地下水质量标准》(GB/T14848—93)中对地下水质量的分类见表3-4,分类指标见表3-5。《生活饮用水卫生标准》(GB5749—2006)中的水质标准较多,在此不一一列出,使用此标准进行评价时请参照国家标准执行。

表3-4 地下水质量分类

类 别	依据与用途
Ⅰ类	主要反映地下水化学组分的天然低背景含量,适用于各种用途
Ⅱ类	主要反映地下水化学组分的天然背景含量,适用于各种用途
Ⅲ类	以人体健康基准为依据。主要适用于集中式生活引用水水源及工农业用水
Ⅳ类	以农业和工业用水要求为依据。除适用于农业和部分工业用水外,适当处理后可作生活饮用水
Ⅴ类	不宜引用,其他用水可根据使用目的再进行专门评价

表 3－5　地下水质量分类指标

序　号	项　　目	Ⅰ类	Ⅱ类	Ⅲ类	Ⅳ类	Ⅴ类
1	色（度）	≤5	≤5	≤15	≤25	>25
2	嗅和味	无	无	无	无	有
3	混浊度（度）	≤3	≤3	≤3	≤10	>10
4	肉眼可见物	无	无	无	无	有
5	pH 值	6.5～8.5			5.5～6.5，8.5～9	<5.5，>9
6	总硬度（以 $CaCO_3$ 计）/(mg/L)	≤150	≤300	≤450	≤550	>550
7	溶解性总固体/(mg/L)	≤300	≤500	≤1 000	≤2 000	>2 000
8	硫酸盐/(mg/L)	≤50	≤150	≤250	≤350	>350
9	氯化物/(mg/L)	≤50	≤150	≤250	≤350	>350
10	铁/(mg/L)	≤0.1	≤0.2	≤0.3	≤1.5	>1.5
11	锰/(mg/L)	≤0.5	≤0.05	≤0.1	≤1.0	>1.0
12	铜/(mg/L)	≤0.01	≤0.05	≤1.0	≤1.5	>1.5
13	锌/(mg/L)	≤0.005	≤0.5	≤1.0	≤5.0	>5.0
14	钼/(mg/L)	≤0.001	≤0.01	≤0.1	≤0.5	>0.5
15	钴(mg/L)	≤0.005	≤0.05	≤0.05	≤1.0	>1.0
16	挥发性酚类（以苯酚计）/(mg/L)	≤0.001	≤0.001	≤0.002	≤0.01	>0.01
17	阴离子合成洗涤剂/(mg/L)	不得检出	≤0.1	≤0.3	≤0.3	>0.3
18	高锰酸钾指数/(mg/L)	≤1.0	≤2.0	≤3.0	≤10	>10
19	硝酸盐（以 N 计）/(mg/L)	≤2.0	≤5.0	≤20	≤30	>30
20	亚硝酸盐（以 N 计）/(mg/L)	≤0.001	≤0.01	≤0.02	≤0.1	>0.1
21	氨氮（NH_4）/(mg/L)	≤0.02	≤0.02	≤0.2	≤0.5	>0.5
22	氟化物/(mg/L)	≤1.0	≤1.0	≤1.0	≤2.0	>2.0
23	碘化物/(mg/L)	≤0.1	≤0.1	≤0.2	≤1.0	>1.0
24	氰化物/(mg/L)	≤0.001	≤0.01	≤0.05	≤0.1	>0.1
25	汞(Hg)/(mg/L)	≤0.000 05	≤0.005	≤0.001	≤0.001	>0.001
26	砷(As)/(mg/L)	≤0.005	≤0.01	≤0.05	≤0.05	>0.05
27	硒(Se)/(mg/L)	≤0.01	≤0.01	≤0.01	≤0.1	>0.1
28	镉(Cd)/(mg/L)	≤0.000 1	≤0.001	≤0.01	≤0.01	>0.01
29	铬（Cr^{6+}）/(mg/L)	≤0.005	≤0.01	≤0.05	≤0.1	>0.1
30	铅(Pb)/(mg/L)	≤0.005	≤0.01	≤0.05	≤0.1	>0.1
31	铍(Be)/(mg/L)	≤0.000 02	≤0.000 1	≤0.000 2	≤0.001	>0.001
32	钡(Ba)/(mg/L)	≤0.01	≤0.1	≤1.0	≤4.0	>4.0
33	镍(Ni)/(mg/L)	≤0.005	≤0.05	≤0.05	≤0.1	>0.1
34	DDT/(μg/L)	不得检出	≤0.005	≤1.0	≤1.0	>1.0
35	六六六/(μg/L)	≤0.005	≤0.05	≤5.0	≤5.0	>5.0
36	总大肠杆菌/(个/L)	≤30	≤3.0	≤3.0	≤100	>100
37	细菌总数/(个/L)	≤100	≤100	≤100	≤1 000	>1 000
38	总 α 放射性/(Bq/L)	≤0.1	≤0.1	≤0.1	>0.1	>0.1
39	总 β 放射性/(Bq/L)	≤0.1	≤1.0	≤1.0	>1.0	>1.0

（五）综合评价与成果分析

对地下水环境质量综合评价之后必须对评价成果进行系统分析，明确评价是否达到了目的，是否符合评价要求（包括精度要求），若是，则进行环境质量分级分区，编绘相关图件，并建立数据库。

（六）环境质量预测，提出环境保护措施，并进行环境质量与人体健康关系研究

根据长期监测资料（数据），收集政府部门对研究区人口及工农业生产发展对地下水开发利用所作的规划，并选择适宜的数字模型，预测未来若干年后地下水环境质量变化状况。由此有针对性地提出保护地下水质量的措施。

（七）编写地下水环境质量评价报告书

根据国家专业部门的有关规定和要求，对研究区地下水环境质量编写文字报告，并将报告书及相关图件提供委托单位组织专家鉴定或评审。

五、地下水环境质量评价方法

（一）单项组分评价

不同地下水质量类别标准值相同时，从优不从劣，综合对比各项指标的评价结果，采用就高不就低的原则判断地下水的类别。

（二）地下水质量综合评价

采用加附注的评分法。具体要求与步骤如下：

（1）参加评分的项目，应不少于该标准规定的监测项目，但不包括细菌学指标。

（2）首先进行各单项组分评价，划分组分所属质量类别。

（3）对各类别按表 3－6 分别确定单项组分评价评分值 F_i。

表 3－6 地下水环境质量评价单项组分评价分类表

类 别	Ⅰ类	Ⅱ类	Ⅲ类	Ⅳ类	Ⅴ类
F_i	0	1	3	6	10

（4）按下式计算综合评价分值 F。

$$F_i=\sqrt{\frac{\overline{F}_i^2+F_{i\max}^2}{2}}$$

$$\overline{F}=\frac{1}{n}\sum_{i=1}^{n}F_i$$

式中，$\overline{F}$ 为各单项组分评分值 F_i 的平均值；$F_{i\max}$ 为各单项组分评分值 F_i 的最大值；n 为项数。

（5）根据 F 值，按表 3－7 划分地下水质量级别，再将细菌学指标评价类型注在级别定名之后。如根据细菌指标判断为Ⅱ类的优良水，表示为：“优良（Ⅱ类）”。

表 3－7 地下水质量级别划分标准

级 别	优 良	良 好	较 好	较 差	极 差
F	＜0.80	0.80～＜2.50	2.50～＜4.25	4.25～＜7.20	＞7.20

同时，在进行地下水环境质量评价时，除采用本方法外，也可采用其他评价方法进行对比。

第四节　地下水防污性能评价

一、地下水易污性和防污性能的概念

地下水易污性概念已经提出40多年，但目前还没有一个普遍被大家所认可和接受的定义。现在大多数学者认为：地下水易污性是地下水在自然和人为环境条件下受到污染的可能性。可分为天然易污性和特殊易污性。

天然易污性是指在一定的地质与水文地质条件下，人类活动产生的任意污染物进入地下水的难易程度，它与含水层所处的地质与水文地质条件有关，与污染物性质无关。

特殊易污性是指地下水防止某种或某类污染物的能力，它考虑污染物性质及其在地下环境中的迁移能力。

但是，近年来，我国相当大一部分地下水领域的专家学者建议采用“地下水防污性能”这一概念，主要原因是新概念更容易被非专业人士和管理层所理解，从而在地质环境管理和保护工作中被采纳。

地下水防污性能的含义正好与“易污性”相反。若地下水易污性越大，防污性能越低；反之，地下水易污性越小，则防污性能越好。所以，简而言之，“地下水的防污性能”是指地下水体由于赋存地质环境的差异而具有的抵抗外来污染的能力大小。

二、地下水防污性能评价的一般要求

地下水防污性能评价应以固有防污性能评价为主，应在主要考虑区域水文地质条件、地下水水质和包气带调查等资料分析的基础上，根据地区特点和评价尺度建立相应的指标体系，突出主要因素。

区域地下水防污性能评价应重点考虑降雨与补给（空间、时间、补给量等）及含水层的分布与地下水主径流特征等因素。若包气带中存在黏性土层，评价中需要给予考虑。重点地区的地下水防污性能评价应考虑包气带岩性、结构、厚度，兼顾地形、地表水与地下水关系、含水层特征等因素。

三、地下水防污性能评价方法

地下水防污性能评价多采用点评分指数模型。其基本原则是：第一，选择对地下水污染影响最明显的地质与水文地质条件作为评价因子；第二，对各因子的评分范围进行划分，各评分范围给予不同的分值；第三，根据各种因子对地下水防污性能影响的大小给予不同的权重，影响大的权重值大，反之则小；第四，把各单因子的评分值通过某种数学方式变成地下水防污指数，以防污指数的大小评价该地区的地下水防污性能的高与低。

目前国外现有的地下水防污性能评价模型很多，共有30多种，其中，DRASTIC模型应用最为广泛，它是美国环保署（U.S.EPA）1985年提出的。除此之外，有些学者还提出了其他模型，如GOD模型、Vierhuff模型、Legrand模型、SIGA模型等。

1. DRASTIC模型

具体评价过程参见本节中的问题之四——地下水防污性能评价中的DRASTIC模型及

实例。

2. GOD 模型

该模型仅选取了三个影响因子：G 地下水类型(groundwater occurrence)，O 盖层岩性(overlying lithology)，D 水位埋深(depth to water table)。评分范围为 0～1，各因子不设权重值，防污性能指数 DI 的计算公式为 DI＝$G\times O\times D$。DI 值越大，地下水防污性能越高。此模型同时考虑潜水和承压水是可取的，但是模型太简单，含水层的分类不明确，盖层岩性的复杂性也没有考虑周到。

3. Vierhuff 模型

Vierhuff 模型是德国学者在 20 世纪 70 年代提出的，该方法可对潜水和承压水分别进行评价。潜水只考虑隔水层岩性和厚度两个因素；承压水也只考虑隔水层岩性和厚度两个因素。该模型没有采用常规的评分法，考虑的因子过于简单，包气带过于简化，没有考虑包气带岩性的复杂性。

4. SIGA 模型

该模型选择土壤介质、包气带介质、地面坡度和含水层介质四个影响因子，比 DRASTIC 模型少三个因子，其评分范围与 DRASTIC 模型完全相同。与 DRASTIC 模型不同的是评分值可按其设置的公式精度计算并绘制曲线，但公式中的参数一般很难准确取得。

四、地下水防污性能评价中的 DRASTIC 模型及实例

(一)DRASTIC 模型

DRASTIC 方法是地下水防污性能评价中的典型代表，目前，该方法已被许多国家采用，是地下水防污性能评价中最常用的方法。

在地下水防污性能评价中，选择对地下水防污性能影响最大且容易取得的七个因子：地下水埋深(depth of water－table)、净补给量(net recharge)、含水层介质(aquifer media)、土壤介质(soil)、地形(topography)、包气带介质(impact of the vadose zone)及水力传导系数(hydraulic conductivity)。按每个因子的英文大写第一个字母命名为 DRASTIC 模型。

在确定各因子评分值的基础上，按照各因子对地下水防污性能影响的大小分别给予相对权重值，影响最大的权重为 5，影响最小的权重为 1。最后，用防污指数将七个因子综合起来，采用加权的方法计算 DRASTIC 指数，即地下水防污指数

$$\text{DRASTIC 指数}=\sum_{i=1}^{7} W_i\times R_i$$

式中，W_i 为 i 因子的权重；R_i 为 i 因子的评分值。

(二)实例

下面以南昌市地下水防污性能评价为例来说明这一具体方法①。

南昌市位于长江中游的南岸，居赣江、抚河的尾闾，滨临我国第一大淡水湖——鄱阳湖，地势低平，河网密布，湖滩港汊众多。最近几十年来，由于长期强烈抽取地下水，致使地下水位降落漏斗不断扩展，面积达 240km²。随着城市化进程的加快，地下水污染日益严重。开展南昌市地下水防污性能评价对科学制定地下水污染防治方案和有效实现地下水资源的可持续利用具有重要的现实意义。

---

① 周爱国等，东部地区主要城市地质环境评价方法专题研究报告，2005.

在初步资料收集和现场了解的基础上，基于南昌市的具体特点，在 DRASTIC 模型的基础上进行适当改进，其防污性能评价步骤如下。

1. 评价程序

评价程序框图如图 3－1 所示。

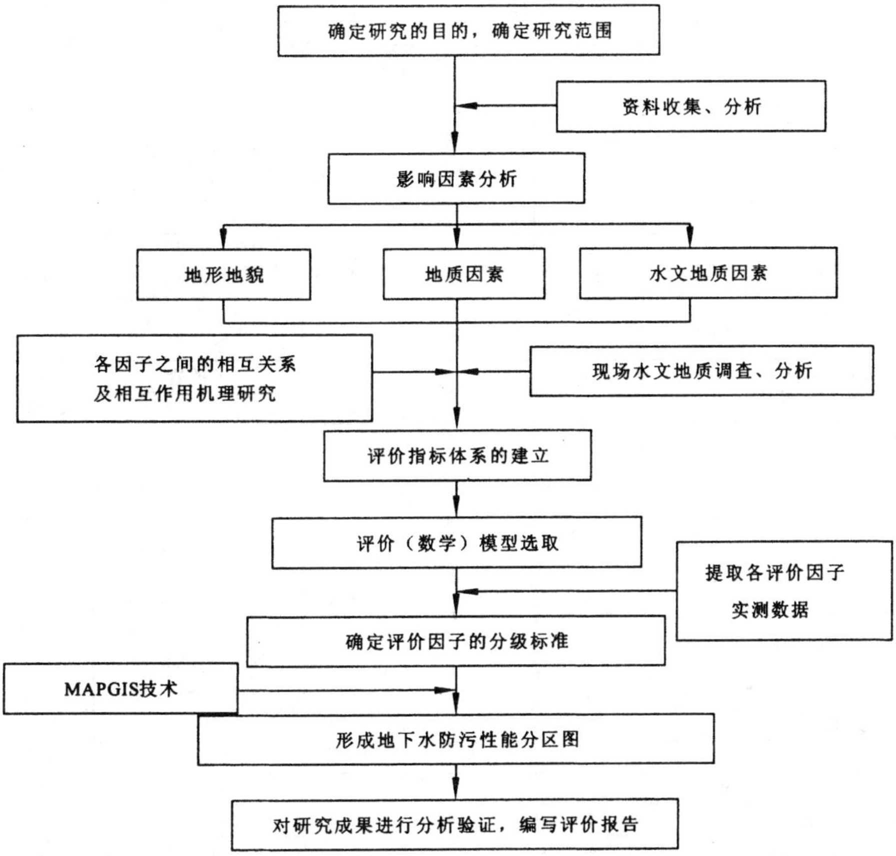

图 3－1　南昌市地下水防污性能评价程序框图

2. 划分评价单元

采用正方形网格法结合多边形网格法进行评价单元划分，根据已有各种图形资料，对一个单元内评价因子状态有突变的单元进行人工调控，以确保单个评价单元内的各评价因子状态具有相对均一性。最后，将南昌市评价区共划分为 3 900 个网格单元，然后对各个单元进行编号并且进行数字化处理。

3. 选取评价因子

在 DRASTIC 模型所采用参数的基础上，根据可获得的资料和具体的水文地质条件，以降雨入渗补给量代替含水层的净补给量，其他的因子不变。

4. 建立评分体系

对于初值为定性评价因子，如含水层介质、土壤介质和非饱和带岩性，分别按照 DRASTIC 方法进行分级并给出相应的评分值。对于初值为定量评价因子，如地下水埋深、降雨入渗补给量、地形坡度、含水层渗透系数，首先对其相应的原始数据进行统计分析，根据数据在不同的范围用所含百分比来划分等级区间，取评分范围的中间值作为划分等级标准，再采用分值内插法对给定的评价因子数据进行计算取得其对应的评分值。各评价因子评分标准见表3-8。

表3-8 地下水防污性能评价指标参数评分标准

评价因子	范围/类型	取值	典型评分	评价因子	范围/类型	取值	典型评分
降雨入渗补给量/(mm/a)	0～50	1		含水层介质	页岩	1～3	2
	50～100	3			变质岩/火成岩	2～5	3
	100～175	6			风化岩/火成岩	3～5	4
	175～250	8			冰渍	4～6	5
	>250	9			层状砂岩及页岩	5～9	6
地下水埋深/m	0～1	10			块状砂岩	4～9	6
	1～2	9			块状石灰岩	4～9	7
	2～5	8			砂砾岩	4～9	8
	5～10	6			玄武岩	2～10	9
	10～15	4			岩溶灰岩	9～10	10
	15～20	2		包气带介质	承压层	1	1
	>20	1			粉砂	2～6	4
地形坡度/%	0～2	10			页岩	2～5	4
	2～6	9			石灰岩	2～7	5
	6～12	5			砂岩	4～8	6
	12～18	3			板状石灰岩砂岩页岩	4～8	6
	>18	1			含粉砂和黏土的砾石	4～8	7
土壤介质	薄层或裸露	10			变质岩/火成岩	2～8	7
	砂石	10			砂砾	6～9	8
	砂	9			玄武岩	2～9	9
	泥炭	8			岩溶岩	8～10	10
	未压实和团聚土	7		含水层渗透系数	1～50	1	
	砂质亚黏土	6			50～100	2	
	粉砂质亚黏土	4			100～150	3	
	黏土质亚黏土	3			150～200	4	
	垃圾	2			200～300	6	
	淤泥	2			300～400	8	
	压实/团聚黏土	1			>400	10	

5. 确定权重

直接参考DRASTIC方法中给定的权重，即地下水埋深、降雨入渗补给量、含水层介质、土壤介质、地形坡度、非饱和带介质和含水层渗透系数的权重值分别为5、4、3、2、1、5、3。

6. 评价结果分析

通过加权计算得到南昌市地下水防污指数在40～181.2之间。结合防污性能等级划分原则(表3-9)，将研究区划分为5个等级，即防污性能好、防污性能较好、防污性能中等、防污性能较差、防污性能差。

表 3-9　地下水防污性能评价程度划分标准

地下水防污指数	防污性能	防污性能级别
23～75	好	Ⅰ
75～100	较好	Ⅱ
100～125	中等	Ⅲ
125～150	较差	Ⅳ
150～230	差	Ⅴ

根据评价结果，编制出南昌市地下水防污性能分区图，如图 3-2 所示。由图中可以看出，防污性能差的区域主要分布于研究区西南部赣江附近和东南部的金凤洲两块区域；防污性能较差的区域主要分布在赣江两岸；地下水防污性能较好的区域主要分布在研究区的东南部；地下水防污性能好的区域主要分布在青山湖、艾溪湖、瑶湖和象湖的中间地块上。

总体上来说，南昌市是一个地下水较容易受到污染的地区，今后应该加强地下水环境保护和地质环境管理工作，尽量避免地下水污染的发生，并防止污染区域的进一步扩大。

五、基于 DRASTIC 方法的模糊综合评价模型及实例

（一）基于 DRASTIC 方法的模糊综合评价法

经过数年来的应用，许多研究者发现 DRASTIC 方法存在许多局限性。例如，该模型在实际应用中，需首先对每一指标进行分级，在该级别（分类）内的指标给相同的评分，这样不同的级别便有了分值上的差别；在对不同样本的同一项指标进行级别划分时，有可能将具有明显差异的指标划分为相同的级别而给出相同的定额，因而使样本之间的差异得不到真实的反映，也就是说用加权评分法掩盖了各评价因子取值的连续变化对地下水防污性能的影响。为了克服 DRASTIC 方法中存在的不足，将 DRASTIC 方法与工程模糊集理论进行结合，建立了新的评价模型，可称为“基于 DRASTIC 方法的模糊综合评价法”。下面结合实例对该方法进行介绍。

（二）实例

我们以九江市为例说明该评价模型的应用过程①。

在 DRASTIC 评价指标体系的基础上，根据九江市的具体情况和可以获得的数据资料，以降雨入渗补给量代替含水层净补给量，采用七个影响和控制地下水流及污染质运移的防污性能评价因子：地下水埋深、降雨入渗补给量、含水层的岩性、土壤类型、地形、包气带的影响及含水层渗透系数。

1. 划分评价单元

根据九江市的具体情况，采用正方形网格法结合多边形网格法进行评价单元划分，九江市评价区共划分 1 277 个网格单元。

2. 确定语气算子

研究区含水层根据所处的水文地质条件的差异，在同样的污染源或外部污染环境条件下，地下水的防污能力是不同的，因此提出了评价地下水防污性能的 10 级语气算子，具体情况见表 3-10。

① 周爱国等，东部地区主要城市地质环境评价方法专题研究报告，2005.

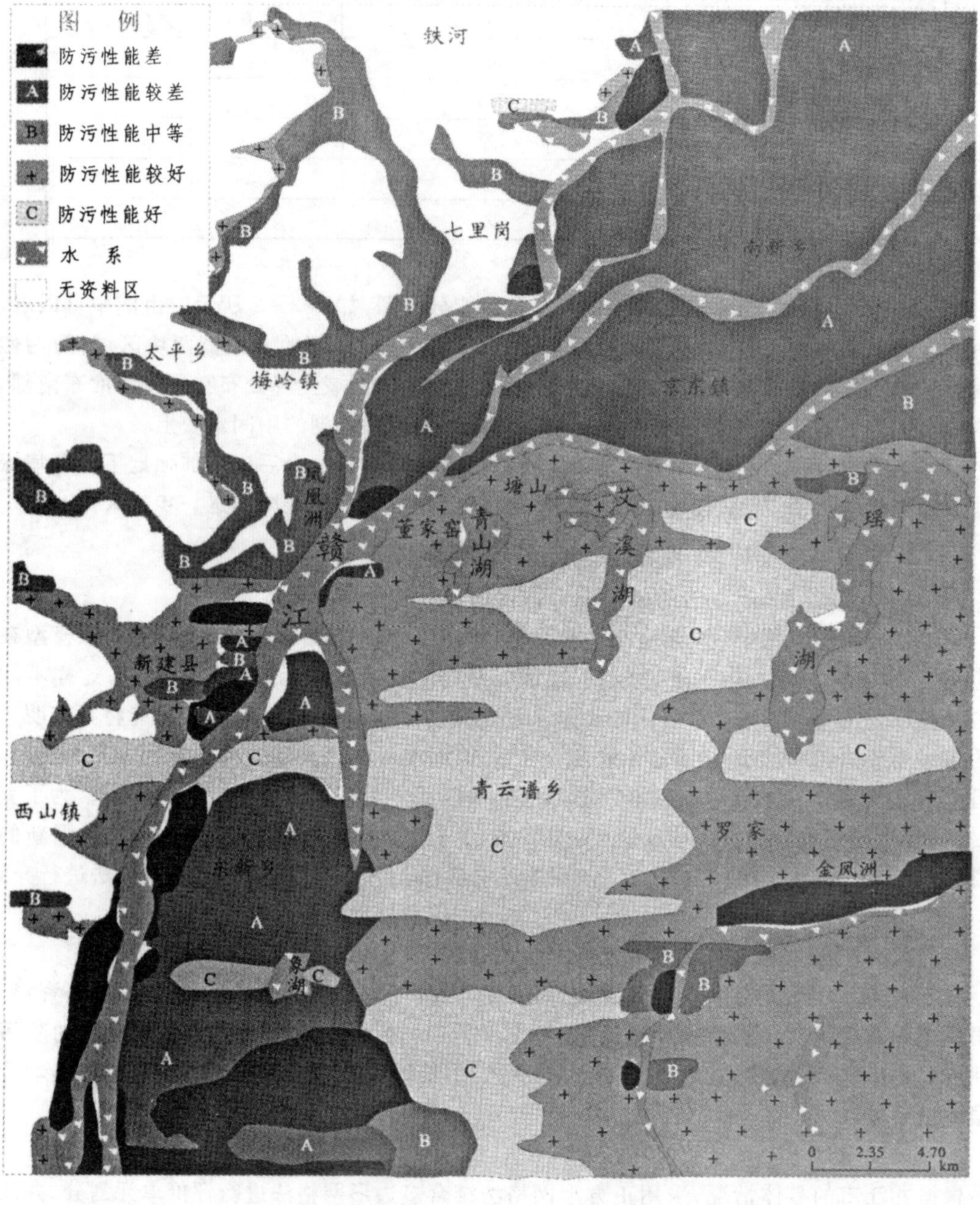

图 3－2　南昌市地下水防污性能分区图

表 3－10　语气算子与级别的对应关系

级别	1	2	3	4	5	6	7	8	9	10
语气算子	极难污染	很难污染	较难污染	略难污染	稍难污染	稍易污染	略易污染	较易污染	很易污染	极易污染

3. 构建指标标准特征值矩阵

根据七项指标的级别与其对应的标准特征值构建指标标准特征值矩阵。七项指标的级别与特征值具体划分情况见表 3-11 和表 3-12。

表 3-11 地下水埋深、降雨入渗补给量、地形坡度和渗透系数的级别与特征值

地下水埋深/m		降雨入渗补给量/(mm/a)		地形坡度/%		渗透系数/(m/d)	
特征值	级　别	特征值	级　别	特征值	级　别	特征值	级　别
20	1	0	1	18	1	0	1
17.5	2	30	2	17	2	25	2
15	3	65	3	15	3	50	3
10	4	100	4	13	4	75	4
7.5	5	115	5	11	5	100	5
5	6	135	6	9	6	150	6
3.5	7	150	7	7	7	200	7
2	8	165	8	4	8	250	8
1	9	180	9	2	9	300	9
0	10	200	10	0	10	400	10

表 3-12 含水层介质、土壤介质及非饱和带介质类型的级别与特征值

含水层介质			土壤介质			非饱和带介质		
类型	级别	特征值	类型	级别	特征值	类型	级别	特征值
页岩	1	10	页岩	1	10	页岩	1	10
变质岩/火成岩	2	9	变质岩/火成岩	2	9	变质岩/火成岩	2	9
风化岩/火成岩	3	8	风化岩/火成岩	3	8	风化岩/火成岩	3	8
冰渍	4	7	冰渍	4	7	冰渍	4	7
层状砂岩及页岩	5	6	层状砂岩及页岩	5	6	层状砂岩及页岩	5	6
块状砂岩	6	5	块状砂岩	6	5	块状砂岩	6	5
块状石灰岩	7	4	块状石灰岩	7	4	块状石灰岩	7	4
砂砾岩	8	3	砂砾岩	8	3	砂砾岩	8	3
玄武岩	9	2	玄武岩	9	2	玄武岩	9	2
岩溶灰岩	10	1	岩溶灰岩	10	1	岩溶灰岩	10	1

将上述采用的七项指标按 10 个级别的指标标准特征值进行识别，则有 7×10 阶指标标准特征值矩阵，即

$$Y=\begin{bmatrix} 20 & 17.5 & 15 & 10 & 7.5 & 5 & 3.5 & 2 & 1 & 0 \\ 0 & 30 & 65 & 100 & 115 & 135 & 150 & 165 & 180 & 200 \\ 10 & 9 & 8 & 7 & 6 & 5 & 4 & 3 & 2 & 1 \\ 10 & 9 & 8 & 7 & 6 & 5 & 4 & 3 & 2 & 1 \\ 18 & 17 & 15 & 13 & 11 & 9 & 7 & 4 & 2 & 0 \\ 10 & 9 & 8 & 7 & 6 & 5 & 4 & 3 & 2 & 1 \\ 0 & 25 & 50 & 75 & 100 & 150 & 200 & 250 & 300 & 400 \end{bmatrix}=(y_{ih})$$

式中，y_{ih}为级别h指标i的标准特征值，$i=1,2,\cdots,7$；$h=1,2,\cdots,10$。

4. 构建指标标准特征值对模糊概念极难污染的相对隶属度矩阵

对于七项指标均可确定等于指标的10级标准特征值对防污性能极好的相对隶属度为0，等于指标的1级标准特征值对防污性能极好的相对隶属度为1。对以上两类指标，其特征值介于1级与10级标准特征值之间者，对防污性能极好的相对隶属度可按线性变化确定。则级别h指标i标准特征值y_{ih}对防污性能极好的相对隶属函数公式为

$$s_{ih}=\begin{cases} 0, & y_{ih}=y_{i,10} \\ \dfrac{y_{ih}-y_{i,10}}{y_{i1}-y_{i,10}}, & y_{i1}>y_{ih}>y_{i,10} \text{或} y_{i1}<y_{ih}<y_{i,10} \\ 1, & y_{ih}=y_{i1} \end{cases}$$

式中，s_{ih}为级别h指标i的标准特征值对防污性能极好的相对隶属度，y_{i1}、$y_{i,10}$分别为指标i的1级、10级标准值。

利用上述公式标准特征值矩阵式变换为对防污性能极好的指标标准特征值的相对隶属度矩阵

$$S=\begin{bmatrix} 1 & 0.88 & 0.75 & 0.50 & 0.38 & 0.25 & 0.18 & 0.10 & 0.05 & 0 \\ 1 & 0.85 & 0.68 & 0.50 & 0.43 & 0.33 & 0.25 & 0.18 & 0.10 & 0 \\ 1 & 0.89 & 0.78 & 0.67 & 0.56 & 0.44 & 0.33 & 0.22 & 0.11 & 0 \\ 1 & 0.89 & 0.78 & 0.67 & 0.56 & 0.44 & 0.33 & 0.22 & 0.11 & 0 \\ 1 & 0.94 & 0.83 & 0.72 & 0.61 & 0.50 & 0.39 & 0.22 & 0.11 & 0 \\ 1 & 0.89 & 0.78 & 0.67 & 0.56 & 0.44 & 0.33 & 0.22 & 0.11 & 0 \\ 1 & 0.94 & 0.88 & 0.81 & 0.75 & 0.63 & 0.50 & 0.38 & 0.25 & 0 \end{bmatrix}=(s_{ih})$$

5. 构建各评价单元评价因子的特征值矩阵

设该研究中所选的七项指标对地下水防污性能进行评价的各单元的特征值矩阵为

$$X=(x_{ij})$$

6. 构建各评价单元评价因子对防污性能极好的相对隶属度矩阵

各指标对防污性能极好的相对隶属度公式为

$$r_{ij}=\begin{cases} 0, & x_{ij}\geqslant y_{i,10} \text{或者} x_{ij}\leqslant y_{i,10} \\ \dfrac{x_{ij}-y_{i,10}}{y_{i1}-y_{i,10}}, & y_{i1}>x_{ij}>y_{i,10} \text{或者} y_{i1}<x_{ij}<y_{i,10} \\ 1, & x_{ij}\leqslant y_{i1} \text{或者} x_{ij}\geqslant y_{i1} \end{cases}$$

利用上述公式将矩阵X转化为因子相对隶属度矩阵R，即

$$R=(r_{ij})$$

式中，r_{ij} 为单元 j 因子 i 的特征值对防污性能极好的相对隶属度；$i=1,2,\cdots,7$；$j=1,2,\cdots,1\,277$。

由矩阵 R 可知单元 j 的七项指标的相对隶属度为

$$r_j=(r_{1j},r_{2j},\cdots,r_{7j})^{\mathrm{T}}$$

将 r_j 中指标的相对隶属度分别与矩阵 S 中各行的行向量逐一进行比较，可知 r_j 落入矩阵 S 的级别下限 a_j 和级别上限 b_j，最后得到各个单元的级别区间 $[a_j,b_j]$。

7. 构建评价单元归属各个级别的最优相对隶属度矩阵

设评价单元归属于各个级别的相对隶属度矩阵记为

$$U=(u_{hj})$$

式中，u_{hj} 为评价单元 j 对级别 h 的相对隶属度，$j=1,2,\cdots,1\,277$；$h=1,2,\cdots,10$。由于评价单元 j 的七项指标相对隶属度全部落入矩阵 S 的级别区间 $[a_j,b_j]$ 内，故矩阵 U 应该满足约束条件 $\sum\limits_{h=a_j}^{b_j}u_{hj}=1$；因为各个评价单元的级别区间不同，从研究区所有评价单元的整体考虑，矩阵 U 应满足 $\sum\limits_{h=1}^{10}u_{hj}=1$。因此，级别区间 $[a_j,b_j]$ 有 $a_j\geqslant 1,b_j\leqslant 10$。要同时满足约束条件，必有 $u_{hj}=0$ 时，$h<a_j$ 或者 $h>b_j$。

评价单元 j 与级别 h 之间的差异，用广义欧氏距离表示为

$$d_{hj}=\left\{\sum_{i=1}^{7}[w_i(r_{ij}-s_{ih})]^2\right\}^{\frac{1}{2}},h=a_j,\cdots,b_j$$

上式考虑了指标的权重 w_i[权重仍然参考 DRASTIC 方法中所给定的权重，归一化处理后为：$w_i=(0.22,0.17,0.13,0.09,0.04,0.22,0.13)$]，为了更完善地描述评价单元 j 与级别 h 之间的差异，计入以评价单元 j 归属于级别 h 的相对隶属度 u_{hj} 为权重，则用加权广义欧氏距离表示为

$$D_{hj}=u_{hj}d_{hj}=u_{hj}\left\{\sum_{i=1}^{7}[w_i(r_{ij}-s_{ih})]^2\right\}^{\frac{1}{2}}$$

为求解评价单元 j 对级别 h 的最优相对隶属度，建立目标函数

$$\min\left\{F(u_{hj})=\sum_{h=a_j}^{b_j}D_{hj}^2\right\}$$

根据目标函数和约束条件构造拉格朗日函数，其中 λ_j 为拉格朗日乘子，则

$$L(u_{hj},\lambda_j)=\sum_{h=a_j}^{b_j}u_{hj}^2d_{hj}^2-\lambda_j\left\{\sum_{h=a_j}^{b_j}u_{hj}-1\right\}$$

由 $L(u_{hj},\lambda_j)$ 对 u_{hj} 和 λ_j 求偏导并令其等于 0，则

$$\begin{cases}\dfrac{\partial L(u_{hj},\lambda_j)}{\partial u_{hj}}=0\\[2ex]\dfrac{\partial L(u_{hj},\lambda_j)}{\partial \lambda_j}=0\end{cases}$$

可得到评价单元 j 对级别 h 的最优相对隶属函数公式

$$u_{hj}=\left[d_{hj}^2\sum_{h=a_j}^{b_j}d_{hj}^{-2}\right]^{-1},\ d_{hj}\neq 0,a_j\leqslant h\leqslant b_j$$

特殊地，当 $r_{ij}=s_{ih}$，$i=1,2,\cdots,7$。此时，评价单元 j 的七项指标相对隶属度与级别 h 的七

项指标标准值的相对隶属度全部相等，则 $u_{hj}=1$。

综合上述可知，评价单元 j 对于级别 h 评价的地下水防污性能模糊分析评价模型的完整形式为

$$u_{hj}=\begin{cases}0, & h<a_j \text{ 或 } h>b_j\\ \left[d_{hj}^2\sum\limits_{h=a_j}^{b_j}d_{hj}^{-2}\right]^{-1}, & d_{hj}\neq 0,a_j\leqslant h\leqslant b_j\\ 1, & d_{hj}=0\end{cases}$$

解得评价单元归属于各个级别的最优相对隶属度矩阵为

$$U^*=(u_{hj}^*)$$

式中，$h=1,2,\cdots,10$；$j=1,2,\cdots,1\,277$。

8. 评价结果分析

根据下列公式计算级别特征值 H，其向量式为

$$\boldsymbol{H}=(1,2,\cdots,10)(u_{hj}^*)=(H_1,H_2,\cdots,H_{1\,277})$$

按表 3-13 划分地下水防污性能等级，并做出地下水防污性能分区图，如图 3-3 所示。

表 3-13 地下水防污性能等级划分规则

特征值	(0,5]	(5,6]	(6,6.5]	(6.5,7]	(7,10]
防污性等级	防污性能差	防污性能较差	防污性能中等	防污性能较好	防污性能好

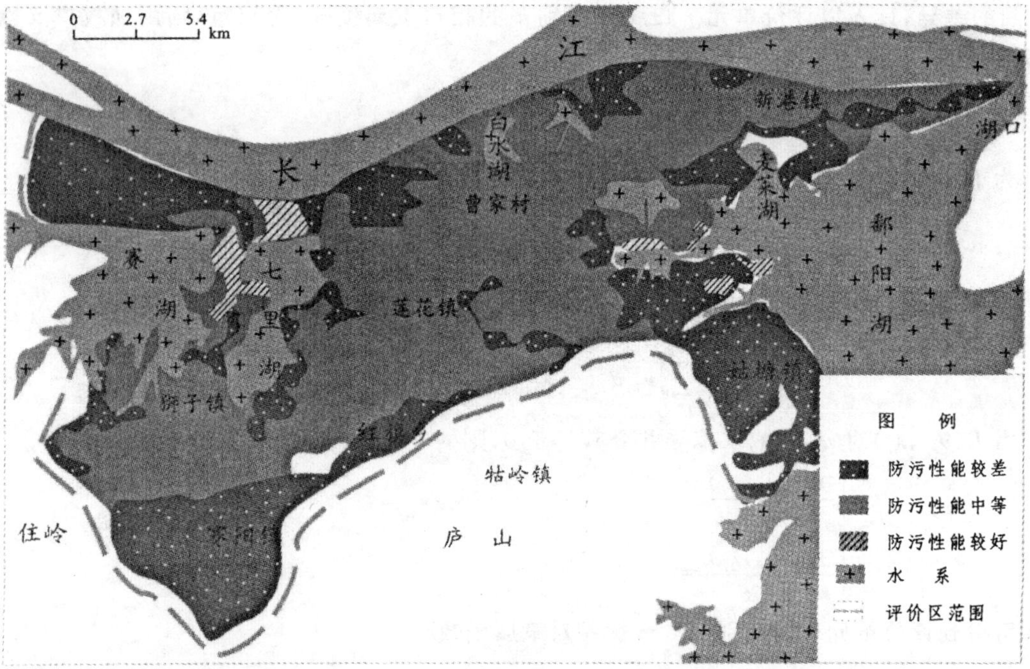

图 3-3 九江市地下水防污性能分区图

从九江市地下水防污性能分区图上可以得到如下的分布规律：

(1)级别特征值主要集中于 6～7 之间，地下水防污性能差别不是很大。

(2)存在一部分易受到污染的防污性能差的区域，级别特征值集中在 6.5～7 之间，约占 40％，主要分布于长江和鄱阳湖沿岸。

(3)其他地区的级别特征值主要集中于 6～6.5 之间，属于防污性能中等的区域。

第四章　土壤环境质量评价

土壤是一种宝贵的自然资源，是地质环境的一个重要组成要素。它是地质环境中直接暴露于地表，与大气圈、水圈和生物圈关系最密切的部分，是陆地表面具有肥力、能生长植物的疏松层。土壤是人类赖以生存的物质基础和生产资料，也是人类及人类社会生存发展的基本生态环境条件。土壤环境质量评价是环境评价中的重要内容之一，可为有效地保护和利用土壤、提高土壤环境质量、并为政府制定环境管理政策以及综合防治污染提供科学依据。

第一节　概　述

一、土壤及土壤的形成

土壤是位于地球陆地表面具有肥力的疏松层，以不完全连续的形态存在于陆地表面，其厚度从零至数十米不等。它具有独特的物质组成、结构和功能，是一个十分复杂的系统。

土壤的本质特征，一是具有肥力，即具有供应和协调植物生长所需要的营养条件（水分、养分）和环境条件（温度、空气）的能力；二是具有同化和代谢外界输入物质的能力，输入物质在土壤中经过复杂的迁移转化，再向外界输出。

土壤的形成始于基岩的风化作用。在风化作用下，坚硬的基岩不断崩解，块体由大变小，颗粒由粗变细，最后成为疏松多孔的散碎体，这就是土壤的母质。随着风化作用的不断进行，组成基岩和母质的硅酸盐和铝硅酸盐矿物以及硫化物不断遭受蚀变，其组成元素一部分溶解于水，如钠、钾、钙、镁、磷、硫等，经河流搬运最后进入湖泊和海洋。流入湖、海的这些物质与岩屑、泥沙等经过沉淀和成岩作用，可形成沉积岩。经过地壳的抬升，沉积岩还可上升出露地表，并再次经历风化、沉积、成岩作用，如此不断重复。植物营养物质也进行上述大陆—海洋—大陆的循环，这种循环过程称为植物营养物质的地质大循环。

土壤的形成是地质大循环和生物小循环相互作用的结果。这种循环包括物质流的循环和能量流的转变，物质流的循环使土壤肥力得到不断加强。成熟的土壤应该发育成为具有特征结构的土壤剖面——土壤层次。按照对湿润赤道和热带气候带土壤发育速度的估算，在花岗岩母岩上产生 1m 厚的土壤需要 1～2 万年的时间。在低纬度地区，大部分地壳表面的土壤年龄在 1×10^{6}a 到 6×10^{6}a 之间。土壤是一个包含生命的、以某种方式经过长期堆积的并含有供给植物生长和生物活动所必需的物质的残积层，即是一个活跃层。一方面土壤系统不断地与外部环境系统有能量、物质和信息的相互转化，另一方面在土壤层中经常进行着许多复杂的化学、物理和生物活动。

土壤系统与大气、水体、生物和岩石等自然因素是相互联系、相互制约、相互转化和相互作用的。这种关系是通过物质、能量的交换过程来体现的。一方面，物质和能量通过外部环境向土壤系统的输入以及在土壤系统内的转化必然引起土壤系统的成分、结构、功能和状态的改变；另一方面，物质和能量由土壤系统向外部环境的输出，也必然导致环境系统的成分、结构、功能和状态的改变。由于土壤位于各自然环境要素紧密交接的地带，是连接各环境要素的枢纽，是结合无机界和有机界的中心环节。因此，土壤系统是自然环境中物质和能量的迁移转化最为复杂而又频繁的场所。

二、土壤的组成

（一）土壤的物质组成

土壤是由固、气、液三相物质组成的疏松多孔体。固体部分主要是无机体（矿物）、有机体（有机质、生物），空隙部分由液体（土壤水分）和气体（土壤空气）组成。土壤三相物质的比例是随着土壤的种类、状态而变化的。

（二）土壤的矿物质组成

土壤矿物质一般占土壤固体质量的95%以上，构成土壤的骨架，对土壤的性质有极大影响。按其成因可将土壤中的矿物质分为原生矿物和次生矿物两类。

原生矿物是在地壳中最早形成的，虽经风化作用仍遗留在土壤层中的一类矿物。主要有长石、石英、云母、辉石、角闪石等，它们不仅是构成土壤骨架的重要物质，而且经进一步风化、溶解等作用还会释放出各种元素。

次生矿物是在土壤形成过程中，由原生矿物转化而形成的新矿物。主要有简单盐类，二、三氧化物，次生铝硅酸盐等。简单盐类属水溶性盐，易被淋失，一般土壤中含量较少。而二、三氧化物和次生铝硅酸盐，则在土壤中有一定的含量，是土壤矿物质中最细小的部分，通常称之为黏土矿物。土壤的很多重要的物理、化学特性与土壤所含的黏土矿物特别是次生铝硅酸盐的种类和数量有关，对污染物质在土壤中的迁移、转化影响很大。

土壤矿物质化学组成以 SiO_2、Al_2O_3、Fe_2O_3、FeO、CaO、MgO 等含量较多，前三者占总量的75%以上。化学成分与粒径的关系是：土粒愈细 SiO_2 含量愈少，而其他元素增多。这是因为粗颗粒主要是由石英（SiO_2）和长石（分子组成中以 SiO_2 为主）组成，而细颗粒则主要由黏土矿物（化学成分中 SiO_2 比例少）组成。

（三）土壤的元素组成

土壤的元素组成很复杂，几乎包括地球中所有的化学元素，其中 O、Si、Al、Fe、Ca、Mg、Na、K、Ti、C 等宏量元素占土壤总量的99%以上，其他微量元素的含量之和不超过1%。

土壤中的微量元素是指除宏量元素以外的各元素，其含量范围为百万分之几到十几万分之几，最高不超过千分之几。土壤学中所指的微量元素既可指土壤中所有含量很低的化学元素，也可指其中具有生物学意义的化学元素。对土壤中微量元素的研究除了具有生物学意义外，还有一定的特殊意义，如成土过程的阐明和土壤环境质量的评价等。具有生物学意义的微量元素常是酶或辅酶的组成成分，为生物体正常生活和生长所不可缺少。

土壤中微量元素的主要来源是成土母质。此外，火山喷发和大气尘降也可带来少量微量元素，如硼、碘、溴、氟、砷等。因而，土壤中微量元素的含量和形态常常能反映成土母质的特点和母岩的类型。

在一般情况下，土壤中微量元素可分成五部分。即：①水溶态的；②弱交换剂交换态的；③强交换剂（或螯合剂）交换态的；④次生矿物中的；⑤原生矿物中的。其中①、②、③部分之间处于可逆的平衡；①、②、③三部分和④部分的平衡很缓慢，主要通过①来进行。它们对植物的可给性与土壤条件、尤其是土壤酸碱性有密切的关系。

对土壤中微量元素的研究是土壤环境研究的重要内容，也是土壤环境质量评价的主要因素之一。一般重点研究土壤中钼、硼、锰、锌、氟、汞、镉、铅、砷的含量和状态及迁移转化规律。我国土壤的部分微量元素含量见表4-1。

表4-1 我国土壤中微量元素的含量

微量元素	Mo	B	Zn	Mn	Cu	Hg	Cd	Pb	Cr
含量范围($\times10^{-6}$)	0.1～6	0～500	3～790	42～3000	2～30	0.01～2.00			0～400
平均值($\times10^{-6}$)	1.7	64	100	710	22	0.055	0.06	10	200～300

(四)土壤的机械组成

1. 土壤颗粒的大小分级——粒级

土壤中单个颗粒称为单粒,自然界中土壤单粒的大小差别很大,其大小级别即为粒级。我国土壤粒级标准见表4-2。

表4-2 我国土粒分级标准

颗粒名称		粒径/mm
石块		>10
石砾	粗 砾	10～3
	细 砾	3～1
砂粒	粗砂粒	1～0.25
	细砂粒	0.25～0.05
粉粒	粗粉粒	0.05～0.01
	细粉粒	0.01～0.005
黏粒	粗黏粒	0.005～0.001
	细黏粒	<0.001

不同粒级的土粒,其矿物成分亦有很大差别,因而化学成分亦随之而异。一般情况是土粒越细,石英、长石逐渐减少,云母、角闪石逐渐增多,即 SiO_2 含量越来越少,而 R_2O_3、CaO、MgO 等含量越来越多。

2. 土壤的机械组成

在自然界中,单一的某种粒级的土壤是很少见的,一般土壤都是由各种不同粒级的土粒混合堆积而成的。土壤的机械组成就是指土壤中各粒级土粒含量的相对比例或质量分数(%),即土壤的质地。显然,不同质地的土壤具有不同的性质。

(五)土壤中的生物群体

土壤中生活着由各种生物体组成的生物群体。它们是土壤的重要组成部分和物质能量转换的重要因素,亦是土壤净化有机污染能力较强的主要原因。

土壤中的生物群体可分为三类:微生物区系(细菌、放线菌、真菌和藻类等)、微动物区系(原生动物、蠕虫、节肢动物节)和动物区系。

土壤生物在土壤生态系统中主要承担分解者的作用,同时也兼具消费者的作用,还有少数自养生物是作为生产者存在于土壤中的。所以,土壤生物主导着土壤有机质转化的基本过程。

(六)土壤中的有机质

土壤中的有机质是土壤层中各种含碳有机化合物的总体。它与矿物质一起构成土壤的固相部分。土壤中有机质含量并不多,一般只占固体总量的10%以下,但它是土壤的重要组分,是土壤肥力的重要物质来源。一般来说,土壤中有机质的来源是动植物和微生物的残体。

土壤中的有机质可分为两类:一类是生物残体,包括动物、植物和微生物的残体,占土壤的有机质总量的30%～40%;另一类是腐殖质,占土壤有机质的60%～70%。土壤有机质残体在微生物的作用下,可向两个方向转化,即矿化过程和腐殖质过程。有机质在土壤中的转化,是土壤具有强大净化能力的主要原因之一。

（七）土壤中的胶体

土壤中最活跃的组分除了前述的土壤层中的微生物外，还有土壤的胶体，即土壤中具有胶体性质的微细颗粒，颗粒直径一般小于 2μm。

土壤胶体具有较大的比表面积，还带有电性，由此使之具有分散性和凝聚性、离子吸附性。这些性质使土壤中胶体与土壤环境质量、土壤环境保护有密切的关系。具体表现在：土壤胶体既可促进某些元素迁移，又可吸附某些元素使之沉淀集中，还可以通过离子交换作用，使交换力强的元素保留下来，而交换力弱的元素则被淋溶迁移。因此，土壤中的胶体对土壤中元素的迁移、转化有着重要的作用。

三、土壤的基本特性

（一）土壤的酸碱性

土壤中的物质在转化过程中，会产生各种酸性和碱性的物质，使土壤溶液中含有一定量的 H^+ 和 OH^-，这两者浓度之比决定着土壤溶液的酸碱性。土壤溶液的酸碱性与土壤的组成及吸附性能等关系密切。通常把土壤酸碱性的强弱划分为以下等级（表 4－3）。

表 4－3　土壤 pH 值和酸碱性反应的分级

土壤 pH 值	<4.5	4.5～5.5	5.5～6.5	6.5～7.5	7.5～8.5	>8.5
反应级别	极强酸性	强酸性	微酸性	中性	微碱性	强碱性

我国土壤的酸碱性，大多数 pH 值在 4.5～8.5 之间，在地理分布上有“南酸北碱”的规律，大致以长江为界，南方的土壤多为酸性和强酸性，长江以北的土壤则多为中性或碱性，少数地区 pH 值大于 8.5，属强碱性。这种分布主要受气候条件的控制。

土壤的酸碱度对土壤环境有很大的影响，主要表现如下。

（1）影响土壤层中进行的各项化学反应。包括吸附-解吸、氧化-还原、络合-解离以及溶解、沉淀等一系列的化学平衡。

（2）对土壤养分和有效性影响显著。如在酸性土壤中，Fe、Mn、Al 的大量存在，使一些营养元素的沉淀和吸附反应特别明显；而在碱性土壤中，由于碳酸钙的大量存在，则会使一些营养元素发生沉淀。

（3）影响土壤中微生物的分布与活动，因而影响着土壤中有机物的分解和氮、硫等元素的转化。

（4）可通过人工调节酸碱度来改善土壤环境质量。例如酸性土壤可通过加石灰来调节；碱性土壤则可使用石膏、硫磺或明矾来调节。

（二）土壤的氧化还原和络合反应

在复杂的土壤化学体系中，氧化还原反应和络合反应广泛存在着，它们是土壤中元素迁移、转化过程的重要化学反应，可以改变离子价态、存在形式，而且影响某些元素及其化合物的溶解度，从而改变着元素的迁移、转化能力。

（三）土壤的空隙性

土壤中的空隙为土壤中物质的迁移、转化提供了通道，也为土壤中水分的储存提供了赋存空间，是土壤环境的一个重要元素。

（四）土壤的构造

天然土壤的剖面可自上而下综合成为图 4-1(a)所示的形式。凋落物层(O)、泥炭层(H)和腐殖质层(A)可统称为有机质层，一般出现在土壤的表层，有机物以不同的状态聚集于该层中。其他层中有机质较少，母质层(C)和母岩层(R)则未经成土作用。

由于人类活动(耕种)和自然因素的综合作用，使土壤产生明显的层次分化。耕作土剖面从上而下可分为四层，如图 4-1(b)所示。表土层(耕作层或熟土层)是受人类活动影响最强烈的层次，厚度约 20cm，一般疏松多孔；犁底层厚度约 6～8cm，常呈片状结构，甚至有明显的水平层理，结构紧密，孔隙度小，通水透气性较差；心土层一般厚 20～30cm，有不同的沉淀现象，比较紧密；底土层也称生土层，一般位于地表以下 50～60cm。

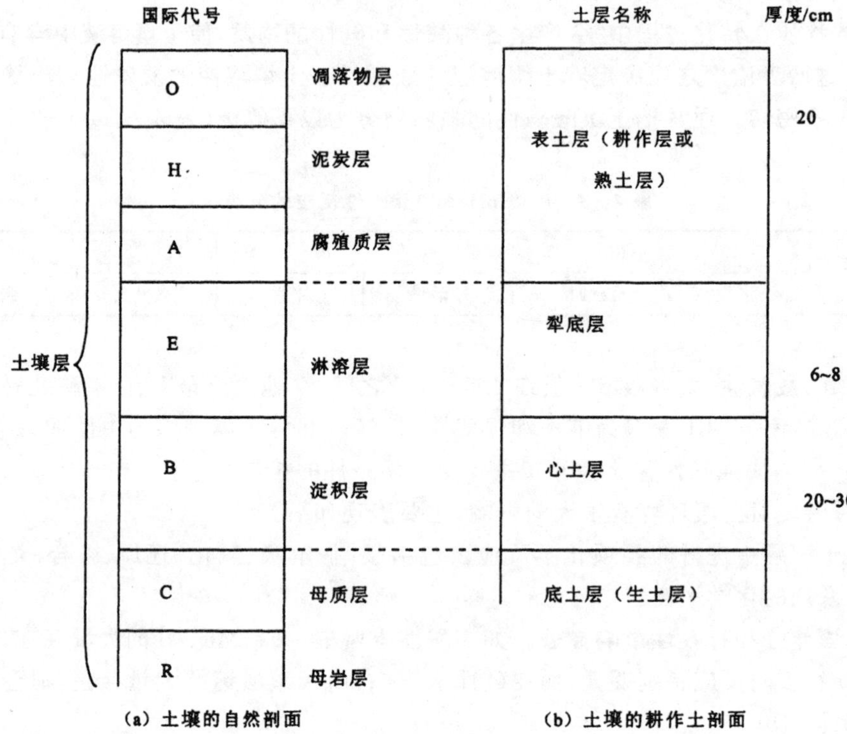

图 4-1 土壤构造的综合图式

（五）土壤的净化能力

土壤的净化能力主要指污染物进入土壤后发生的生物和化学降解作用。其净化过程有：稀释和扩散可降低其浓度，减少其毒性；被转化为不溶性化合物而沉淀；为胶体牢固地吸附；通过生物和化学的降解作用转化为无毒或毒性较小的物质；经挥发从土壤中逸出到大气或经淋滤迁移至地下水中；等等。土壤自净能力的强弱，取决于土壤层的组成和性质的综合作用，其影响因素很多，可归纳如下。

1. 土壤是一个多相的疏松多孔体系

易挥发和易溶解的污染物质在土壤空隙中随着土壤中的空气及水分的运移而挥发、扩散和稀释，以至移出土壤。这一过程主要与土壤的孔隙、温度和含水量有关。

2. 土壤是一个胶体体系

土壤胶体可吸附分子态和离子态的污染物质，这是土壤中最重要的物理化学过程。重金属和化学农药在土壤中的活动性，在很大程度上取决于是否被土壤胶体所吸附。土壤胶体对污染物质的吸附作用，对于不能降解的重金属和难降解的农药虽有暂时的净化效果，但从长期来看，却起着累积作用。土壤胶体的吸附交换量与土壤胶体或土壤有机-无机复合体的种类和数量、介质的 pH 值、土壤的盐基饱和度以及阳离子组成等有关。

3. 土壤是一个络合-螯合物质体系

土壤中有许多天然的有机和无机配位体，因而，土壤中的络合和螯合作用过程具有普遍性。有机农药和重金属污染物在土壤中进行着广泛而复杂的络合与螯合作用，这是它们在土壤中迁移转化的又一个重要形式和途径。

4. 土壤是一个氧化还原物质体

土壤的氧化还原作用影响有机质分解的速度和强度，也影响有机质和无机质存在的状态，从而影响到它们的迁移转化。这也是一个关系到土壤净化能力和污染物迁移转化的重要的土壤环境条件。

5. 土壤是一个化学平衡体系

土壤中的化合物或进入土壤的污染物质，直接受到土壤中化学平衡(溶解和沉淀)过程的控制，尤其是对重金属和磷的迁移转化，化学平衡过程起着重要的作用。

6. 土壤是一个酸碱物质体系

土壤的 pH 值是影响土壤中物质存在形态和迁移转化的重要因素。

7. 土壤是一个生物体系

土壤中的微生物在土壤有机质的转化过程(有机质的分解和合成)中起着巨大的作用。土壤对有机污染物质之所以具有强大的自净能力，即生物降解作用，也主要是因为具有种类繁多、数量巨大的土壤微生物的存在。土壤微生物还积极参与其他土壤过程。此外，土壤中的动物在有机污染物的分解转化中也起着一定作用，对部分有机污染物质的光化学分解也有重要作用。

四、土壤环境问题

土壤环境质量应该包括：土壤环境中各种环境要素本身的质量状况，土壤受到人类活动影响后质量的变化情况，以及把土壤作为农业资源开发的土壤资源质量。土壤环境问题主要是指在人类活动影响下产生的土壤环境质量向恶化方向发展演化，如污染与结构的破坏。

(一)水土流失(土壤侵蚀)

水土流失又称土壤侵蚀，水土流失是从土地表层土壤流失总量的角度描述土地退化，而土壤侵蚀是从土地表层侵蚀率的角度描述土壤退化，这是一种渐进性的地质灾害。

全球的水土流失相当严重，据统计，全世界每年有 750×10^8 t 的耕地表土流失。中国是世界上水土流失最严重的国家之一，水土流失面积 371×10^4 km^2，占国土面积的 38.7%。

水土流失的成因一般分为自然因素和人为因素。自然因素是水土流失的物质基础，人为因素诱发并加剧了水土流失的过程。自然因素包括地形、植被覆盖度、水文、降水、土壤结构等。土壤结构决定了土壤的吸水性、抗蚀性和抗冲性。结构松散、渗水性差、抗冲力小的土壤极易被迅速形成的地表径流分散和冲走。人为因素主要是过度开垦、毁林毁草开荒、乱砍滥伐、矿山等工程建设以及不合理的耕作等。

水土流失的危害主要有：

(1)破坏土地资源，影响作物产量；

(2)土地生产力下降甚至丧失；

(3)流域下游泥沙淤积，影响调洪、灌溉和航运；

(4)水体污染。

(二)土地沙质荒漠化

土地沙质荒漠化是生态环境遭受破坏而引起的一种土地退化现象，它包括在沙质地表产生的土壤风蚀、风沙沉积、沙丘前移及粉尘吹扬等一系列的过程和现象，又称沙漠化。

据联合国环境规划署统计，当今世界沙漠化面积约占世界陆地面积的 25%，严重沙漠化土地约为 $877\times10^4 km^2$。中国是世界上荒漠化土地较多的国家之一，戈壁、沙滩和沙漠化土地共有 $164.6\times10^4 km^2$，约占国土总面积的 17.2%，其中沙质荒漠化的土地约为 $17.97\times10^4 km^2$。

沙质荒漠化是人类强烈经济活动与脆弱生态环境相互影响、相互作用的产物。气候变化和人类活动是沙质荒漠化的两个重要影响因素。地下水埋藏深度和植物生长状况是土地沙化的重要指示指标。

土地沙质荒漠化的危害主要有：

(1)可利用土地面积减少；

(2)土地质量降低，生物产量减少；

(3)阻断交通，毁坏建筑设施；

(4)污染环境。

(三)土壤盐渍化

土壤盐渍化是指土壤中积聚盐、碱且其含量超过土壤正常耕作水平，导致作物生长受到伤害的现象。盐土、碱土和脱碱土统称为盐渍化，它是一种渐变性的地质灾害。由于人类不合理灌溉造成的盐渍化过程，称为次生盐渍化。

盐渍土主要分布在世界各地的干旱、半干旱和半湿润地带。美国、埃及和印度灌溉地的盐渍化和沼泽化面积占全部灌溉面积的一半以上。中国盐渍化土壤分布广泛，除滨海半湿润地区的盐渍土外，大多分布在北方的半干旱、干旱地区，全国盐渍土总面积达 $1\,016.82\times10^4 km^2$，潜在盐渍土约 $17.33\times10^4 km^2$，每年因盐渍化而废弃的土地约 $0.25\times10^4 km^2$。

气候干旱是发生土壤盐渍化的主要外界因素，蒸发量和大气降水量的比值与土壤盐渍化有着密切关系。盐渍化的主要人为原因是灌溉用水管理不善。

土壤盐渍化的危害主要表现为使农作物减产或绝收、影响植被生长并间接造成生态环境恶化。

(四)土壤污染

土壤污染是指人类活动产生的污染物质，通过各种途径输入土壤，其数量和速度超过了土壤净化作用的数量和速度，破坏了自然动态平衡，使污染物质的积累过程逐渐占据优势，从而导致土壤自然功能的失调和土壤环境质量的下降，并影响到作物的生长发育，造成产量和质量的下降。也包括由于土壤污染物质的迁移转化，引起大气或水体的污染，并通过食物链，最终影响到人类健康的现象。

在自然界中，由于特殊的地质环境(某些元素的富集中心或矿体周围)，母质中某些物质含量异常，而使附近土壤中某些元素的含量超过一般土壤的含量范围，这种现象称为土壤化学成分异常，而不能称之为土壤污染。判断土壤是否被污染必须具备两个条件：①土壤环境质量朝着恶化的方向发展；②这种变化是人类活动引起的。

1. 土壤污染的主要途径

土壤污染的途径主要与土壤的特殊地位和功能相关。尤其是土壤直接分布于地表，是自然环境中物质和能量迁移转化最为复杂、频繁的场所。

(1)土壤作为农业生产的基础，生产者为了提高农产品的数量和质量，大量施肥(有机肥和无机肥)、使用农药和灌溉，导致污染物质进入土壤，并不断累积起来，致使土壤污染。

(2)土壤历来就作为各类废弃物的处理场所，由于大气降水的淋滤作用，使含有污染物质的渗出液或污水渗入土壤，而使大量有机和无机污染物进入土壤。

2. 土壤污染的危害

土壤污染的危害主要表现在如下几个方面：

(1)土壤酸碱度变化，影响作物生长及产量。

(2)土壤中有机农药含量超标危害人体健康。

(3)重金属中的汞、镉、砷、铅、铬等在土壤中累积超标，被作物吸收，直接危害人畜健康。

(4)土壤中某些元素超标，还可能产生地方病。

3. 土壤污染的特点

(1)土壤污染不像大气、水体污染那样容易被人发现和察觉，这是因为有害物质总是在土壤中与土壤结合，具有隐蔽性。

(2)土壤对污染物具有富集作用。

(3)土壤污染主要是通过它的产品——植物来表现其危害性。

总之，土壤污染是土壤所发生的一种障碍特征，它可用来推断人类活动影响土壤污染物累积的可允许或不可允许的限度，以此作为土壤环境保护的根据。

第二节　土壤环境质量评价

土壤环境质量是指土壤环境(或土壤生态系统)的组成、结构、功能特性及其所处状态的综合体现与定性、定量的表述。它包括在自然环境因素影响下的自然过程、环境地球化学背景值、净化能力、自我调节功能与抗逆性能、土壤环境容量等相对稳定而仍在变化中的环境基本属性，以及在人类活动影响下的土壤环境污染和土壤生态状态的变化。其中，人类活动的影响是土壤环境质量变化的主要动力，是影响现代土壤环境质量变化和发展的最积极最活跃的因素。

土壤环境质量评价是指在研究土壤环境质量变化规律的基础上，按一定的原则、标准和方法，对土壤的质量进行评定，或是评定土壤对人类健康的适宜程度。或者说，土壤环境质量评价是对土壤环境质量的好坏做出定性或定量的评判。

对土壤环境质量进行评价的目的，在于认识与保护土壤环境，并提出控制和减缓土壤环境不利变化的对策和措施。

土壤环境质量评价一般可分为下述三类。

(1)评价土壤环境本身的质量优劣，称为土壤原生环境质量评价。

(2)评价土壤环境受污染后质量下降的状况,称为土壤环境污染评价。

(3)以土壤肥力或作物产量为尺度对土壤环境质量进行评价,这里土壤是作为农业生产的资源,故亦称为土壤资源质量评价。

目前,大多进行的是狭义的土壤环境质量评价,即上述的第二类,而广义的土壤环境质量评价则应该包括上述三类,如何进行全面的评价还有待探索。本节侧重介绍狭义的土壤环境质量评价,即土壤环境污染评价。

一、土壤环境质量评价的目的和工作程序

土壤环境质量评价要紧紧地围绕土壤环境特征与土壤环境背景开展。其基本目的是,查清土壤物质化学组成,对土壤污染物的来源、污染程度及其影响因素、土壤污染的发展趋势进行分析,最后是评价土壤环境质量并预测其变化趋势。根本目的是保证土壤良好地实现生产植物产品和净化污染物的双重功能。

土壤环境质量评价必须建立在充分调查研究的基础上,其一般工作程序如图 4－2 所示。工作内容一般包括六个方面。

1. 土壤的形成条件、类型及其环境特征的调查与资料收集

调查了解评价区内土壤的形成条件、土壤类型及其分布、各类型土壤的剖面结构、物理化学及生物特性和土壤的利用状况,包括农林牧用地、作物的产量与质量、施用化肥农药的种类及用量等。

2. 区域土壤背景值的调查与资料收集

土壤的化学组成和环境质量背景因土壤类型、土壤成因而异,一般采用区域土壤环境背景值作为评价土壤环境质量的标准。它也是计算土壤污染物质积累和土壤环境容量、预测土壤环境质量变化趋势的重要依据。因此,应尽可能多地收集评价区内有关土壤环境背景值的资料,在无背景资料的地区,应进行区域土壤环境背景值的调查。

3. 土壤污染源的调查与评价

调查评价区土壤的各种污染源及其排放特点,通过污染源评价,找出土壤的主要污染源与主要污染物,以便分析确定土壤环境质量评价的因子与监测项目,同时,它也是评价、预测和控制土壤环境污染的主要内容之一。

4. 土壤环境质量评价

土壤环境质量评价包括监测布点、取样分析、评价标准选取、资料整理、数据提取、建立评价数学模型、定权方法及定权值的选择、评价成果系统分析、土壤环境质量分级分区、编图等内容。通过综合评价,可掌握土壤环境质量的现状及其空间变化规律。

5. 土壤中化学物质的存在状态及迁移转化规律的研究

对于土壤中的化学物质(尤其是污染物质),应进一步研究它们在土壤环境中的赋存状态及迁移转化规律,这是进行土壤环境质量预测的基础。

6. 土壤环境质量预测

在前述工作的基础上,根据化学物质在土壤中的迁移转化规律,研究土壤环境的自净能力和化学物质引起的作物生长不良,或它们在植物体内累积相对于有关卫生标准状况,或直接危及人们健康时相应的土壤化学物质的临界浓度,确定化学物质含量与它们在作物中累积或影响人体健康的相关关系,建立土壤化学物质累积和土壤环境容量的计算模式,从而预测土壤环境质量的变化趋势,以便及时、合理地防治土壤环境质量的恶化。

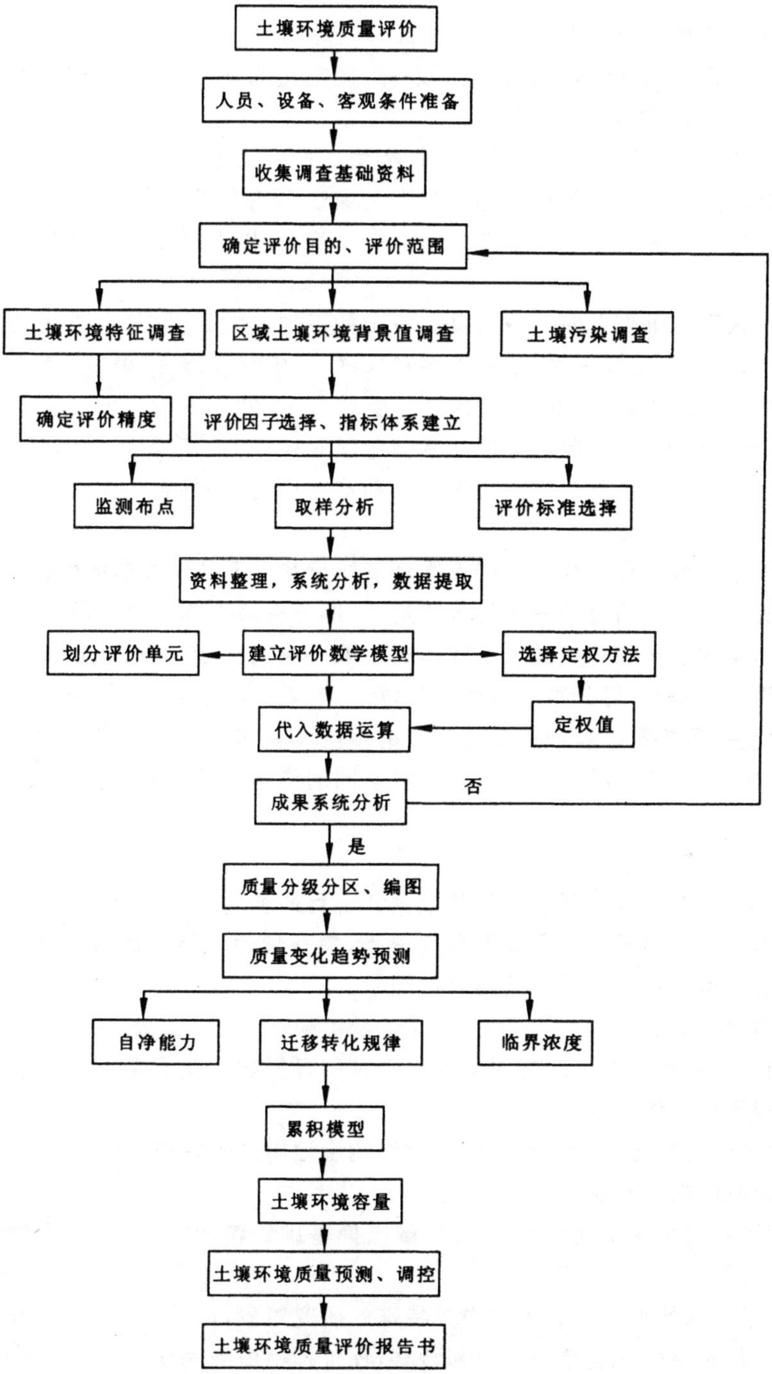

图 4－2　土壤环境质量评价的工作程序

二、土壤环境质量评价方法

(一)土壤环境质量现状调查

土壤环境质量现状调查内容包括布点、采样、确定监测项目、分析、作物调查和取样,以及适当了解研究区土壤质量的历史变化等。

现状调查布点要考虑调查区内土壤成因、类型、分布、土地利用及地形地貌条件。要在成因、类型、土地利用及地形地貌条件不同的各类土壤区内均布设一定的采样点,并且还要设置对照点。最终要使土样采集点的布设在空间上分布均匀,以保证土壤环境质量调查的代表性和精度要求。

由于土壤在水平和垂直方向的分布具有一定的不均匀性,土壤样品的采集一般采用对角线式、梅花形、棋盘式、蛇形等采样方法,并多点采样、均匀混合,最终得到能代表采样点的土壤样品。样品的采集深度通常为20cm左右耕土层和其下20～40cm。若要了解土壤污染的纵向变化,则可选择部分测点,按照由表层到基岩分层取样。

土壤监测项目的确定主要考虑土壤污染物和成土因素,一般把主要污染物和由成土因素决定的异常元素都列为监测项目。

对评价区的主要植物和作物在不同土壤环境质量状况下各发育期的生长状况、产量、质量进行观察和调查。主要采用植物分析的方法进行,即分析植物体内污染物质的含量,以了解土壤和植物之间污染物消长的相关关系。样品的采取一般与土壤采样同位,即在取土壤样品地点同时多点采集植物样品,可分别采取植物根、叶、茎、花、果,或取其混合样品(作物一般采用食用部分)。植物样品数量一般根据分析项目的多少和要求而定。采样时间最适宜设在成熟收获季节,若为轮作区,应在同一地点分别采取不同期作物样品。分析项目应包括土壤中的各种主要污染物。

(二)评价因子的选择

选择土壤环境质量评价的因子主要是根据评价目的和要求、土壤化学物质状态与含量、土壤污染物类型等。评价因子的选取是否合理得当,关系到评价结论的科学性和可靠性。应根据土壤污染物的类型和评价目的来选择评价因子。

1. 评价因子的选取原则

(1)评价因子应具特定性。选择对土壤污染有明显影响且在研究区内有明显差异,并可能出现临界值的指标作为评价指标。

(2)评价因子应具稳定性。选择那些持续影响土地用途的较稳定的因子,使土壤评价成果资料在较长一段时间内具有应用价值。

(3)评价因子数据采集的可行性。应尽量选择基础资料较完整、可进行计量或估量的指标,便于定量分析。

(4)评价因子之间的独立性。土壤作为特殊的研究对象,影响其质量的各项评价指标之间每时每刻都在进行着物质和能量的交换和转移,评价指标做到完全不相关是不可能的,但应尽量选择那些相对独立的指标。

2. 评价因子类别

一般选择的评价因子有如下几类。

(1)有机毒物。其中数量较大、毒性较大的是化学农药,其种类繁多,主要可分为有机氯和有机磷农药两大类。有机氯农药主要包括DDT、六六六、艾氏剂、狄氏剂等,有机磷农药包括马拉硫磷、对硫磷、敌敌畏等。此外还有酚、苯丙吡、油类及其他有机化合物。

(2)重金属及其他无机有毒物质。汞、镉、锌、铅、铜、铬、镍、铁、砷、硒、氟、氰等。

(3)土壤的 pH 值、全氮量、硝态氮量及全磷量等。

(4)有害微生物。如肠细菌、肠寄生虫卵、破伤风菌、结核菌等。

(5)放射性元素。如^{317}Cs、^{90}Sr。

(6)土壤理化性指标。对土壤化学物质积累、迁移转化影响较大的土壤理化性指标有:机械组成、元素组成、化学成分、母质、含水量、透水性、有机质含量、氧化还原电位、易溶盐类、黏土矿物等。

(三)评价标准选择

土壤中的化学物质必须通过食物链,即其产出的各种作物才能进入人体,而且土壤环境和人体之间的物质平衡关系较复杂。因此,确定土壤中化学物质的卫生标准难度较大。另外,土壤有其固有的地域成因,均一性差,这也是难以确定统一的土壤环境质量标准的主要原因。土壤环境质量评价一般选用如下标准。

1. 以区域土壤环境背景值为土壤污染评价的标准

区域土壤环境背景值是指一定区域内,远离工矿、城镇和道路(公路和铁路),无明显"三废"污染,也无群众反映有过"三废"影响,土壤中物质不仅仅在某一保证率下的含量。区域土壤环境背景值是较为常用的土壤环境质量评价标准,分为浅层背景值和深层背景值,浅层背景值适用于土壤环境质量的现状评价,而深层背景值由于反映土壤原生环境状况,适用于原生土壤环境质量评价。区域土壤环境质量背景值的计算式为

$$C_{0i}=\bar{C}_i\pm s \tag{4-1}$$

$$s=\sqrt{\frac{\sum_{j=1}^{n}(C_{ij}-\bar{C}_i)^2}{N-1}} \tag{4-2}$$

$$\bar{C}_i=\frac{1}{n}\sum_{i=1}^{n}C_i$$

式中,C_{0i}为区域土壤中第 i 种物质的背景值;C_{ij}为区域土壤中第 i 种物质的平均值;$\bar{C}_i$ 为区域土壤中第 i 种物质实测值的平均值;n 为统计样品数;s 为标准差;N 为统计样数。

样品实测值属正态分布时用上述方法求其背景值,如果属对数正态或偏态分布则用几何平均值乘除几何标准差表示。

$$背景值=\frac{M}{D}-M\times D \tag{4-3}$$

$$M=\ln^{-1}\left(\frac{1}{n}\sum_{i=0}^{n}\ln C_i\right) \tag{4-4}$$

$$D=\ln^{-1}\sqrt{\frac{1}{n-1}\left(\sum_{i=0}^{n}\ln^2 C_i-n\times\ln^2 M\right)} \tag{4-5}$$

式中,M 为样品实测值的几何平均值;D 为几何标准差。

一般对土壤环境质量进行简单的评价时,区域土壤环境背景值可借用邻近区域的数值,或借用与评价区土壤及其成土条件、利用方式相近似区域的数值。但进行土壤环境质量系统评价时,其环境背景值必须通过采样实测计算求得。

2. 以区域土壤对照点的化学物质自然含量为评价标准

区域性土壤自然含量是指在清水灌溉区内，选取与污灌区自然条件、耕作栽培措施大致相同而又未受污染的地区。对照点可选一个或几个，以对照点的有毒物质平均含量作为评价标准。以区域土壤中某污染物的平均值加减 2 倍标准差表示

$$C_i = \overline{C}_i \pm 2\bar{s} \tag{4-6}$$

该标准需寻找与研究区自然条件、土壤类型、利用方式均相同或相近的地区作为清洁对照点，要求严格，操作性较差。

3. 以土壤和作物中污染物质和积累的相关数量作为评价标准

土壤中某种污染物质的含量和作物中该种污染物积累量之间有一定的相关关系。农牧业产品与食品的卫生标准和污染分级是可以制定的，以这种卫生标准和污染分级推断土壤中该种污染物的相关含量和污染分级，并以此作为评价标准。我国农业部颁布的《中华人民共和国绿色食品执行标准(草案)》中，提出了绿色食品土壤质量标准，即绿色食品执行标准——土壤临界容量，见表 4-4。

表 4-4 绿色食品土壤质量标准

污染物	土壤临界容量/(mg/kg)		
	草甸褐土(北方)	草甸棕壤(北方)	红壤性水稻土(南方)
汞(Hg)	0.43	0.2	
镉(Cd)	2.8	2.0	1.1
铅(Pb)	800	300	
砷(As)	21	30	45
铬(Cr^{6+})	3.5	50	
铬(Cr^{3+})	500		
油	300	500	

这种方法是通过食物链把土壤中的污染物与人体健康联系起来制定评价的，它体现了土壤污染物危害人体健康的实际途径。从保护人体健康的最终目的而言是最科学的方法，但在短时间内要找出土壤和作物中某一元素的积累相关函数很难，且目前我国粮食卫生标准中只有 Hg、As 和 F 的卫生标准限值，其他元素尚无标准限值，还有待今后的继续研究和建立。

4. 国家土壤环境质量标准

一般来说，土壤环境质量评价应该选用国家颁布的《土壤环境质量标准》(GB15618—1995)，其中的土壤环境质量分类和标准分级见表 4-5，标准值见表 4-6。这是迄今为止最常用的标准，但由于它是早在 10 年前就制定的，已明显不符合现在的评价要求，表现在：

(1)含量限制方面太宽松，已有的区域地球化学调查资料显示，参照国家标准我国多数地区属于相对清洁区。

(2)应用国家标准可以确定土壤的生态功能和利用价值，却无法评价人类活动对土壤的污染影响及污染引起的元素累积程度。

(3)参与评价的项目太少(只有 10 种)，许多对人类和动植物影响较大的污染物没有列入

（如有机物、致癌物、氟、硒等非金属）。

(4)由于污染物对土壤的影响主要取决于有效态的多少，标准应采用有效态或有效态和总量表示。

表 4-5　土壤环境质量分类和标准分级

类别	土壤环境质量分类	标准分级		各级土壤环境质量执行的级别
	适用范围	级别	含义	
Ⅰ类	主要适用于国家规定的自然保护区（原有背景重金属含量高的除外）、集中生活饮用水源地、茶园、牧场和其他保护地区的土壤，土壤质量基本上保持自然背景水平	一级	为保护区域自然生态，维持自然背景和土壤质量的限制值	Ⅰ类土壤环境质量执行一级标准
Ⅱ类	主要适用于一般农田、蔬菜地、茶园、果园、牧场等土壤，土壤质量基本上对植物和环境不造成危害和污染	二级	为保障农业生产，维护人体健康的土壤限制值	Ⅱ类土壤环境质量执行二级标准
Ⅲ类	主要适用于林地土壤及污染物容量较大的高背景值土壤和矿产附近等地的农田土壤（蔬菜地除外）。土壤质量基本上对环境和植物不造成危害和污染	三级	保障农林业生产和植物正常生长的土壤临界值	Ⅲ类土壤环境质量执行三级标准

表 4-6　土壤环境质量标准值表（GB15618—1995）

元素		含量单位	Ⅰ级	Ⅱ级			Ⅲ级	超Ⅲ级
			自然背景	<6.5*	6.5～7.5*	>7.5*	>6.5*	
Cd		10^{-9}	≤200	200～300	200～300	200～600	<1 000	>1 000
Hg			≤150	150～300	150～500	150～1 000	<1 500	>1 500
As	水田	10^{-6}	≤15	15～30	15～25	15～20	<30	>30
	旱地			15～40	15～30	15～25	<40	>40
Cu	农田		≤35	35～50	35～100	35～100	<400	>400
	果园			35～150	35～200	35～200		
Pb				35～250	35～300	35～350	<500	>500
Cr	水田		≤90	90～250	90～300	90～350	<400	>400
	旱地			90～150	90～200	90～250	<300	>300
Zn			≤100	100～200	100～250	100～300	<500	>500
Ni			≤40		40～50	40～60	<200	>200
六六六(BHC)		10^{-9}	≤50	50～500			<1 000	>1 000
滴滴涕(DDT)				50～500				

注：1. * 为 pH 值含量范围。

2. 重金属（Cr 主要为三价）和 As 均按元素含量计，适用于阳离子交换量>5cmol(+)/kg 的土壤，若≤5cmol(+)/kg，其标准值为表内数值的半数。

3. 水旱轮作地的土壤环境质量标准，砷采用水田值，铬采用旱地值。

4. BHC 为四种异构体总量，DDT 为四种衍生物总量。

（四）土壤环境质量评价的数学模型

目前进行土壤环境质量评价多采用质量指数模型（单因子指数模型和多因子指数模型），目前应用最多的是尼梅罗综合指数模型。也可采用本书第二章中所述的其他模型，如模糊聚类模型、灰色聚类模型等。

（五）土壤环境质量分级分区

土壤环境质量评价的结果均是一些定量的综合质量指数，为了给这些定量的数字赋予质量状况的实际含义，就必须进行土壤环境质量的分级，并对区域土壤环境质量进行分区。一般采取下面几种分级法。

(1)根据综合质量指数 $P_{综}$ 值划分等级：一般 $P_{综} \leqslant 1$，为未污染；$P_{综} > 1$，为已污染。$P_{综}$ 值越大，土壤污染程度越严重。可根据 $P_{综}$ 值变幅，结合作物受害程度和污染累积状况，再划分轻度污染、中度污染和重度污染等级。

目前国内常见的分级数为四级和五级，其中四级分区见表 4-7，五级分区主要是根据中国绿色食品发展中心《绿色食品产地环境质量评价纲要》中的有关规定，其中，Ⅰ级和Ⅱ级适宜发展无公害食品生产（表 4-8）。

(2)根据土壤和作物中污染物累积的相关数量划分质量等级。但这种分级只能表示土壤中各个污染物的不同污染程度，还不能表示土壤总的质量状况。

(3)根据各种聚类分级法划分质量等级，方法已如前述。

表 4-7　土壤环境质量分级标准

等级划分	综合污染指数	污染等级	污染水平
Ⅰ	$P_{综} \leqslant 0.85$	非污染	清洁
Ⅱ	$0.85 < P_{综} \leqslant 1.7$	轻度污染	土壤轻污染，作物已受污染
Ⅲ	$1.71 < P_{综} \leqslant 2.56$	中度污染	土壤、作物均受中度污染，农产品中某些污染物含量超出食品卫生标准
Ⅳ	$P_{综} > 2.56$	重度污染	土壤、作物受污染已相对严重

表 4-8　《绿色食品产地环境质量评价纲要》中土壤环境质量分级标准

等级划分	综合污染指数	单项污染指数	污染等级	污染水平
Ⅰ	$P_{综} \leqslant 0.7$	$P_i \leqslant 0.7$	安全	清洁
Ⅱ	$0.7 < P_{综} \leqslant 1$	$0.7 < P_i \leqslant 1$	警戒级	尚清洁
Ⅲ	$1 < P_{综} \leqslant 2$	$1 < P_i \leqslant 2$	轻度污染	土壤污染物超过背景值，视为轻度污染
Ⅳ	$2 < P_{综} \leqslant 3$	$2 < P_i \leqslant 3$	中度污染	土壤、作物均受到中度污染
Ⅴ	$P_{综} > 3$	$P_i > 3$	重度污染	土壤、作物受污染已相当严重

注：P_i 为土壤中污染物 i 的污染指数；$P_{综}$ 为土壤污染综合指数。

第三节　应用实例——南昌市土壤环境质量评价①

一、南昌市概况

南昌是江西省省会，位于江西北部，长江南岸、赣江下游，滨临鄱阳湖，包括东湖、西湖、青

① 周爱国等，东部地区主要城市地质环境评价方法专题研究报告，2005.

云谱，湾里、郊区五区，辖南昌、新建、进贤、安义四县，总面积 7 400km^2，人口约 378 万。南昌市是国家历史文化名城，江西省政治、经济、科技、文化中心，全国 35 个特大城市之一，是一座有着悠久历史的江南古城，又是一座富有光荣革命传统的英雄城市。然而随着城市化、工业化进程的加快，以及周围矿山的开挖，城区和周边土壤环境质量下降，区内地壳表面出现元素分布异常的现象，近年来，南昌市郊列为恶性肿瘤高发区之一。土壤的污染严重危害着人类身体健康，制约着经济和社会的可持续发展。因此，开展南昌市土壤环境质量评价对于维持生态环境安全、保护人体健康以及制定有关环境保护政策有着重要的理论和实际意义。

该实例中所进行的土壤环境质量评价为狭义土壤环境质量评价，即土壤环境质量污染评价。

二、评价单元划分、采样、测试

（一）评价单元划分

由于研究区范围较大，地形较为平坦，土壤污染连续性较好，故评价单元划分采用正方形网格法。为了保证耕地图斑的资料信息量尽量不丢失，利用 1∶50 000 的城市土壤环境利用现状图，同时考虑到前期土壤采样中的单元划分是 0.5km×0.5km，测试数据分析时采用了四个样点综合分析为一个数据，即 1km^2 取一个监测数据。因此，最终将土壤环境质量评价单元划分为 1km×1km，单元数为 2 150。

（二）现场采样

1. 采样深度

由于评价为土壤环境质量污染现状评价，所以采取浅层取样，深度为 0～20cm。

2. 采样方法

(1)采样应以采集代表性样品为主要原则，采样位置的选择要合理。

(2)在农业区采样点应布置在农田、菜地、林(果)地、草地及山地丘陵土层较厚地带等；应避开明显点状污染地段、垃圾堆及新近堆积土、田埂等，采样点应离开主干公路、铁路 100m 以外；另外采样还应尽量避开施肥期。

(3)在城镇区采样前注意调查和访问，确定拟采集土壤的来源及土地使用情况。老城区采样位置可以选择在历史较长的公园、林地以及其他空旷地带等。在新城区(或开发区)选择在尚未开发利用的农用地带。

(4)为提高每个采样点上样品的代表性，应在采样小格中沿路线多处(3～5 处)采集或在格子中间部位多点(3～5 处)采集，合并为一个样品。

(5)采样时需去除表面杂物，垂直采集地表至 20cm 深的土壤，保证上下均匀采集。样品中应弃去动、植物残留体，砾石、肥料团块等。土壤样品原始质量大于 1 000g。

(6)采集的样品要防止玷污。新布袋及装过样品的布袋要经过洗涤，保证布袋干净。装过城区及可能有严重污染的工业区样品的布袋不能再次使用。样袋外均应套聚乙烯塑料袋隔开。

（三）测试

依照《土壤元素的近代分析方法》(中国环境监测总站编，1992)对土样进行全分析。

三、评价过程

（一）评价因子

南昌市土壤环境质量评价主要是针对南昌城市土壤污染状况，其评价指标要体现城市土壤对无公害蔬菜产品的安全、优质、富营养的特点和要求。由于影响土壤环境质量的指标因素很多，如果将每一项都要选作评价指标，不仅会增加实际调查的工作量，而且大量的实践经验证明也没有必要，只须从诸多指标中选取少数几个能够真实反映土壤污染的评价指标即可。根据评价指标的选取原则、数据资料的获取情况，选取指标有如下 13 种。

(1)重金属七种：Cd、Cr、Cu、Hg、Ni、Pb、Zn；

(2)无机元素三种：F、Se、As；

(3)有机元素三种：Cl、P、S。

(二)评价标准

通过第二节关于标准的论述，采用《土壤环境质量标准》(GB15618—95)或土壤环境背景值较为合理。由于国家标准参加评价的因子数较少，且早在十年前制定，与现状存在一定的差距，故选择土壤环境质量背景值作为评价标准。南昌市土壤环境质量背景值如表 4-9 所示。

表 4-9 土壤环境质量背景值 (单位：mg/kg)

元素	背景值	元素	背景值	元素	背景值	元素	背景值	元素	背景值
As	10.041 7	Cd	161.883 7①	Cl	56.620 5	Cr	71.732 0	Cu	24.853 2
F	478.966 7	Hg	132.098 2②	Ni	24.099 9	P	598.860 2	Pb	32.503 7
S	0.031 8	Se	0.264 2	Zn	71.625 4				

注：①②表示该数据单位为 μg/kg。

(三)评价模型

采用单因子指数和尼梅罗综合指数模型进行评价。计算公式如下

$$P_i=\frac{C_i}{S_i} \tag{4-12}$$

$$P_{综}=\sqrt{\frac{(P_{imax})^2+(\overline{P}_i)^2}{2}} \tag{4-13}$$

式中，P_i 为土壤中污染物 i 的污染指数；C_i 为土壤中污染物 i 的实测浓度；S_i 为土壤中污染物 i 的评价标准；$P_{综}$ 为土壤综合污染指数；P_{imax} 为污染物中最大污染指数；$\overline{P}_i$ 为土壤各污染指数平均值，$\overline{P}_i=\frac{1}{n}\sum_{i=1}^{n}P_i$。

(四)分级分区

分级分区采用五级分区法，具体分级标准见表 4-8。

四、评价结果

单因素评价和综合指数评价结果分别见表 4-10、图 4-3 和图 4-4。

表 4-10 单因素评价结果单元数统计

污染等级	Cd	As	Cr	Cu	Hg	Ni	Pb	Zn	F	Se	Cl	P	S
安全	718	428	268	134	1 019	178	222	181	82	315	233	219	360
警戒	651	767	731	1 039	486	873	1 034	1 093	1 155	989	1 157	1 005	803
轻度污染	682	917	1 149	965	514	1 097	878	864	907	806	726	899	955
中度污染	64	32	2	7	86	2	11	9	5	28	19	27	23
重度污染	35	6	0	5	45	0	5	3	1	12	15	0	9

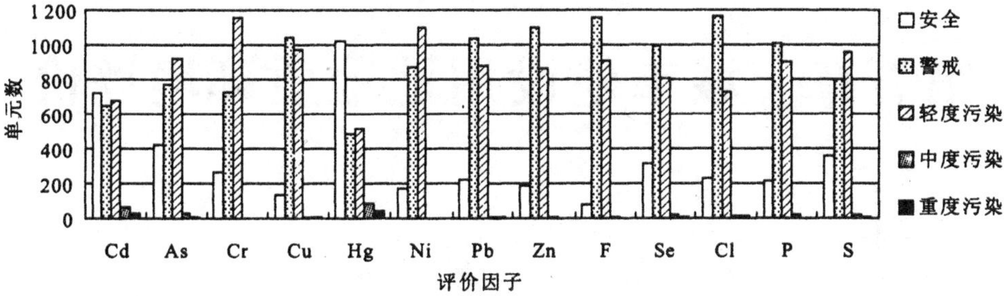

图 4-3　单因素评价结果

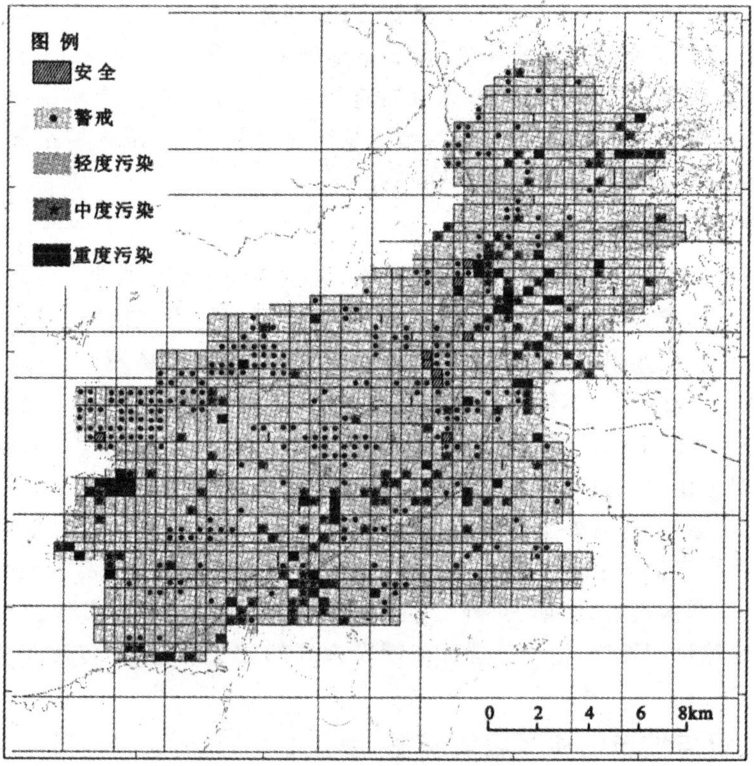

图 4-4　综合指数评价结果

从表 4-10 和图 4-3 可以看出，各种元素都产生了一定的污染，其中 Hg、Cd、As 污染程度相对严重些。由图 4-4 可知，污染区主要集中于市区东南部，主要为化工、冶金等工业废弃物造成的污染。所以，在今后的环境监测和治理中应加强对工业废弃物达标排放程度的监控以及重金属元素的污染治理研究。

第五章　城市建设用地地质环境评价

第一节　概　述

城市是人类文明的标志，随着人类社会的进步和科学技术的飞速发展，城市(镇)化进程越来越快。现代人类活动已经成为强大的地质营力，强烈地参与到自然地质作用之中，共同作用于地质环境，打破了地质环境的原有平衡，使城市地质环境所受的影响和压力与日俱增，目前，我国在城市建设发展中已出现大量地质环境问题和地质灾害。在城市建设中，如何在不导致地质环境恶化的前提下，科学合理地利用城市宝贵的土地资源，已成为城市面临的紧迫问题。由此，开展城市建设用地地质环境评价势在必行。

一、城市建设用地的概念

城市建设用地广义上指城市当中建造建筑物、构筑物的土地。根据国家标准《城市用地分类与规划建设用地标准》(GBJ137—90)的规定，城市建设用地应包括城市用地分类中的居住用地、公共设施用地、工业用地、仓储用地、对外交通用地、道路广场用地、市政公用设施用地、绿地和特殊用地九大类用地(不包括水域和其他用地)。城市建设用地地质环境评价所针对的建设用地范围与上述国家标准(GBJ137—90)规定略有不同，它主要是指那些稳定性受地质环境影响较大，或对地质环境具有明显扰动的城市建设用地类型。具体包括居住用地、公共设施用地、工业用地、仓储用地、对外交通用地、道路广场用地等，其地基一般建造于地壳表层一定范围内，主体工程位于地表以上。因此，地质环境评价中所面向的城市建设类型并非包括城市当中的所有建筑物和构筑物，例如“对外交通用地”当中的港口用地，市政公用设施当中的供水、供电地下管道铺设用地等，由于其选址或铺设方式的社会属性，不包括在评价所针对的建设用地类型范围之内。

二、城市建设与城市地质环境的关系

建筑于一定地质介质上的各类城市建筑物，其巨大的负荷必将产生巨大的静压力，从而打破原有的力学平衡，使周围地质环境发生潜移默化的变化，变化的结果反过来又影响建筑物的安全稳定，形成建筑物与环境之间极为复杂的相互作用过程。城市建设与地质环境之间的关系主要体现在城市建筑物地基条件、地下空间利用、地质灾害整治、废物处理、供水工程以及天然材料等诸多方面。

由于自然界岩土的复杂性，其成因、埋葬条件、物质成分、结构构造、物理状态、力学性质的多变性导致地基条件(天然的、人工的)千差万别，而城市建筑物的建造，也使地基中原有的应力状态发生变化。针对地基的变形和强度问题，地基基础设计必须满足两个条件：一是作用于地基的荷载不超过地基的承载能力，保证地基在防止岩体破坏方面有足够的安全储备；二是控制基础沉降使之不超过地基变形允许值，保证建筑物不因地基变形而损坏或者影响其正常使

用。故应针对不同类型的地基，如基岩地基，土质地基，特殊地基或区域性地基(膨胀土地基、黄土地基、软弱地基及溶洞、土洞和红黏土地基等）以及部分地区的多年冻土地基和盐渍土地基等，进行其变形及强度等工程性质因素的深入细致研究。

随着城市建设的发展，建设用地越来越紧张，国内外许多大城市都在向地下空间发展，如建设隧道、地铁、地下商场、地下停车场、地下污水处理厂和其他地下设施等。地下建筑物的安全直接受制于地下洞室的围岩与土体的稳定性，影响主要体现在地下洞室的位置、方向选择，洞室支、衬结构设计以及施工条件和施工方法选择等，围岩地质构造的复杂程度和地下水的活动情况也在很大程度上影响地下工程施工难度及工程造价和工程质量等。

城市建设的特点，使得城市地区及其周边的地质灾害特别是人为地质灾害发生的概率比其他地区高得多，造成的损失特别大。城市建设中大量的开挖、排放水等，可诱发和加重地质灾害。因此，为了保证城市建设经济、安全、顺利地进行，必须查明拟建建筑物周围的灾害地质环境及其在建筑物施工、运营过程中的变化，以采取适当的措施。

城市的建设与发展离不开水源。地表水和地下水是城市供水的两大水源。地下水资源的赋存、运动、开采条件等都与地质环境密切相关，因此，在城市供水工程建设时，必须充分考虑该地区的水文地质条件，预测评价城市建设和开采地下水对水文地质环境的影响，合理选择开发水资源的技术方案。

此外，在城市废物处置及城市建筑材料的供应方面也应充分考虑地质环境条件。

三、城市建设用地地质环境评价的概念

城市建设用地地质环境评价是地质环境评价的一个子类，它基于城市土地开发建设的目的，对城市地质环境的优劣程度进行描述，即按照是否有利于城市建设的评价原则和标准，对一定时期城市范围内的地质环境质量或地质环境所能承受人类建设活动的能力进行说明、评定和预测。目前，城市建设用地地质环境评价可分为建设用地地质环境适宜性评价、建设用地地质环境承载力评价两类。

第二节　评价原则及程序

一、评价原则及依据

在城市建设用地地质环境评价的各个环节，应遵循以下主要原则。

1. 适宜性与限制性相结合原则

适宜性是指城市建设用地对工程建设的适宜程度。相反，限制性则指对城市工程建设的限制性程度，它们是城市建设用地地质环境质量的两个不同侧面。评价时必须将两者紧密结合起来，这是城市建设用地评价的基本原则。

2. 评价结果可比性原则

不同地域的城市建设用地地质环境质量的主要影响因子可能不同，为了克服地域差异所造成的城市建设用地地质环境质量的难以可比性，在参评因子选择上，首先选择影响全区建设用地地质环境质量的具有共性的主要因子，并尽量采用统一的评价标准进行评价。

3. 持续利用原则

城市建设用地地质环境质量评价需考虑城市土地资源在长期持续利用条件下的适宜性。

因此，在评价中应注意到土地用途改变引起的土地性状变化，以及引起土地退化和土地污染的可能性。

4. 生态优先原则

生态优先原则就是指在进行城市的规划和建设时，对研究区域内自然生态景观资源（包括原始历史文化遗迹，自然保留地、森林、草原、荒野、河流、湖泊以及具有一定生态敏感度的自然斑块等）需要加以保护，从而最大限度地避免城市建设对区域生态环境的影响和破坏。将生态优先原则引入城市建设用地地质环境质量评价，在城市规划建设的基础阶段，不仅仅要根据工程地质条件来判断建设用地的适宜或不适宜，而且也要根据区域内各种自然生态景观资源和各生态要素之间的关系以及区域生态系统的稳定和发展来确定其适宜性，从根源上控制和减少人类活动对生态系统的不利影响，促进城市建设和生态建设协调发展。

5. 综合分析与主导因素相结合原则

城市建设用地是自然经济综合体，构成这个综合体的各个要素（如地形地貌、土层结构、地下水埋深、地层构造等）所起的作用各不相同。城市建设用地地质环境质量取决于各个要素综合作用的结果。因此，评价时必须先进行综合分析，在此基础上找出影响城市建设用地地质环境质量的因子集，然后根据各因子的影响程度，分别给予不同权重，并从中找出起主要作用的因子，只有这样，才能做出客观实际的评价，使评价结果具有科学性和实用性。

二、评价程序

首先，对国内外城市地质环境评价方法进行总结与综合分析，研究并提出合理的评价方法；对将要进行评价研究的城市的地质环境信息进行分类，建立反映地质环境信息的评价指标体系，同时提取指标性状数据；进一步确定单元划分方法和评价因子权重；然后对研究城市进行评价。

评价流程如图 5-1 所示。

第三节　城市建设用地地质环境评价分类

依据评价对象和评价内容，可将目前所进行的城市建设用地地质环境评价分为：城市建设用地地质环境适宜性评价、城市建设用地地质环境承载力评价。

一、城市建设用地地质环境适宜性评价

城市建设用地地质环境适宜性评价是研究城市当用一定类型的土地作为特定用途使用时的优劣程度，即将土地地质环境质量与特定的土地利用类型对土地地质环境质量的要求进行比较，以确定土地的地质环境适宜程度。

城市建设用地地质环境适宜性评价主要是围绕安全与经济两个方面进行的。其中，安全是首要因素，在安全的基础上，寻求功能区的配置与地质环境相适应，以获得最佳的经济效果。不进行必要的地质论证，盲目地将新城市地址选定在潜在的地质灾害体上，会给城市建设带来永久性的隐患，会大量增加地质灾害处置的投入。巴东县新城城址选在老滑坡体上，就是一个例子。已有的城市进行规划时，同样需要将地质安全放在首位，这方面深圳市的教训是值得汲取的。早在 1986 年以前，地质部门已经查明了活动性的深圳断裂带，但是城市规划仍然将高

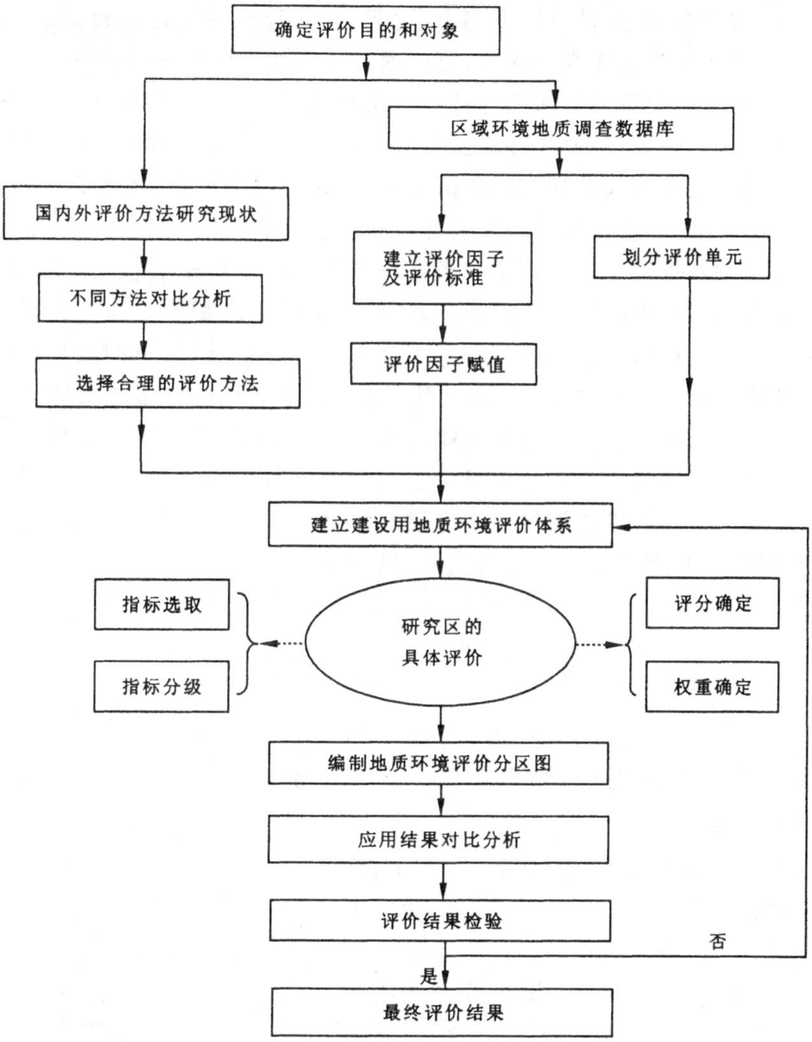

图 5－1　城市建设用地地质环境评价流程图

层楼宇林立的商贸中心区布置在断裂带上，造成十分被动的局面。广州新白云国际机场建立在覆盖型岩溶发育带上，存在岩溶塌陷的隐患。类似的忽视地质条件进行盲目建设的例子，不胜枚举。

建设用地地质环境适宜性评价，是城市地质工作的中心任务和主要内容，也是城市总体规划中的一项重要基础性工作，它可为城市用地的合理布局和优化配置提供科学依据，促进城市土地的集约高效利用，有利于改善城市土地利用结构，更好地发挥城市总体功能。

二、城市建设用地地质环境承载力评价

城市建设用地地质环境承载力是指在一定时期的城市范围内，一定的环境目标下，维持城市地质结构不发生质的改变，地质环境朝着有利于人类社会、工程建设活动发展的前提下，城市地质环境所能承受的城市建设荷载的最大能力。城市建设用地地质环境承载力具有以下特

点。

(1)它是一客观存在的量，是可以准确衡量的。它是针对城市地面建筑的地质环境结构、功能特征的反映，其质和量是客观存在的，可以通过一定的方法来准确计量。

(2)具有可控性。人类可通过掌握这种相对的承载力，调控社会发展中人类活动的强度，根据生产和生活的实际需要，对地质环境进行有序的开发、利用和改造，从而可以使地质环境承载力在质和量两方面朝着人类预定的目标变化，以保障人类社会、经济活动的可持续发展。

在实际评价过程中，可采用容积率来表征地质环境承载力的大小，容积率代表了城市建设活动的强度。选用区域平均建筑容积率和最高容积率两项指标来表征，其中区域的平均容积率体现不同承载力地区平均的建筑密度和层高，而区域最高容积率则作为该区域单幢建筑物的最大容积率值。无论单幢建筑物的最大容积率有多大，整个区域范围内平均容积率必须保持均衡。以上两项指标都是有关容积率的上限，是保证区域地质环境承载能力不至于遭到破坏的极限。而容积率的下限在政府和开发商的实际工作中，由市场确定最优化方案。

城市建设用地地质环境承载力评价通过客观地分析城市的地质环境承载能力，积极探索协调人类建设活动与地质环境之间的相应途径和提高地质环境承载能力的方法，维持整个城市的可持续协调发展，并能为城市的合理决策、科学规划提供依据。

第四节 应用实例①

一、南昌市城市建设用地地质环境适宜性评价

(一) 南昌市概况

南昌市位于江西省北部，长江南岸、赣江下游，滨临鄱阳湖，包括东湖、西湖、青云谱、湾里、郊区五区，辖南昌、新建、进贤、安义四县，总面积 7 400km²，人口约 378 万。如图 5－2 所示。研究范围为南昌市 2020 年规划区。

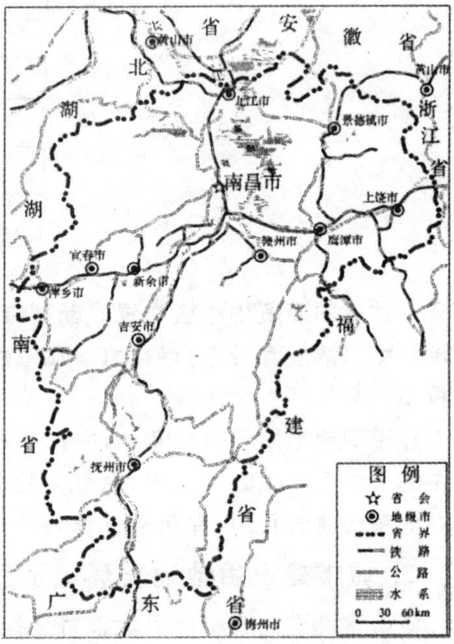

图 5－2 南昌市交通位置图

(二)评价指标

1. 敏感因子

敏感因子有地形坡度和土地利用现状。地形坡度的状态为大于等于 30°；土地利用现状的状态为森林、水源地、露天采矿区。

在对南昌实际情况作进一步了解的基础上，并与南昌市有关地质专家共同研究，敏感因子中水源地和露天采矿区在南昌市体现并不明显。同时，由于梅岭风景区的存在，决定将敏感因子中的土地利用现状内容修改为森林和风景区，见表 5－1。

① 周爱国等，东部地区主要城市地质环境评价方法专题研究报告，2005.

表 5-1　南昌市敏感因子及其评价标准

敏感因子	地质环境质量状态(不适宜Ⅴ)
地形坡度	≥30°
土地利用现状	森林、风景区

2. 重要因子

重要因子初步确定有地形坡度、基岩埋深、地面下 2～3m 的承载力状况、特殊性土层厚度、地下水埋深、土地利用现状。

考虑到南昌市地势相对较低,外洪内涝对城市建设有一定的影响,在地形地貌评价因子中增加了平均高程评价指标;在南昌市的工程地质条件中考虑到黏性土层厚度对城市建设的影响也较为突出,且原始性状数据也能够获取,故工程地质条件中增加了黏性土层厚度因子;另外,认为土地利用现状因子对建设用地评价的影响甚微,因而去掉了该因子。

综上,重要因子有:地形坡度、平均高程、基岩埋深、地面下 2～3m 的承载力状况、黏性土层厚度、特殊性土层厚度、地下水埋深共七个评价指标因子,见表 5-2。

表 5-2　南昌市重要因子及其等级划分

评价因子		地质环境质量状态分级			
		适宜(Ⅰ)	较适宜(Ⅱ)	基本适宜(Ⅲ)	较不适宜(Ⅳ)
地形地貌	地形坡度/(°)	3	8	12	20
	平均高程/m	33	29	25	23
工程地质	基岩埋深/m	3	10	20	30
	承载力(2～3m)/kPa	350	250	150	100
	黏性土层厚度/m	1	3	5	8
	特殊性土层厚度/m	2	5	10	15
水文地质	地下水埋深/m	20	10	5	2

注:最高洪水位为 25 m。

3. 一般因子

一般因子包括:斜坡高度、地面平均高程、地基土均匀性、地下水的腐蚀性、地质灾害、河流侵蚀问题、人类活动对环境的影响等。

(三) 评价单元划分

采用正方形网格剖分法将南昌市城市规划评价区划分为 4 992 个评价单元,见图 5-3。

(四)评价因子定权

南昌市采用层次分析法进行评价因子定权。经敏感因子分析后确定的最终权重见表 5-4。

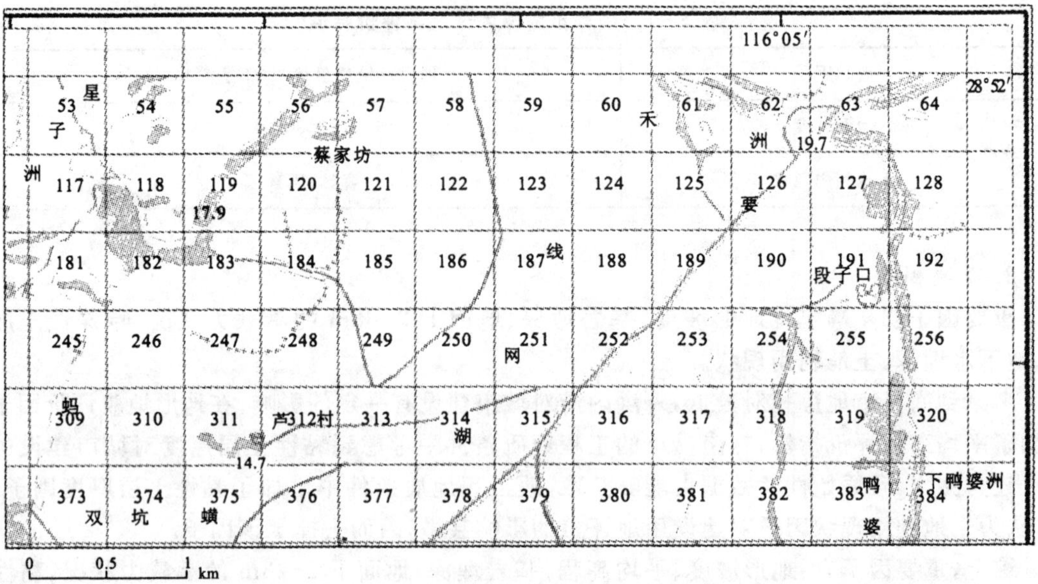

图 5-3　南昌市城市规划区评价单元示意图

表 5-4　南昌市城市建设用地地质环境评价指标权重

评价因子	坡度	地面平均高程	黏土层厚度	第四系厚度	承载力（2～3m）	特殊土层厚度	地下水埋深
权重	0.118	0.094	0.108	0.122	0.244	0.208	0.106

（五）评价结果与分析

通过编写模糊综合评价系统 CityGeology 来进行计算，将评价结果统一整理汇总。

在 MAPGIS 平台上绘成评价分区图，见图 5-4。该图可以体现规划区内的城市建设用地地质环境适宜性的差异。

南昌市地质环境质量基本适宜、较适宜和适宜区主要分布在城市中心区外围及城郊地区，如南边的冈上镇、莲塘镇、向塘镇，东边的罗家镇、麻丘镇等。该区域主要分布着较好的地质条件，为厚度约 20～40m 的三个沉积旋回：第四纪黏土层、砂层和冲积砂砾石层。以象湖—抚河公园、青山湖—艾溪湖风景区、沙子岭公园及周边绿化为主体，构筑城市绿化体系；启动莲塘地区、长陵地区、罗家地区的城市化建设；拓展昌九工业走廊的产业布局，把向塘、民和、龙津—鼎湖逐步建设成县级市，建设 12 个农村重点小城镇等。

南昌市地质环境质量较不适宜区主要分布于部分梅岭风景区、赣江抚河两江交汇处、老城区和西山王村与冈上镇之间区域。这主要是因为：该区域的地质条件较差，全市平均海拔 25m，城区地势偏低洼、平均海拔 22m。同时，城区重复建设的难度较大。

南昌市地质环境质量不适宜区域主要在梅岭风景区和部分河岸带，该区域主要是风景保护区、软土分布区，区内第四系主要为赣江、抚河冲积层和近鄱阳湖区形成的三角洲，冲积层厚度为 10～50m；且在西北山地地区和东南部丘陵区，发育有崩坡、滑坡、类泥石流，见两处地面

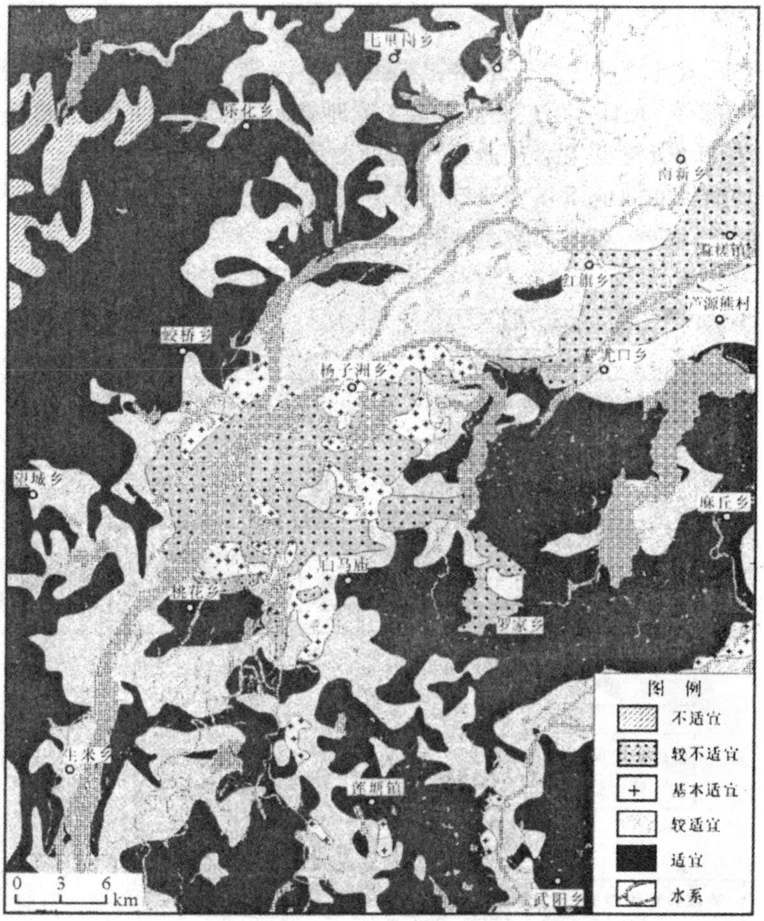

图 5-4 南昌市城市建设用地地质环境适宜性评价分区图

裂缝等地质灾害。

从图 5-4 的评价图看出，四种评价模型的评价结果等级从“基本适宜”到“适宜”的评价区(评价单元)面积均超过 75%，结果显示南昌市城市建设用地地质环境质量整体较好。南昌市地貌以平原为主，平原面积约占市域总面积的 35.8%；东南地势平坦、西北丘陵起伏较小，岗地低丘面积约占总面积的 34.4%；水域面积约占全市面积的 29.8%。由此可以看出：评价结果符合实际情况。

二、九江市城市不同功能目的的地质环境评价

目前我国城市环境地质工作已经取得了很大的进展，但大部分城市在进行地质环境评价时多没有区分城市的不同功能目的，将城市的所有建筑作为笼统的一个类别，整个城市地质环境评价采用一个评价指标体系，而针对城市地区进行不同功能目的的地质环境评价，做的工作则较少。随着城市建设规模及其功能类型的不断扩大和完善，城市规划面临着功能分类不断增加、区域划分不断细化的趋势，以往进行的城市建设用地地质环境评价的单一评价指标体系不能满足城市规划的这一发展趋势，这就从客观上要求城市地质环境评价工作应随着城市功

能区划的不断细化进一步完善和改进，下面以九江市为例进行城市不同功能目的的地质环境评价。

九江市位于江西省北部，北临长江，南接庐山风景区，市区地形复杂。市区位于九江—靖安断裂带，2005 年 11 月 26 日，九江发生了 5.7 级地震；除此以外，九江还长期受到长江水患的困扰，因此，九江市城市建设用地对地质环境的敏感性较强。

九江市不同功能目的的地质环境评价仍采用层次分析定权法，规则单元划分法及敏感因子-模糊综合评判数学模型，其技术路线见图 5-5。

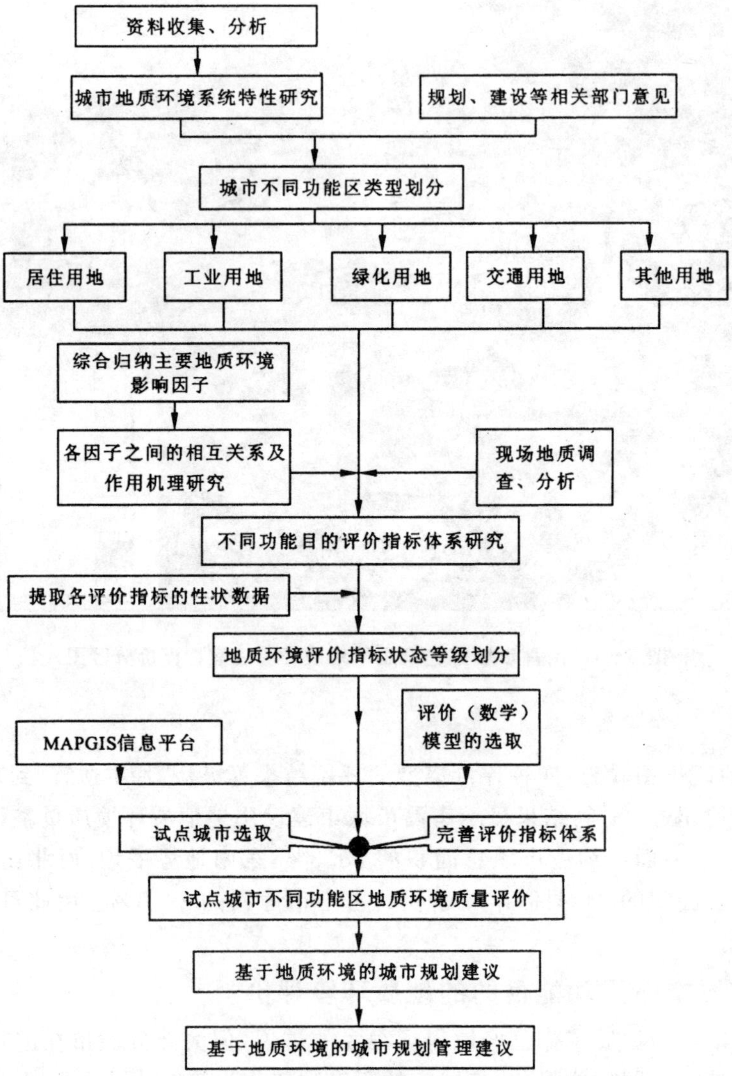

图 5-5　九江不同功能区地质环境评价技术路线框图

(一)九江市建设用地功能分类

城市的功能区是城市内部各功能(职能)活动的分布空间及其相应产生的区域分异。它受自然、社会、历史、经济诸多因素影响，随城市的发展而形成。功能区因城市的性质、规模而不同。发达国家大城市内部一般分中心商业区、行政区、文化区、居住区、游憩区等。中小城市特别是不发达地区小城市功能分区相对简单或不明显。城市用地功能区合理组织与划分，是城市地域结构分化的客观要求，其保证城市各项活动的正常进行。

功能区类型的正确划分是进行不同功能区地质环境质量评价的前提和基础。我国在1991年颁布了由原城乡建设环境保护部主要制定、建设部批准的《城市用地分类与规划建设用地标准》(GBJ137—90)。其分类总体上是从社会属性层面上进行的，对地质问题的考虑仅局限于地基的直接承载能力。实际上，地质环境对城市建设的影响是较为复杂的，除工程地质因素外，还需考虑水文地质、地质灾害、生态环境等自然因素及城市建设状况和城市环境质量等人为条件。同时，很多建设用地的划分是大区域的，某种规划区域内是多种功能并存的，特别是居住用地与文体教等公共设施用地就属此种情况，故此种分类并不合理。

通过对城市建设类型的分析，本研究中将城市建设用地类型划分为五类功能区，其所含的城市用地类型见表5-5。

表5-5　城市不同功能区类型划分结果

类型序号	代号	类型名称	所含城市用地类型
第一类	RC	居住及公共设施用地	居住用地、公共设施用地
第二类	MW	工业及仓储用地	工业用地、市政公用设施用地、仓储用地
第三类	EG	生态绿化用地	公共绿地、生产防护绿地、专用绿地、园地和林地
第四类	SU	城市配套功能用地	对外交通用地、道路广场用地、水源地、垃圾填埋场
第五类	O	其他用地	机场用地、港口用地、农业生产用地、特殊用地

(二)不同功能区评价指标

确定参与地质环境评价的地质环境要素及因子是进行地质环境综合评价的前提。城市建设用地的布设同地质环境因子之间有着相互作用的关系：一方面，城市地质环境因子的状况影响着城市建设构筑物的安全与稳定；另一方面，城市建设构筑物的布设施工与使用也不可避免地影响到城市的地质环境，甚至会导致出现地质环境问题。城市建设用地地质环境适宜性评价就是要综合考虑这种相互作用，通过定权、评价因子数据等级划分等手段来平衡这种作用，在评价结果当中展示这两种作用的适宜结合模式。

1. 工业及仓储用地地质环境评价指标

根据不同功能区类型的划分结果，工业及仓储用地包括工业用地、仓储用地和市政公用设施用地。结合九江市城市总体规划中的工业及仓储用地与其地质环境条件相互关系，选择如下敏感因子和重要因子作为评价指标。

(1)敏感因子。考虑到工业及仓储用地地质环境质量要求及九江市的实际条件，选择地形坡度、地质灾害作为敏感因子，见表5-6。地质灾害对于城市建设而言具有决定性制约作用，只要某个评价区域内存在严重的地质灾害隐患(如地裂缝、地面塌陷、滑坡等)，无论其他条件多么好，该评价区的总体环境质量仍旧是差；另外，九江市地形变化大，地貌较为复杂，地形坡度会影响工程的施工，耗费大量的资金。

表 5-6　九江市工业及仓储用地敏感因子及其评价标准

敏感因子	地质环境质量状态
地形坡度	≥30°
地质灾害	极强烈

(2)重要因子。对九江市工业及仓储用地建立如下评价指标体系并进行了性状数据等级划分，见表 5-7。工业用地应布设在城市的下风向位置；九江市地形地貌条件较复杂，坡度和平均高程对于工程的施工有很大的影响；工业及仓储用地的构筑物一般是中低层建筑，对地基承载力的要求也比居住及公共设施用地低；考虑到工业用地对周边的水环境会造成一定污染，因此选择了地下水埋深、地下水易污指数和距离地表水体远近三个评价指标；地质灾害及环境工程地质问题直接影响着该区域地质环境条件的好坏，是必须考虑的因子；另外作为工业及仓储用地，要考虑原料及产品输入输出的交通便利性，因此指标中还包含了道路通达度。

表 5-7　九江市工业及仓储用地地质环境评价因子及其等级划分

评价因子	评价指标 级别状态 / 地质环境质量分级	适宜	较适宜	中等适宜	较不适宜	不适宜
气象	下风向位置(赋值)	下风向	中下风向	中部	中上风向	上风向
		≥80	70～80	50～70	40～50	<40
地形地貌	坡度/(°)	≤3	3～8	8～12	12～15	>15
	平均高程/m	≥25	21～25	19～21	17～19	<17
工程地质	天然地基承载力/kPa	≥200	180～200	150～180	100～150	<100
水文地质	地下水埋深/m	≥10	5～10	3～5	1～3	<1
	地下水防污指数	低	较低	中等	较高	高
		≤75	75～100	100～125	125～150	>150
	距离地表水体远近(赋值)	≥80	60～80	40～60	20～40	<20
交通区位	道路通达度(赋值)	≥80	70～80	60～70	50～60	<50
其他	地质灾害及环境工程地质问题(赋值)	不发育	稍发育、不强烈	稍有发育	较强烈	极强烈
		≥4	3～4	2～3	1～2	<1

2. 居住及公共设施用地地质环境评价指标

根据不同功能区类型的划分结果，居住及公共设施用地包括居住用地和公共设施用地，结合九江市城市总体规划中居住及公共设施用地与其地质环境条件之间的相互关系，得出该功能用地的评价指标。

(1)敏感因子。选择对居住及公共设施用地有关键影响作用的环境因子作为敏感因子：地形坡度、地质灾害、特殊土厚度，见表 5-8。地质灾害是任何城市功能建设都应考虑的因素，地形坡度过大会影响建筑物的施工。这里所提到的居住及公共设施用地一般指中高层建筑，特殊性土的厚度会影响建筑物的地基稳定性，从而造成建筑物的安全性得不到保障，采取措施进行处理的费用较高。

表 5-8　九江市居住及公共设施用地敏感因子及其评价标准

敏感因子	地质环境质量状态(不适宜Ⅴ)
地形坡度	≥30°
地质灾害	极强烈
特殊土厚度	≥20m

(2)重要因子。对九江市居住及公共设施用地建立了如表 5-9 所示的评价指标体系，并进行了性状数据等级划分，其中考虑到居住用地应布设在城市的上风向位置，以免受到来自上风向的污染物影响；与工业及仓储用地一样，坡度和平均高程也影响着居住及公共设施用地建设工程的施工难易程度和资金耗费；由于现在居住建筑物多为高层，对地基承载力的要求相对较高，同时还要考虑到特殊性土的厚度、基岩埋深和地下水埋深，其中地下水埋深对建筑物地基稳定性也有很大影响；地质灾害及环境工程地质问题直接影响该区域地质环境条件的好坏，也是必须考虑的因子。

表 5-9　九江市居住及公共设施用地地质环境评价因子及其等级划分

评价指标 / 级别状态 / 评价因子	地质环境质量分级	适宜	较适宜	中等适宜	较不适宜	不适宜
气象	上风向位置(赋值)	下风向	中下风向	中部	中上风向	上风向
		≥80	60～80	40～60	20～40	<20
地形地貌	坡度/(°)	≤5	5～10	10～15	15～20	>20
	平均高程/m	≥25	21～25	19～21	17～19	<17
	地基承载力/kPa	≥400	350～400	300～350	250～300	<250
	特殊土厚度/m	0	0～5	5～15	15～25	>25
	基岩埋深/m	≤3	3～10	10～20	20～30	>30
水文地质	地下水埋深/m	≥10	5～10	3～5	1～3	<1
其他	地质灾害及环境工程地质问题(赋值)	不发育	稍发育、不强烈	有发育	较强烈	极强烈
		≥4	3～4	2～3	1～2	<1

(三)定权及评价单元划分

1. 定权结果

在敏感因子分析的基础上，经过专家咨询、协商，层次分析定权，得出如下九江市两种功能用地的定权结果，见表 5-10、表 5-11。

表 5-10　工业及仓储用地地质环境质量评价指标权重表

评价指标	下风向位置	坡度	平均高程	地基承载力	地下水埋深	地下水防污指数	距离地表水体远近	道路通达度	地质灾害
权重	0.135 1	0.202 3	0.050 5	0.219 3	0.066 5	0.171 4	0.038 4	0.029 1	0.087 4

表 5-11　居住及公共设施用地地质环境质量评价指标权重表

评价指标	上风向位置	坡度	平均高程	地基承载力	特殊土层厚度	基岩埋深	地下水埋深	地质灾害
权重	0.083 5	0.194 2	0.032 6	0.313 2	0.156 5	0.061 0	0.044 6	0.114 4

2. 评价单元划分

在进行城市工业及仓储用地、居住及公共设施用地地质环境质量评价时，此时采用正方形网格剖分法更加简便合理。九江市虽是一个平原丘陵型城市，但其地质结构比较简单，评价因子性状较为均一，采用正方形网格剖分法能更方便地提取评价因子的性状数据，同时还可根据地质条件复杂程度放大或缩小评价单元。因此，综合考虑决定采用正方形网格剖分法将九江市评价区域分成 1 277 个评价单元，图 5-6 所示为评价区西北部官湖组团评价单元划分结果，评价单元大小为 500m×500m。

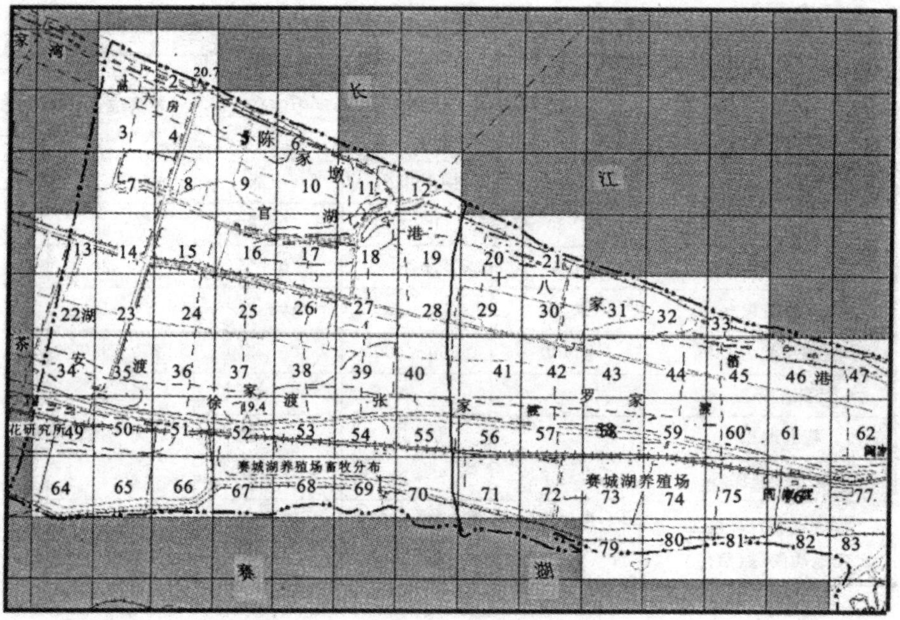

图 5-6　九江市单元划分示意图

(四)评价结果与分析

1. 工业及仓储用地

依据上述评价指标与方法对九江市规划区进行地质环境质量评价，并基于 MAPGIS 平台绘成地质环境质量评价分区图(图 5-7)，该图可以体现九江市规划区内进行工业及仓储用地建设的地质环境适宜性差异。

根据九江市评价区域的具体地质环境状况，对上述评价结果进行分析评定。

九江市工业及仓储用地地质环境质量好及较好的区域主要分布于评价区北部的浔阳组

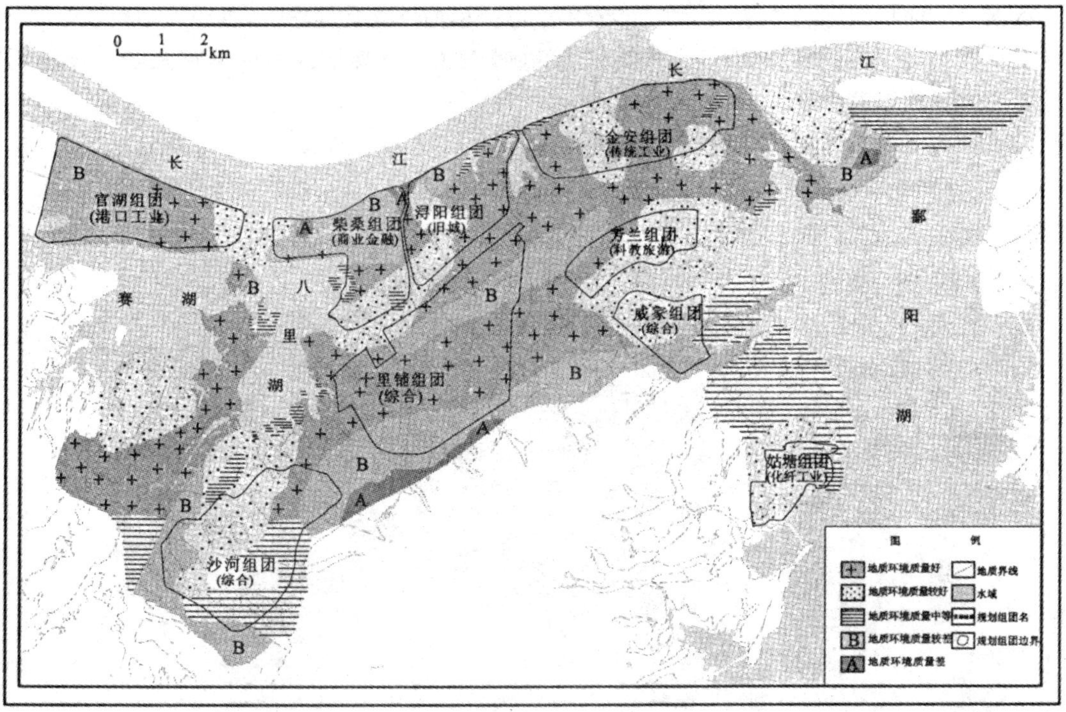

图 5-7　九江市工业及仓储用地地质环境评价分区图

团、金安组团、柴桑组团，中部的十里铺至大桥乡一带以及赛湖周边地区。约为 210km²，占评价区总面积的 66%。如赛湖周边区域为冲积平原，地基承载力中等，处于九江市主风向中部、下部位置，避免了污染主城区。该处地质灾害不发育。

地质环境质量中等区主要分布在评价区的沙河组团、东部威家—姑塘一带和东北部梅家洲一带。区域面积约为 40km²，占评价区总面积的 12.5%。如东部威家—姑塘一带为侵蚀堆积阶地，位于丘陵城岗间的沟谷洼地之中，阶面平坦，微向河床倾斜。地基承载力中等，地下水易污性较高，处于城市主风向的一侧，基本适宜进行工业及仓储用地的布设。

地质环境质量较差区主要分布在位于评价区西北部的官湖组团、柴桑组团、十里铺一带、凤凰山—庐山风景区以及西南部岳家村—南昌铺一带。区域总面积约为 64.5km²，占总面积的 20%。这些区域均不适宜布设为工业及仓储功能区，或需要进行相应的工程整治后才能布设为工业及仓储用地。如管湖组团和十里铺一带均因地质灾害发育而较不适于布设为工业及仓储用地，其中十里铺一带主要是由于岩溶发育较为强烈。

地质环境质量差区主要分布在市区南部的庐山北麓红旗乡一带，区域面积约为 4.5km²，占评价区总面积的 1.5%。平均高程一般为 100～210m，山脉呈 NE 走向，顶尖脊窄，坡陡谷深，坡角一般为 25°～30°，地形陡峻，起伏大，工程施工成本及难度大，不适宜布设工业及仓储用地，或在采取削坡及相关边坡的防治措施后再进行工业及仓储功能区的布设。

根据以上分析，并经九江市地质环境监测部门专家的一同研究，认为九江市工业及仓储用地地质环境质量评价结果表征实际情况。

2. 居住及公共设施用地

依据上述评价指标与方法对九江市规划区进行地质环境质量评价，基于MAPGIS平台绘成地质环境质量评价分区图(图5-8)，该图可以体现九江市规划区内的居住及公共设施用地地质环境适宜性的差异。

根据九江市评价区域的具体地质环境状况，对上述评价结果进行分析评定。

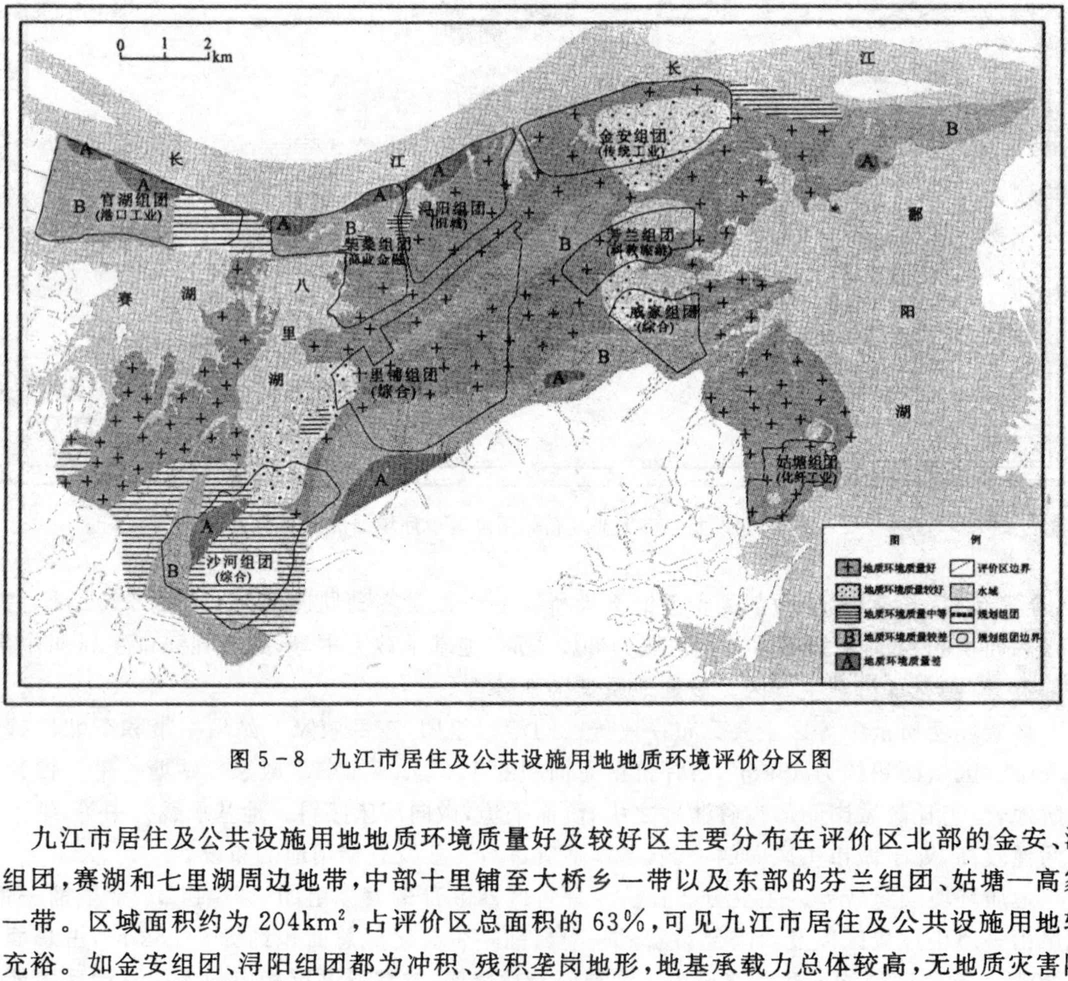

图5-8　九江市居住及公共设施用地地质环境评价分区图

九江市居住及公共设施用地地质环境质量好及较好区主要分布在评价区北部的金安、浔阳组团，赛湖和七里湖周边地带，中部十里铺至大桥乡一带以及东部的芬兰组团、姑塘—高家嘴一带。区域面积约为204km²，占评价区总面积的63%，可见九江市居住及公共设施用地较为充裕。如金安组团、浔阳组团都为冲积、残积垄岗地形，地基承载力总体较高，无地质灾害隐患，地下水埋深较深，宜于布设居住及公共设施用地。

地质环境质量中等区主要分布在评价区的沙河组团、北部阎家渡及沿江洪垄埂一带。所占面积约为37 km²，为评价区总面积的11.5%。如沙河组团较为平缓的地带基本适宜居住及公共设施用地的布设，地面标高为40～50m，地基承载力较高，但位于九江市主风向的下风向位置，可能会受到大气污染的影响，且地质灾害发育。

地质环境质量较差区主要分布在官湖组团、凤凰山—庐山风景区、梅家洲一带、十里铺一带及沙河组团袁家村一带。区域面积74 km²，约占24%。如官湖组团、十里铺一带、袁家村一带均有地质灾害发育，特别是袁家村一带地质灾害发育较为严重。这些区域不适宜布设居住及公共设施用地，或需要进行地质灾害防治工程措施后再布设为居住及公共设施用地。

地质环境质量差区主要分布在庐山北麓的红旗乡一带和沿江陈家墩、横坝头、东风路一带。区域面积 4.5 km^2，约占 1.5%。如庐山北麓的红旗乡一带为构造侵蚀低山地形，平均高程一般为 100～210m，顶尖脊窄，坡陡谷深，坡角一般为 25°～30°，地形陡峻，起伏大，工程施工成本高及难度大。

根据以上分析，并经九江市地质环境监测部门专家的一同研究，认为九江市居住及公共设施用地地质环境质量评价结果符合实际情况。

（五）城市规划后评估

九江市城市规划市政设计院于 2003 年制定了 2001—2020 年城市总体规划（图 5-9）。规划区北以长江为界，南至庐山风景名胜区，东以鄱阳湖为界，西至九江县官湖垦殖场，规划区面积约 300km^2。

用上述不同功能目的地质环境评价结果对九江市的 2001—2020 年城市总体规划进行后评估，从而指出基于地质环境考虑的该规划的不足之处。

1. 工业及仓储用地规划后评估

九江市 2001—2020 年城市总体规划（以下简称"2020 城市总规"）在对工业及仓储用地进行规划时，对九江市的工业仓储用地的现状分布进行主要考虑，从而进行整体规划。

将九江市工业及仓储用地地质环境评价结果跟"2020 城市总规"进行对比，可见：从地质环境角度而言，"2020 城市总规"整体上规划合理，但由于现有规划主要考虑现状因素和经济区位因素，而没有充分考虑地质环境因素，因此与地质环境评价结果之间存在一些不协调之处。主要体现在以下几个区域。

（1）赛湖北岸港口工业区，该区域发育有地质灾害，并存在地质灾害易发隐患。

（2）十里铺汽车工业园北、京九铁路南局部工业仓储规划区，该区域为隐伏灰岩分布区，岩溶较为发育，有岩溶塌陷的隐患。

（3）东部姑塘组团的化纤工业规划区，该区域虽然工程地质条件较好，但地下水易污性高，且紧靠鄱阳湖体，在此处布设工业区，容易造成地下与地表水体的污染。

（4）十里铺组团南部及沙河组团南部工业用地在进行扩建整改时，由于地形起伏坡度较大，存有工程切坡难度大及诱发山体失稳等问题。

2. 居住及公共设施用地规划后评估

将九江市居住及公共设施用地地质环境质量评价结果跟"2020 城市总规"进行对比，可见从地质环境角度而言，"2020 城市总规"整体上规划较合理，但两者之间亦存在局部地区的不协调。主要体现在以下几个区域。

（1）官湖组团内的商业及文化娱乐用地的规划存在地质灾害安全隐患。

（2）开发区柴桑组团的西部地区地基承载力不高，偏北地区为软土分布区，因此该地区居住及公共设施建筑物的建造应注意地基的加固处理，且谨慎布设高层建筑物。

（3）十里铺组团北部居住用地规划面临岩溶塌陷的安全隐患。

（4）十里铺南部的居住及教育科研规划用地在整改扩建过程中，要注意工程切坡可能诱发的环境工程地质问题。

（5）沙河组团内沙河街一带为隐伏第三系灰质砾岩分布区，具类岩溶特征，最大溶洞高达 10m，而且已发现一处地面塌陷，因而该区的居住用地规划也面临地质灾害安全隐患。

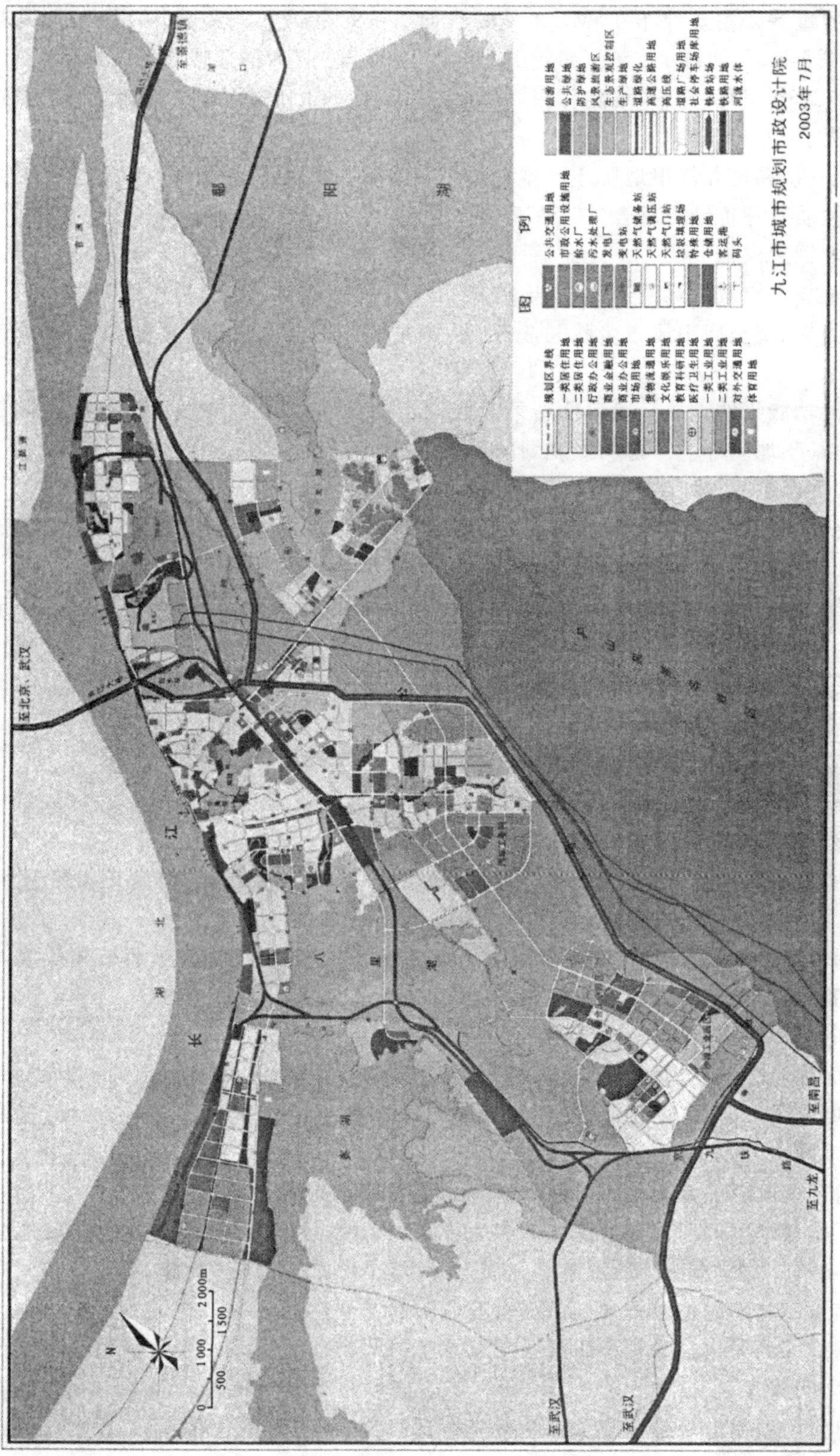

图 5-9　九江市总体规划图(2001—2020)

(引自九江 2001—2020 年城市规划设计书)

第六章　矿山地质环境评价

第一节　概　述

一、基本概念

（一）矿山地质环境

矿山地质环境是指曾经开采、正在开采或准备开采的矿床及其邻近地区，矿业活动所影响到的岩石、土壤、地下水、地质作用和现象及其与大气圈、水圈、生物圈之间相互作用所组成的相对独立的环境系统。这一系统是以岩石圈为依托，矿产资源开发为主导，不断改变着的地球表面和岩石圈自然平衡状态的地质环境。

（二）矿山地质环境问题

矿山地质环境问题是指矿业活动与矿区的地质体之间相互作用和影响而产生的地质环境变化与破坏。如水、土、岩石环境污染和滑坡、崩塌、泥石流、地面塌陷等。

矿山地质环境产生的问题主要有：采、选矿过程中产生的有毒和有害气体，矿渣，废水，粉尘等，不仅直接影响作业环境和工作条件，而且给矿区周围的大气、水、土壤造成危害；废石堆、尾矿库挤占大量土地和农田；污水和烟尘的排放，污染水源、江河和大气，也破坏了景观和植被；露天矿边坡崩落，井下采空区造成地面塌陷；矿井突水、矿山疏干排水引起邻近地区地表水和浅层地下水疏干或造成海水入侵；采矿剥土等造成水土资源平衡失调，易诱发和引起土壤侵蚀、水土流失、土地沙化以及滑坡、泥石流等地质灾害。所有这些环境地质问题，都给人类生产和生活带来严重影响，而且预防和治理的难度很大。因此，必须切实加强和做好矿山地质环境的监督管理。

（三）矿山地质灾害

矿山地质灾害是指因矿山建设及生产活动而引发的危害人民生命和财产安全的山体崩塌、滑坡、泥石流、地面塌陷、地裂缝、地面沉降等与地质作用有关的各种地质现象。

（四）矿山地质环境评价

矿山地质环境评价是指以搜集资料、现场调查、综合分析等方法，对矿山在建设和生产过程中对地质环境造成和可能造成的影响，以及地质环境对矿山建设及生产产生和可能产生的影响所做出的评价工作。

一般地，矿山地质环境评价可以替代矿山建设工程地质灾害危险性评价，但不能替代矿山常规的勘查和评价工作，也不能替代矿山生产安全评价工作。

二、我国的矿山地质环境问题

我国是世界上第三大矿业大国，采矿历史悠久，矿业在国民经济和社会发展中发挥着重要的基础性作用，95％左右的一次性能源和 80％以上的工业原料，大部分农业生产资料取自矿产资源。长期大规模、超强度的矿产资源开发和利用，为国家的经济建设和发展做出了巨大贡献，同时造成的负面环境影响也在与日俱增，矿山环境遭到严重破坏，生态环境问题突出，矿山环境现状甚忧。

我国因采矿引起的矿山地质环境问题较多，类型较为复杂，依据问题性质可将矿山地质环境问题划分为：地面变形问题、"三废"问题、矿山生态失衡问题、沙漠化和水土流失等问题。

（一）占用大量土地

据有关资料统计分析，我国采矿业破坏的土地面积约有 1.4～2.0 万 km^2，占全国各项建设用地及其他破坏占用耕地的 49.1%。造成矿山占地的原因主要是露天采场及各类矿渣、尾矿垃圾堆置所致。据统计，一座大型矿山平均占地达 18～20 万 m^2，小矿山也达几万平方米。据对 1 173 家国有大中型矿山企业的统计资料分析表明，共占用土地面积 729 971.6ha，其中露天开采矿场、排土场、尾矿场和塌陷区占地面积为 212 817.4ha，占矿山用地面积的 1/3。由此比例可以推算出，全国矿山开发占用林地约 105.9 万 ha，占用草地面积约 26.3 万 ha。

（二）地面变形

地面变形问题包括开采沉陷、地面岩溶塌陷、地面沉降、地裂缝、崩塌、滑坡和泥石流等。矿产资源开采造成地面（沉）塌陷、边坡失稳等地面变形问题严重。

我国大部分矿产采用井下开采，据统计井下开采的矿山约占全部开采矿山的 70%以上。采空区地面塌陷是矿山地质环境主要问题之一。在我国，煤炭开采量在各类固体矿产开采中居首要地位，因此采空区地面塌陷以煤炭矿山最为严重。山西省社会科学院李连济研究员完成的国家哲学社会科学基金重点课题"我国煤炭城市采空塌陷灾害及防治对策研究"得到："截至 2004 年 12 月 3 日，全国煤矿累计采空塌陷面积超过 70 万 ha，造成的损失已经超过 500 亿元。"

山西作为产煤大省是采空塌陷灾害最严重的地区，山西省有 15 万多平方千米的土地，采空区就达 2 万多平方千米，相当于总面积的 1/7。目前，采空区中 6 000km^2的地域已经受到了地面塌陷地质灾害的影响。大面积的地质灾害不仅造成了巨大的经济损失，而且近 10 年来，山西省因地面塌陷已造成 500 多人伤亡。

据不完全统计，全国因采矿引起的较大规模地面沉陷在 180 处以上，塌陷坑约 2 000 个，塌陷面积达 1 150km^2。全国发生采空区沉陷灾害的矿业城市近 40 个，其中严重者有 25 个；全国每年因采空区地面塌陷灾害造成的经济损失达 4 亿元以上。采矿引发的地面塌陷，不仅破坏自然景观，毁坏农田，还毁坏地表各类建筑物、道路、河床等，对矿区及其周围地区城乡居民的安全构成威胁，对农业、工业生产也产生严重的负面影响。

（三）"三废"问题

1. 气相废弃物

根据产生气相废料的类型，可将其划分为煤层，矸石，富含黄铁矿成分的铁矿废石、天然气和煤层气自燃产生的废气，沙漠化导致的扬尘，采场或排土场的风化扬尘，井下粉尘、废气等。气相废弃物对大气环境质量的影响主要包括总悬浮颗粒（TSP）、硫氧化物、碳氧化物、氮氧化物和碳氢化合物等。

矿产资源开发产生大量废气和粉尘，严重影响了矿区周围的大气环境，引起了大气污染和酸雨等问题，其中以煤炭和硫化矿矿山最为严重。

2. 液相废弃物

矿山液相废弃物一般是指在矿山勘探、开采、采后和洗选过程中所产生的废水。如按废水所含的污染物性质来划分，液相废弃物可划分为无机无毒废水、无机有毒废水、有机无毒废水和有机有毒废水四大类型。

我国每年因采矿产生的废水约占全国工业废水排放总量的5%，大量未经处理的废水排入江河湖海，污染严重。矿山“三废”排放导致地表水、地下水污染严重，加剧了矿区工农业生产用水和人居饮水的紧张矛盾。

3. 固相废弃物

固相废弃物堆积是矿山地质环境面临的一个主要问题。它一般包括煤矸石、剥离废弃物、废石(渣)、尾矿库和含放射性物质等固相废料。固相废弃物堆积一般具有占地、边坡失隐、淋滤污染、风化扬尘污染四大环境效应。而铀矿等放射性废弃物除前述四大环境效应外，还具有辐射性污染效应；在我国固相废弃物堆积中有着典型代表性意义的煤矸石山还具有自燃环境效应。

在我国，采矿业产生的固体废弃物排放量占固废排放总量的40%左右。据1999—2002年统计，全国大中型矿山尾矿库约1 500座，累计积存尾矿50.26亿t。尾矿、固体废弃物的堆放，不仅占用了大量土地，损坏地表，还会造成水土环境的严重污染，而且尾矿库溃坝将会造成更为严重环境污染和重大灾害事件。

(四)矿山生态失衡问题

由于矿井疏干排水，导致区域性地下水位下降，破坏矿区水系统均衡。在某些地方地下水下降数十米甚至上百米，产生大面积疏干漏斗，致使地下水资源枯竭、地表河水断流、地表水人渗或经塌陷灌入地下，影响了矿山地区的生态环境。例如：山西省因采煤造成18个县26万人吃水困难，30多万亩水田变成旱地，全省井泉断流达3 000多处。沿海地区的一些矿山因疏干漏斗不断发展，当其边界达到海水面时，将引起海水入侵现象。

(五)水土流失、土地沙化和矿震

由于地表物质的剥离、扰动、搬运和堆积，破坏了大量的植被和山坡土体，产生的废石、废渣等松散物质极易加剧矿山地区的水土流失。作为煤炭大省的山西省，每年弃渣弃土量1.3亿t，增加河道泥沙0.6亿t，占水土流失总量的46%。

由采矿诱发的地震，也出现在我国许多矿山。由地下矿井顶板崩塌、采空区围岩变形等作用而引起。湖南涟源恩斗桥煤矿1973—1981年间发生有感地震20次，震级3级。四川自贡盐矿，平均每年发生0.8～3.8级地震约44次。

此外，由于采矿工程与矿坑排水，使地下水头压力与围岩之间失去平衡，从而引起一系列工程问题。如地下采空区顶板冒落及塌陷、巷道底板鼓胀、露天采矿场边坡的滑动、矿坑涌水等，均可产生严重的危害。

第二节　矿山地质环境评价的意义和内容

一、我国开展矿山地质环境评价的必要性

矿产资源是人类赖以生存和社会发展的重要物质基础。解放以来，我国矿业在十分薄弱

的基础上得到了很大的发展，特别是改革开放以后，矿业产值高速增长，在国民经济建设中的基础地位日益突出。矿产资源在为国家建设做出巨大贡献的同时，其开发和利用对环境造成的负面影响也日益凸现，尤以矿山地质环境问题最为明显。

长期的历史过程遗留下来的矿山地质环境问题几乎遍及全国，涉及不同地区、不同的矿类和矿种，情况复杂多样。解放50多年来，由于认识局限等原因，矿业开发利用活动长时间忽视环境保护工作。改革开放后，对迅猛发展的中小型矿山疏于管理，加之小型矿山的开采方式和选矿工艺落后，加剧了矿区生态破坏和环境污染。经过长期高强度大规模矿产开发活动和无序群采，废石、尾矿泛滥，地面塌陷、土地破坏、山体崩塌、滑坡、泥石流、水质污染、水均衡破坏等不仅造成大量的财产损失和人员伤亡，而且制约了社会经济的可持续发展。利用矿产资源加工产品的各类工业过程也是环境污染的一项主要来源。

随着社会经济的进一步发展，矿产资源的开发与利用已经进入又一个新的高强度大规模开发阶段。面对沉重的环境历史欠账和日趋严峻的生态环境态势，环境问题尤其是矿产资源开发利用所引发的地质环境问题已经引起了我国领导人的高度重视。在国家发改委发布的《"十五"生态建设和环境保护重点专项规划》中，将矿山生态环境恢复治理列为重点工作内容，进一步明确了矿山生态环境恢复治理的目标任务和重点。

所以，在国家目标导向下，摸清已有矿山地质环境的现状、预测新上马矿山可能出现的地质环境问题就成为首要任务，也就是必须在充分野外调查的基础上，进行矿山地质环境评价工作。

这里，国家也指明了矿山地质环境评价工作主要目的：通过调查和评价，摸清矿山地质环境现状，查明主要环境地质问题及其危害，为合理开发矿产资源、保护矿山地质环境、整治矿山环境、恢复与重建矿山生态、实施矿山地质环境监督管理等提供基础资料和依据。

二、矿山地质环境评价的主要内容

矿山地质环境评价有其自身的特殊性，但主要评价的是采矿区的地质环境问题，与地质灾害危险性评价有相似之处。其主要评价内容包括：

(1)通过搜集资料(包括矿山建设方案或设计)和实地调查，查明矿山地质环境基本情况。

(2)查明矿山地质环境现状，预测矿业活动可能引发的地质环境问题，包括可能引发、加剧的地质灾害，并对其影响程度进行评价。

(3)查明矿山建设遭受和可能遭受地质灾害的情况。

(4)根据矿山地质环境评价结果和矿山建设制约因素，做出矿山建设适宜性评价结论。

(5)对矿业活动可能产生的环境地质问题和矿山建设可能遭受的地质灾害，提出预防和治理方案。

第三节　矿山地质环境评价的基本方法

在国土资源部的统一安排和部署下，中国地质调查局于2002年启动了以省为单元的全国矿山地质环境调查与评价工作，这是我国首次系统和全面地对所有矿山进行地质环境摸底调查。根据黑龙江、辽宁、山西、山东、河南、湖南等12个省的工作情况，于2004年推出了《全国矿山地质环境调查技术要求实施细则(修改稿)》。本章节的部分内容来自开展矿山地质环境评价的有关省份或单位所制定的技术要求①。

一、相关规定

(1)矿山地质环境评价是针对闭坑矿山、生产矿山和新建矿山环境保护服务的基础工作，为矿山地质环境保护和矿山生态恢复与重建提供科学依据。

(2)新建矿山以地质环境预测评价为主，生产矿山(延续登记或改扩建矿山)以现状评价与预测评价并重，闭坑矿山作针对性地质环境现状评价或总结。

(3)矿山地质环境评价包括由各种矿山地质环境问题的评价，应正确选取矿山地质环境评价指标及合理确定其权重。

(4)矿山地质环境评价必须进行野外实地调查，充分收集已有资料，可以不投入钻探等重型实物工作量，当资料不足时，可安排少量轻型实物工作量。

二、矿山地质环境评价工作程序

矿山地质环境评价工作程序详见图6-1。

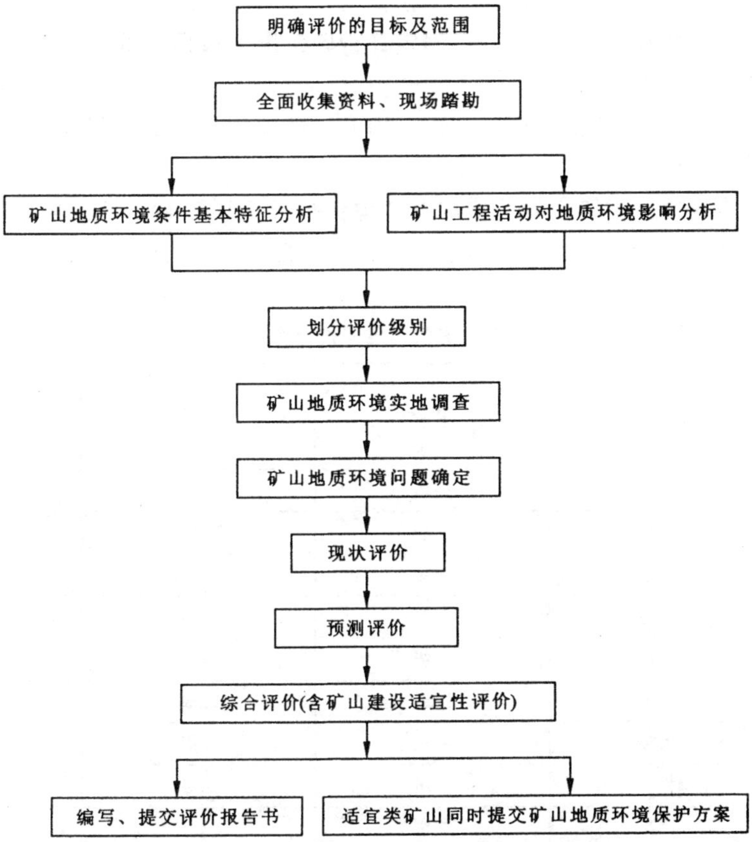

图6-1　矿山地质环境评价工作程序框图

① 中国地质环境监测院编，全国矿山地质环境调查技术要求实施细则(修改稿)，2004.10.

(1)矿山地质环境评价工作包括野外调查和室内报告编制两大部分。

(2)接受评价工作任务后要对矿山进行实地踏勘,了解矿山区的自然地理和环境地质条件、矿山开采情况,全面收集有关资料,并在此基础上划分评价级别、确定评价范围。

(3)评价级别和评价范围初步确定后,要有针对性的对评价区进行细致的野外调查(包括访问当地居民),全面查明矿区存在的各种地质环境问题及其产生的原因,进行现场拍照、地质环境保护方案实地论证等工作。

(4)在掌握大量野外实际资料后再进行室内综合研究和评价报告编制等工作。

三、评价范围与分级

(一)评价范围的确定

矿山地质环境评价区的范围不能局限于矿山用地面积之内,应将矿业活动影响范围作为评价区范围。

(1)单个矿山地质环境评价。应以计划采矿用地或最终用地范围为基础,若地质环境影响超出用地范围,则应依据存在、潜在的矿山地质环境问题适度扩大评价区范围。

(2)矿区(多个矿山)地质环境评价。不仅依据单个矿山地质环境评价区,而且应根据矿区(多个矿山)对周围地质环境的整体影响,确定评价区范围。根据评价工作需要,在评价区内可圈定重点评价区。

(3)闭坑矿山地质环境评价。原则上以矿山开采范围作为评价区范围。

(二)评价级别划分

矿山地质环境评价工作级别划分应综合考虑评价区人居因素、矿山地质环境条件复杂程度、矿山建设规模等进行划分。依据上述三个因素,按照表 6-1 进行划分。

表 6-1　矿山地质环境评价分级表(三因素)

评价分级 \ 复杂程度 / 人居因素和矿山建设规模		复杂	中等	简单
重要区	大型	一级	一级	一级
	中型	一级	一级	二级
	小型	一级	二级	二级
较重要区	大型	一级	一级	二级
	中型	一级	二级	二级
	小型	二级	二级	三级
一般区	大型	一级	二级	二级
	中型	二级	二级	三级
	小型	二级	三级	三级

评价区人居因素根据区内居民集中居住情况、重要工程设施和自然保护区分布情况、耕地面积等划分为重要区、较重要区和一般区三级,分级标准见表 6-2。

表 6－2　人居因素分级表

重要区	较重要区	一般区
1. 评价区内分布有集镇或大于 500 人以上的居民集中居住区； 2. 分布有国道以上公路，铁路，大型水利、电力工程或其他重要建筑设施； 3. 矿区紧邻（300m 以内）国家级自然保护区（含地质公园、风景名胜区等）或重要旅游景区（点）； 4. 评价区有重要水源地； 5. 耕地面积占矿区面积 50％以上	1. 评价区内分布有 200～500 人的居民集中居住区； 2. 分布有省级公路，中型水利、电力工程或其他较重要建筑设施； 3. 紧邻（300m 以内）省级、县级自然保护区或较重要旅游景区（点）； 4. 评价区有较重要水源地； 5. 耕地面积占矿区面积 30％以上，50％以下	1. 评价区内居民居住较分散； 2. 无重要交通要道或建筑设施； 3. 远离各级自然保护区及旅游景区（点）； 4. 评价区仅有一般水源地； 5. 耕地面积占矿区面积 30％以下

注：重要区、较重要区中凡有一条符合者即为该类型。

矿山地质环境条件复杂程度分别按煤矿、金属矿、非金属矿地下开采和露天开采归类，并根据矿区水文地质、工程地质、环境地质和矿区地形地貌、矿山开采情况等划分为复杂、中等、简单三种级别。详细分类见表 6－3、表 6－4。

表 6－3　地下采矿矿山地质环境条件复杂程度分级表

复　杂	中　等	简　单
1. 水文地质条件复杂，为岩溶充水矿床；矿坑最大涌水量不小于 $800m^3/h$，矿坑充水边界复杂，充水来源多，充水岩层岩溶发育强烈，老窿（窑）水威胁大；地表水体多，地表水与地下水联系密切，对矿坑充水影响大	1. 水文地质条件中等，为弱岩溶裂隙充水或含水丰富的裂隙充水矿床，矿坑最大涌水量 200～800 m^3/h，矿坑充水边界条件中等，充水岩层岩溶较发育，老窿（窑）水威胁中等；地表水体较多，地表水与地下水有一定联系，对矿坑充水有影响	1. 水文地质条件简单，为弱裂隙充水矿床，矿坑最大涌水量小于 200 m^3/h，矿坑充水边界条件简单，充水岩层岩溶不发育，老窿（窑）水威胁小；地表水体较少，地表水与地下水联系不密切，对矿坑充水影响小
2. 废（矸）石、矿渣或矿坑水有害组分多，含量高，易分解；堆渣条件不好，矿渣堆不稳定，极易污染水、土环境	2. 废（矸）石、矿渣或矿坑水有害组分较多，含量中等；堆渣条件中等，矿渣堆较不稳定，较易污染水、土环境	2. 废（矸）石、矿渣或矿坑水有害组分少，含量低，堆渣条件好，矿渣堆稳定，不易污染水、土环境
3. 矿区地质构造复杂，断裂构造发育强烈，断裂带切割矿层（体）严重，导水性强	3. 矿区地质构造较复杂，断裂构造较发育，断裂带对矿坑充水和采矿有影响	3. 矿区地质构造简单，断裂构造不发育，断裂带对矿坑充水和采矿基本无影响
4. 矿区工程地质条件复杂，岩土体工程地质条件不良，可溶岩类发育，地表残坡积层厚度不小于 10m；矿层（体）顶、底板工程地质条件差	4. 矿区工程地质条件较复杂，岩土体工程地质条件一般，可溶岩类较少，地表残坡积层厚度 5～10m；矿层（体）顶底板工程地质条件中等	4. 矿区工程地质条件简单，岩土体工程地质条件好，可溶岩类不发育，地表残坡积层厚度小于 5m；矿层（体）顶底板条件好
5. 矿井开采方式、方法不合理，采空区面积和空间大，多次重复开采，开采深度小于 50m。无充填开采	5. 矿井开采方式、方法较合理，重复开采较少，开采深度 50～120m，采空区面积和空间较小。半充填开采	5. 矿井开采方式、方法合理，无重复开采，开采深度大于 120m，采空区面积和空间小。充填法开采
6. 现状条件下矿山地质环境问题多，发育强烈，危害大	6. 现状条件下矿山地质环境问题中等，发育及危害中等	6. 现状条件下矿山地质环境问题少，危害小
7. 地形复杂，地貌单元类型多，一般相对高差大于 300m，地形坡度一般大于 35°，地面倾向与岩层倾向基本一致	7. 地形较复杂，地貌单元类型较少，一般相对高差 100～300m，地形坡度一般 20°～35°，地面倾向与岩层倾向多为斜交	7. 地形简单，地貌单元类型少，一般相对高差小于 100m，地形坡度一般小于 20°，地面倾向与岩层倾向多为反向

注：1、2、5、6 四条中只要有一条为复杂，地质环境条件应定为复杂类型；其他两条以上为复杂，应定为复杂类型。

表 6-4　露天采矿矿山地质环境条件复杂程度分级表

复　杂	中　等	简　单
1. 水文地质条件复杂，采场位于当地侵蚀基准面以下，不能自然排水，采场最大涌水量大于 800m³/h；采场汇水面积大，最大暴雨对采场充水大于 5 000m³/h，地表水对采场充水影响大	1. 水文地质条件中等，采场位于当地侵蚀基准面以下，采场涌水量 200～800m³/h；最大暴雨对采场充水 2 000～5 000m³/h，地表水对采场充水有一定影响	1. 水文地质条件简单，采场位于当地侵蚀基准面以上，能自然排水，采场涌水量小于 200m³/h；最大暴雨对采场充水小于 2 000m³/h，地表水对采场充水无影响
2. 矿渣淋滤水、采坑水、洗选水有毒有害组分含量高，对水土污染影响严重，对人体健康危害大	2. 矿渣淋滤水、采坑水、洗选水含有毒有害组分，对水土污染影响中等，对人体健康有一定危害	2. 矿渣淋滤水、采坑水、洗选水有毒有害组分含量低，对水土污染影响较轻，对人体健康危害小
3. 地质构造复杂，断裂构造及破碎带对采场充水及矿床开采影响大	3. 地质构造较复杂，断裂构造及破碎带对采场充水及对矿床开采影响中等	3. 地质构造简单，断裂构造及破碎带对采场充水及对矿床开采影响较轻或无影响
4. 工程地质条件复杂，残坡积层、岩石风化破碎带厚度大于 10m；采场边坡岩石风化破碎或土层松软，易产生边坡失稳	4. 工程地质条件中等，残坡积层、岩石风化破碎带厚度 5～10m；采场边坡岩石风化破碎中等，边坡局部较不稳定	4. 工程地质条件简单，残坡积层、岩石风化破碎带厚度小于 5m；采场边坡岩石风化弱，土层薄，边坡较稳定
5. 开采面积大，开采方式、方法不合理，采坑深度大于 15m，废渣、废石多，形成废渣、废石流可能性大	5. 开采方式、方法基本合理，采坑深度 8～15m，形成废渣、废石流可能性中等	5. 开采方式、方法基本合理，采坑深度小于 8m，废渣、废石较少，形成废渣、废石流可能性小
6. 现状条件下矿山地质环境问题多，对人居环境、自然景观影响大	6. 现状条件下矿山地质环境问题中等，对人居环境、自然景观有一定影响	6. 现状条件下矿山地质环境问题少，对人居环境、自然景观影响轻
7. 地形复杂，起伏变化大，一般相对高差大于 300m，地形坡度一般大于 35°；地貌单元类型多，高坡方向岩层倾向与采坑斜坡多为同向	7. 地形较复杂，起伏变化较大，一般相对高差 100～300m，地形坡度 20°～35°；地貌类型较多，高坡方向岩层倾向与采坑斜坡多为斜交	7. 地形条件较简单，起伏变化不大，相对高差小于 100m，地形坡度小于 20°；地貌类型较简单，高坡方向岩层倾向与采坑斜坡多为反向

注：1、2、5、6 四条中只要有一条为复杂，地质环境应为复杂；其他为两条以上复杂，为复杂类型。

矿山建设规模分类依据国土资源部国土资发[2004]208 号文《关于调整部分矿种矿山生产建设规模标准的通知》中的要求进行分类。如表 6-5 所示。

表 6-5　矿山生产建设规模分类一览表（国土资发[2004]208 号）

矿种类别	计量单位/a	大型	中型	小型
煤（地下开采）	原煤万 t	≥120	120～45	＜45
煤（露天开采）	原煤万 t	≥400	400～100	＜100
石油	原油万 t	≥50	49～10	＜10
油页岩	矿石万 t	≥200	200～50	＜50
烃类天然气	亿 m³	≥5	5～1	＜1
二氧化碳气	亿 m³	≥5	5～1	＜1
煤成（层）气	亿 m³	≥5	5～1	＜1
地热（热水）	万 m³	≥20	20～10	＜10
地热（热气）	万 m³	≥10	10～5	＜5
放射性矿产	万 t	≥10	10～5	＜5
金（岩金）	矿石万 t	≥15	15～6	＜6

续表 6－5

矿种类别	计量单位/a	大型	中型	小型
金(砂金船采)	矿石万 m^3	≥210	210～60	<60
金(砂金机采)	矿石万 m^3	≥80	80～20	<20
银	矿石万 t	≥30	30～20	<20
其他贵金属	矿石万 t	≥10	10～5	<5
铁(地下开采)	矿石万 t	≥100	100～30	<30
铁(露天开采)	矿石万 t	≥200	200～60	<60
锰	矿石万 t	≥10	10～5	<5
铬、钛、钒	矿石万 t	≥10	10～5	<5
铜	矿石万 t	≥100	100～30	<30
铅	矿石万 t	≥100	100～30	<30
锌	矿石万 t	≥100	100～30	<30
钨	矿石万 t	≥100	100～30	<30
锡	矿石万 t	≥100	100～30	<30
锑	矿石万 t	≥100	100～30	<30
铝土矿	矿石万 t	≥100	100～30	<30
钼	矿石万 t	≥100	100～30	<30
镍	矿石万 t	≥100	100～30	<30
钴	矿石万 t	≥100	100～30	<30
镁	矿石万 t	≥100	100～30	<30
铋	矿石万 t	≥100	100～30	<30
汞	矿石万 t	≥100	100～30	<30
稀土、稀有金属	矿石万 t	≥100	100～30	<30
石灰岩	矿石万 t	≥100	100～50	<50
硅石	矿石万 t	≥20	20～10	<10
白云岩	矿石万 t	≥50	50～30	<30
耐火黏土	矿石万 t	≥20	20～10	<10
萤石	矿石万 t	≥10	10～5	<5
硫铁矿	矿石万 t	≥50	50～20	<20
自然硫	矿石万 t	≥30	30～10	<10
磷矿	矿石万 t	≥100	100～30	<30
蛇纹岩	矿石万 t	≥30	30～10	<10
硼矿	矿石万 t	≥10	10～5	<5
岩盐、井盐	矿石万 t	≥20	20～10	<10
湖岩	矿石万 t	≥20	20～10	<10
钾盐	矿石万 t	≥30	30～5	<5
芒硝	矿石万 t	≥50	50～10	<10
碘	矿石	按小型矿山归类		
砷、雌黄、雄黄、毒砂	矿石	按小型矿山归类		
金刚石	万 ct	≥10	10～3	<3
宝石	矿石	按小型矿山归类		
云母	工业云母	按小型矿山归类		
石棉	石棉万 t	≥2	2～1	<1
重晶石	矿石万 t	≥10	10～5	<5
石膏	矿石万 t	≥30	30～10	<10
滑石	矿石万 t	≥10	10～5	<5
长石	矿石万 t	≥20	20～10	<10
高岭土、瓷土等	矿石万 t	≥10	10～5	<5
膨润土	矿石万 t	≥10	10～5	<5

续表 6-5

矿种类别	计量单位/a	大型	中型	小型
叶蜡石	矿石万 t	≥10	10～5	<5
沸石	矿石万 t	≥30	30～10	<10
石墨	石墨万 t	≥1	1～0.3	<0.3
玻璃用砂、砂岩	矿石万 t	≥30	30～10	<10
水泥用砂岩	矿石万 t	≥60	60～20	<20
建筑石料	万 m^3	≥10	10～5	<5
建筑用砂、砖瓦黏土	矿石万 t	≥30	30～5	<5
页岩	矿石万 t	≥30	30～5	<5
矿泉水	万 t	≥10	10～5	<5

四、主要评价指标及其分级

在分析矿山地质环境条件、环境地质特征、开采方式、开采强度等影响因素的基础上，按不同的地质环境问题确定其评价指标。

在此仅列出部分评价指标及其分级。

1. 定性分极标准

矿业活动对水、土资源和环境的影响指标定性分级标准按表 6-6。

表 6-6　矿业活动地质环境影响程度分级表

确定要素 影响程度	地质灾害影响		土地资源、土石环境影响	水资源影响	水环境影响	恢复治理难度
	影响对象	危害程度				
严重	各类保护区或城镇、大村庄、重要交通干线、重要工程设施	危害大	基本农田	大面积地表水漏失，使水田变旱地；地下水枯竭，影响水源地供水	污染河流、水库或大面积地表、地下水体	难度大
较重	村庄、一般交通线和工程设施	危害较大	基本农田以外的耕地	小范围地表水漏失，地下水位超常下降，但影响限于局部	污染小溪、水塘或局部地表、地下水体	难度较大
较轻	分散性居民区或无居民区	危害较小	林地	无地表水漏失和泉井干涸等现象，不影响当地生产生活	无污染或仅限于污染源处小范围内	难度小

注：有一项符合该类分级者即划为该类。

2. 分级指标

地质灾害危险性分级指标参照表 6-7。

表 6-7　地质灾害危险性分级表

确定要素 危险性分级	隐患体稳定状态	危害对象	损失预计
危险性大	不稳定	城镇、居民集中区、重要建筑设施	影响人数＞100 人，经济损失＞500 万元
危险性中等	较不稳定	居民聚居区、较重要工程建筑及设施	影响人数 10～100 人，经济损失 100 万～500 万元
危险性小	基本稳定	居民分散区、一般建筑及设施	影响人数＜10 人，经济损失＜100 万元

3.(矿山)地质环境问题分类

重要矿山地质环境问题分类参照表 6-8。

表 6-8　矿业活动引起的地质环境问题分类表

分　类	主要矿山地质环境问题
土地资源损失	占用土地资源
土地资源破坏	采空区地面塌陷、岩溶地面塌陷、露采场土地破坏、水土流失、土地荒漠化、滑坡、崩塌、泥石流
土石环境污染	废(矸)石、尾砂(矿)、选冶废渣和废水污染
水资源破坏	地表水漏失、含水层疏干(地下水超常下降、泉井干涸)、区域地下水均衡破坏
水质污染	地表水污染、地下水污染
地面地质灾害	滑坡、崩塌、泥石流(含尾砂废石流)、采空区地面塌陷、岩溶地面塌陷
井下地质灾害	矿坑突水、突泥

4. 矿区地面与斜坡稳定性评价指标

对于可能发生地面和斜坡稳定性破坏的地段,评价指标包括地形地貌、地质构造、岩土体类型、地震基本烈度、气象水文条件、矿床充水条件、采矿方式和强度等;对于已发生地面斜坡稳定性破坏的地段,评价指标还应增加规模、频次、密度等,见表 6-9。

表 6-9　矿区地面与斜坡稳定性分级表

指标 因素 / 分级	地质构造	地形地貌	岩土体结构类型
基本稳定	断裂不发育	残积台地、低缓山丘,地形相对高差小于 10m	块状、坚硬层状岩类,结构面不发育,风化、岩溶不发育,不存在软弱层
较不稳定	断裂较发育	山前沟谷、冲洪积阶地,地形相对高差 10～20m	软硬相间岩类、片状岩类,岩体结构面发育中等,风化、岩溶发育中等,局部存在软弱层
不稳定	断裂发育	陡峻高丘、地形相对高差大于 20m	松散岩类,岩体破碎,结构面发育,风化、岩溶发育,软弱层分布广

指标 因素 / 分级	地震基本烈度(I)	矿床充水条件	采矿方式和强度	采矿对地表的影响与破坏
基本稳定	$I<7°$	封闭、近封闭型水文地质单元,涌水量小	开采面积小、深度浅	采矿产生的环境地质问题,对地表环境影响轻
较不稳定	$7°\leqslant I<9°$	半封闭型水文地质单元,涌水量中等	开采面积大、较深	采矿产生较严重的、或潜在的重大环境地质问题,使地表受到较重影响或破坏
不稳定	$I\geqslant 9°$	开放型水文地质单元,涌水量不稳定	开采面积大、深度大	采矿多次产生严重或潜在重大环境地质问题,使地表受到严重影响或破坏

5. 水土资源与环境评价指标

采矿活动对矿区水土资源与环境可能造成不同程度的影响，其分类评价指标包括：矿区及周围地下水水位变化、地表水水体变化、地下水均衡及水资源影响程度、海(咸)水入侵、矿山污染源、水体污染范围和程度，以及采矿场、废弃物堆放场、尾矿库等占地情况，采矿引起的地表变形对土地利用的影响程度，矿山型水土流失、土地沙化、土石污染等。见表 6－10。

表 6－10　采矿对矿区水土资源、环境影响分级表

类型 指标 / 分级	矿区水资源、水环境影响	矿区土地资源、土石环境影响
影响较轻	1. 矿区主要供水含水层受矿坑突水、排水影响小，水位下降小于 10m，不影响地表水体； 2. 对矿区地下水资源有影响，但对区域地下水资源影响不大； 3. 不存在海(咸)水入侵； 4. 基本不存在污染源，地表水Ⅱ类，地下水优，基本没被污染	1. 采矿场、固体废弃物堆放场、尾矿库等占地面积比小于 20%； 2. 采矿地表变形影响土地利用面积比小于 5%； 3. 水土流失限于矿区局部小范围； 4. 土地沙化和荒漠化限于矿区局部小范围； 5. 土壤没有污染或污染较轻
影响较重	1. 矿区主要供水含水层受矿坑水排水影响较大，水位下降 10～20m，对区域地下水位有一定影响，地表水体也受到影响； 2. 对矿区地下水资源影响严重，区域地下水资源减少呈负均衡，潜在水资源危机，影响矿区和附近水源地的供水； 3. 沿海地区局部发生或潜在海(咸)水入侵； 4. 有局部污染源，地表水为Ⅲ类，地下水良好，局部有污染	1. 采矿场、固体废弃物堆放场、尾矿库等占地面积比为 20%～40%； 2. 采矿地表变形影响土地利用面积比 5%～10%； 3. 矿区和附近部分地区存在矿山型水土流失； 4. 矿区和附近部分地区存在矿山型土地沙化和荒漠化； 5. 土壤污染较严重
影响严重	1. 矿区主要供水含水层受矿坑突水排水影响大，水位下降大于 20m，区域地下水水位明显下降，地表水遭受严重影响； 2. 矿区地下水呈疏干一半疏干状态，区域地下水有一定程度疏干，水资源明显减少，发生水资源危机，严重影响矿区和附近水源地的供水； 3. 沿海地区发生或潜在严重海(咸)水入侵	1. 采矿场、固体废弃物堆放场、尾矿库等占地面积比大于 40%； 2. 采矿地表变形影响土地利用面积比大于 10%； 3. 矿区和外围大部分地区存在矿山型水土流失，甚至影响流域； 4. 矿区和外围大部分地区存在矿山型土沙化和荒漠化，甚至影响流域； 5. 土壤污染严重

6. 闭坑矿山环境评价指标

对已经闭坑的矿山进行地质环境评价，相应的评价指标包括：矿山井巷充水老窿，浸没，相邻矿山和地下工程的突水、地表变形、集中水源地和地下工程的破坏、水土环境污染等。

六、评价方法

在查明矿区地质环境情况的基础上，应根据矿山开采现状和开发利用方案，对存在和潜在的矿山地质环境问题进行现状评价、预测评价、综合评价和矿山建设适宜性评价。数学模型的选取可以参照本书第二章的相关内容。

(一)矿山地质环境评价的重点内容

(1)矿业活动引发的水资源、水环境变化包括地表水漏失、地下水资源枯竭、区域水均衡破坏、水质污染等。

(2)矿业活动对土地资源、土石环境的影响和破坏,包括改变土地利用现状、地面塌陷、土地荒漠化、土石污染等。

(3)矿业活动引发地面塌陷、地裂缝、山体开裂、崩塌、滑坡、泥石流(含尾砂废石流)等地质灾害的情况。

(4)矿业活动对重要工程设施、房屋、厂矿和自然景观的影响和破坏情况。

(5)矿山建设工程和设施可能遭受的地质灾害及其程度。

(二)矿山地质环境现状评价

应在充分查明评价前矿区存在的各类地质环境问题,包括地下水资源枯竭、地表水漏失、土地资源破坏、土石环境污染、崩塌、滑坡等,在规模、发育程度、危害对象和产生原因的基础上,对其影响与危害程度进行评价。

现状评价的具体要求:

(1)查明评价区存在的地质环境问题的种类、规模、特征、发育程度,查明与相邻矿山矿业活动的相互影响特征与程度;

(2)评价各种地质环境问题对生态环境(包括水环境、土石环境、景观和植被等)、资源(包括土地资源、水资源、地质遗迹资源等)、重要建设工程和设施(包括公路、铁路、水库、桥梁、高压线路、通讯设施、房屋等)及人民生命财产的影响与危害程度;

(3)进行现状评价影响程度分区;

(4)评价现状条件下评价区的地质环境质量状况、地质环境抗干扰的能力和矿山地质环境恢复治理的难度。

(三)矿山地质环境预测评价

在现状评价的基础上,根据矿山类型和矿山开发利用方案确定的开采范围,深度,规模和采、选、冶方法,废弃物(包括废石、矿渣、尾砂、废水)处置等,结合评价区地质环境条件及变化特征,预测新一轮矿业活动可能产生、加剧的地质环境问题和矿山建设发生地质灾害的危险性,并对其发展趋势、危害对象、影响程度和恢复治理难度进行评价。

预测评价的具体要求:

(1)预测矿业活动可能引发和加剧的地质环境问题的种类、规模和原因;

(2)预测各种地质环境问题的影响对象与危害程度(包括对生态环境、资源、重要建设工程及设施的危害与影响);

(3)预测矿山建设可能发生地质灾害的危险性程度;

(4)预测在本轮矿业活动结束时评价区的总体地质环境质量状况;

(5)对矿业活动引发的各种地质环境问题做出恢复治理难度分析。

(四)矿山地质环境综合评价

根据现状评价、预测评价进行综合评价,并进行矿山地质环境分区,在此基础上对矿区地质环境总体影响程度做出综合评价结论;并进行矿山建设适宜性评价。矿山地质环境总体影响程度依据对生态环境、资源和重要建设工程及设施的破坏与影响程度、地质灾害危险性大小、危害对象和矿山地质环境恢复治理难度等划分为影响严重、影响较重和影响较轻三个等级。

综合评价应阐述的问题:

(1)矿业活动对地质环境的影响程度;

(2)评价矿业活动对土地、水(地下水和地表水)、地质地貌景观、地质遗迹、植被等资源的影响与破坏;

(3)评价矿业活动引发地质灾害造成的危害和损失;

(4)评价采选冶过程中矿山排泄物(废水、尾矿、废石、煤矸石等)对水土环境的污染;

(5)评述矿山地质环境保护、地质灾害防治、生态恢复、环境治理等工作程度及恢复治理难度;

(6)如果是新建矿山工程,还应当划分矿山建设用地适宜性分区,标准可参照表 6-11。

表 6-11　矿山建设适宜性评价标准

相关条件 适宜性	矿山综合评价影响程度	影响对象	恢复治理难度
适宜	轻	不影响人居环境及建筑设施等	易采取防范或治理措施,恢复治理难度小
基本适宜	较轻	轻度影响人居环境或较重要建设设施等	能采取防范或治理措施,恢复治理难度较大
适宜性差	较严重	预测可能对人居环境或较重要建设设施等产生较重影响	能采取防范或治理措施,虽恢复治理难度很大,但经济上可行
不适宜	严重	预测严重影响人居环境或重要建设设施等	难以采取防范措施,不能恢复治理或者难度太大,经济上不可行

七、矿山地质环境保护方案的编制

(1)对评价区内所有由矿业活动引起和可能引起的地质环境恶化或破坏事件提出防范和治理措施。

(2)对已存在的地质环境问题和可能引发的地质环境问题提出防范和治理措施。

(3)保护方案作为评价报告附件,包括文字和保护方案图两部分,文、图应吻合。

(4)保护方案应在阐明现状和预测分析可能引起的地质环境问题与危害的基础上现场做出,方案应具体且具有可行性。

第四节　实例——湖南省青山煤矿矿山地质环境评估①

一、概述

(一)青山煤矿基本情况

青山煤矿位于湖南省涟源市七星街镇,其地理坐标为东经 111°51′47″～111°53′27″;北纬 27°53′25″～27°54′05″。该矿区在涟源市的东北部,距涟源市城区约 37km,距娄底市城区约

① 孟高头等.湖南涟源市七星街镇青山煤矿矿山地质环境影响评估报告,2004.7

17km，由涟钢管理的娄插准轨专用铁路（娄底—插花庙）从矿区西边经过，另有简易公路通向娄底、涟源、宁乡、湘潭等地，交通较为方便（交通位置图略）。

青山煤矿是一个已有多年开采历史的老矿，于1968年建井，1971年、1977年、1980年曾三次淹井停产。2001年11月疏干排水后恢复生产至今，移交给当地管辖，年产煤3万t，由私人承包生产，职工100余人。该矿以斜井、暗斜井方式开挖，以走向长壁式采煤，主采3号煤层，现开采水平为±0m水平。采用坑木支护，人力推车，绞车提升，并列抽出式通风，采掘挡头局扇送风，以竖井采用水泵排水。因采矿许可证到期，为办理采矿权延续手续，根据省、市要求，青山煤矿向上级主管部门进行了汇报，有关部门同意矿山采矿权延续登记。

按照湖南省的有关规定，青山煤矿委托中国地质大学（武汉）开展矿山地质环境评估工作。

（二）评估工作的主要依据

（1）《关于做好矿山地质环境影响评估工作的通知》（湘国土资发[2002]67号文，2002年12月9日）（以下简称《通知》）。

（2）《矿山地质环境影响评估技术要求》（国土资源部地质环境司，2002年5月）（以下简称《国技术要求》）。

（3）《湖南省矿山地质环境影响评估技术要求》（试行）（湖南省国土资源厅，2003年10月第一次修改）（以下简称《省技术要求》）。

（4）青山煤矿与中国地质大学（武汉）签订的委托合同书。

（5）《湖南省涟源市七星街镇青山煤矿资源储量报告》（湖南省煤田地质局第二勘探队，2003年8月）。

（6）《湖南省涟源市七星街镇青山煤矿开发利用方案》（湖南南方工程勘察有限公司，2003年12月）。

（7）国家有关矿产资源开采的法律法规等。

（三）评估工作的目的与任务

本次矿山地质环境评价工作的目的是全面调查、评估，对重点地质环境问题进行定性-半定量评价。对矿山建设及开采方案进行深入细致的研究，并针对重点问题编制地质环境保护和恢复治理方案，为矿山开发、采矿权审批及矿山地质环境监督管理提供技术依据。

其主要任务是：

（1）对评估区地质环境进行全面调查，基本查明矿山地质环境特征，对重点地质环境问题（包括地质灾害）的危险性进行评估；

（2）基本查明和预测矿业活动引发和可能引发的主要地质环境问题，包括形成条件、分布规律、影响因素、发育特征、发展趋势，论证其对矿山工程和地质环境的危害与破坏程度；

（3）对评估区地质环境承受能力和防治难度进行分析论证，对地质环境影响和地质灾害危险性做出定性-半定量评价；

（4）提出矿山地质环境保护方案，包括地质灾害防治对策和工程措施，编制地质环境保护、监测或恢复治理方案。

（四）矿山工程建设和开采设计方案

1. 矿山工程建设概况

青山煤矿对原青山井排水后，尽量利用了原有巷道，立井筒专门用作排水专用井，主斜井改为主井，供提升或通风用，副井功能未改变。青山煤矿范围内可采煤层只有上二叠统龙潭组的 3 号煤层，本次批准的采煤标高为＋50m～±0m 水平。附近的四方山矿井瓦斯相对涌出量为 3.53～5.75$m^3/(t \cdot d)$，可做为青山井瓦斯相对涌出量的参考数据，为低瓦斯矿井。

青山煤矿主要疏排下二叠统茅口组中的岩溶裂隙水，水质类型为 $HCO_3^- - Ca^{2+}$ 型，水质良好。但本区 3 号煤层属中硫煤，随开采范围和强度加大，煤中的硫经风化淋滤作用可能导致矿坑水中硫含量的增加。

矿井从未发生过瓦斯爆炸和煤尘爆炸，也未发生过煤的自燃现象及矿难事故。但 2001 年以前曾多次发生淹井。

2. 矿山开采设计方案

(1)矿区范围。矿区范围为一东西长约 2.7km、南北宽约 0.25km 的近似长方形矿区，面积约 0.558km^2(坐标表及相关图件略)，开采标高＋50～±0m。

(2)可采储量及矿山服务年限。在拐点圈定的矿区范围内，浅部起自目前采空区下界(＋50m 标高)，深部至±0m 水平，资源储量计算水平面积 58 200m^2。煤层倾角一般在 54°～57°，属急倾斜煤层，3 号煤层视密度为 1.35t/m^3。煤层厚度平均 2.04m。截至 2003 年 8 月，煤矿累计探明资源储量 89.9 万 t，其中保有资源储量 25.6 万 t，可采系数 0.7，预计可采储量为 17.9 万 t。所以，

服务年限＝可采储量/(井型×储量备用系数)＝17.9/(3×1.2)＝4.6(a)

(3)矿山开拓，矿井通风，工业广场及上下运输，矿井疏干与防治水、瓦斯，煤尘预测，煤层开采及顶板管理措施等略。

(五)评估范围与级别的确定

1. 评估范围

根据有关技术要求及本矿山地质环境条件的特点、矿层分布、设计开采范围、废矿渣堆放、矿坑水污染及边坡变形可能影响范围，特别是矿坑疏排水降落漏斗范围，确定评估区范围大致以矿区为中心，半径约为 3.89km 的圆形，面积约 47.5km^2，约为矿区面积(0.558km^2)的 85 倍(图件略)。

2. 评估级别

根据《省技术要求》中的煤矿类矿山地质环境复杂程度划分表的中等程度对照(表 6－12)，以及青山煤矿建设规模为小型(年产 3 万 t 煤)，矿山地质环境复杂程度为复杂，可确定本次评估级别为二级。

(六)本次评估工作概况

(略)

二、评估区地质环境

地质环境条件包括：自然地理、气象水文、地形地貌、地层岩性、地质构造、煤层矿床特征、新构造特征、工程地质条件、水文地质条件、人类工程活动的影响等。受篇幅所限，简述如下。

(1)自然地理。评估区位于丘陵地带，地势中间高为山梁，北侧为一冲沟，南侧为缓坡地带，东西两侧各有一条小河自北向南流过。评估区最高点 267.3m，最低点 184.3m，相对高差 83m。山梁南侧坡度一般为 5°～25°，北侧为 15°～25°。年降水量 1 246.8～1 852.8mm，日最大降雨量为 105.4mm(1994 年 7 月 18 日)。

(2)地层岩性。下三叠统大冶组灰岩和含泥质灰岩，厚 800m；上二叠统长兴组硅质灰岩与硅质泥岩，厚 180m；龙潭组黏土岩、砂岩及煤层，厚 20m；下二叠统茅口组石灰岩厚 500m。

表 6-12 青山煤矿地质环境复杂程度与《省技术要求》对照表

《省技术要求》的中等程度条件	青山煤矿情况	两者符合程度	结论
1. 以岩溶裂隙岩层充水为主，岩溶发育中等，矿坑最大涌水量＞$300m^3/h$，而＜$1\ 000m^3/h$	岩溶发育，矿坑最大涌水量 $1\ 000m^3/h$	不符合（青山最大涌水量 $1\ 000m^3/h$）	中等程度条件共 8 条，青山有 7 条与之符合，只有涌水量≥$1\ 000m^3/h$不符合，故青山煤矿地质环境条件复杂
2. 虽有地表水流过矿区，对矿床充水影响不大	有小河通过矿区两侧，对矿床充水有一定影响	较符合	
3. 矿层顶板工程地质条件中等	矿层顶板中等稳定	符合	
4. 具老窿和采空区，老窿水规模小，危害较大		符合	
5. 重复开采较少，或煤层不太厚，采空塌陷发育中等	煤层平均厚 2.04m，局部地裂缝发育	符合	
6. 地质构造发育中等，断裂构造对矿床充水及开发影响较大		符合	
7. 地质环境问题及类型较多，地质灾害较发育	采空区局部地裂缝，矿区北侧岩溶塌陷较发育	符合	
8. 地形条件中等，对形成崩塌、滑坡地质灾害有一定影响	地形条件中等，对形成崩塌、滑坡地质灾害影响小	符合	

（3）地质构造。该区位于桥头河向斜东北翼，为一单斜地层，倾向南东，倾角 55°左右，区内次级褶曲不发育，但断裂较发育。新构造运动微弱，地震基本烈度为Ⅵ度。

（4）工程地质条件。青山煤矿地表松散土体较薄，主要为第四系冲洪积物和残坡积物，以黏性土为主，厚度一般小于 8m；岩体主要为碳酸盐岩类，力学强度高，分布厚度大且广泛，其次为泥岩、砂岩和煤层，强度相对较低，呈较窄的条带状分布，厚度一般 20m 左右。煤层开采巷道顶板岩体较稳定，底板为泥岩，厚 1m 左右，力学强度较低。

（5）水文地质条件。该区主要含水层为茅口组岩溶溶洞裂隙含水层，属强含水层，为矿坑充水的主要来源，水量大，水质类型为 $HCO_3^- - Ca^{2+}$ 型；隔水层为龙潭组煤系地层及其上部长兴组的硅质灰岩夹硅质泥岩，两者厚度较大，为煤层顶板的稳定隔水层。

断层导水性。断层规模小，对矿区水文地质条件影响较小，虎溪桥逆断层规模较大，且和北支湄江相连，其导水性有待进一步查明。北支湄江已铺垫防渗，无明显漏水现象。

目前矿坑正常涌水量 $500m^3/h$，最大涌水量 $1\ 000m^3/h$。

（6）青山煤矿为低瓦斯矿井，有煤尘爆炸和煤层自燃危险。

（7）青山煤矿及其附近人类工程活动主要为采矿，已造成矿区北侧冲沟中地面岩溶塌陷和采空区局部地表地裂缝的产生，可能危及人居环境安全。

综上所述，评估区地质环境条件复杂程度整体上应属复杂类型。

三、矿山地质环境现状评估

（一）矿山水环境现状评估

1. 矿山开采对地表水的影响

矿区内地表水主要是矿区东侧的小河和西侧的北支湄江，为常年性流水，旱季与雨季流量一般分别为 $0.1m^3/s$ 和 $0.2m^3/s$。据实地调查，矿区北侧地表岩溶塌陷坑很多，地表溪水沿塌陷坑渗入地下，造成地表池塘漏失较多，因此，现状评估矿业活动可能导致地表水体漏失。

由于青山煤矿已开采多年，在斜井旁和风井井口前方的山坡上堆积了大量煤矸石，煤矸石堆长 60m，宽 30m，厚度一般 10m 左右，顺山坡堆放。由于受雨淋和山坡上方雨水的冲刷，会溶解煤矸石中的硫而形成含 SO_4^{3-} 的酸水而污染水体，所以煤矸石堆放区与煤场附近对地表水环境污染程度为较重。

2. 矿山开采对地下水的影响

(1)地下水资源量减少。青山煤矿水文地质条件复杂，岩溶裂隙水丰富，矿坑疏干排水量非常大，引起地下水位大幅度下降。淹井时的地下水位高程为 178m，现地下水位已疏干到 −20m水平，则地下水位下降达 198m，已形成很大的地下水位降落漏斗，故现状评估矿业活动对地下水资源量影响程度较重。

(2)区域地下水均衡破坏。评估区中间高，南北两侧较低，东西各有小河自北向南流过。矿区最高点 267.3m，最低点高程 184.3m，矿区相对高差 83m。由于矿坑抽排水量大，会导致茅口组含水层上部地下水被疏干，使其呈负均衡，地下水位下降大，故现状评估矿业活动对区域地下水均衡破坏较重。

综上所述，矿业开发对水环境影响较重。

(二)地质灾害现状评估

青山煤矿位于丘陵地带，地形主要受岩性和构造控制，自然形成的滑坡、泥石流很少。所以，采矿诱发的地质灾害主要为采空区地表地裂缝和矿坑疏干排水引起的岩溶塌陷，其次为采矿坑道顶板冒落和矿坑底板突(涌)水、煤层自燃与煤尘爆炸等。

1. 采空区地表地裂缝

青山煤矿已开采多年，地下已形成较大采空区。采空区东西长约 2 880m，南北宽约 100～160m，平均 130m。按已累计采煤数量 64.3 万 t 计算(煤的视密度 1.35t/m³，煤层平均厚 2.04m)，目前采空区面积约 0.233 5km²。由于煤层倾角较陡，为 55°左右，所以在地表已形成多处地裂缝。地裂缝延伸方向和地层走向基本一致，长度为几米到几十米不等，宽度从几毫米到几厘米不等。

随着近两年开采活动的进展，地裂缝已有加剧的迹象，严重影响到采空区上方当地居民的生活。据调查，高头屋里居民点(位于矿区东端，共有 5 户、16 人)和围子湾居民点(位于矿区中部，共有 20 户、78 人)的房屋，由于矿山开采引起的地裂缝已穿透矿区南山坡的多座民房，使民房墙体和地板开裂。

2. 地面岩溶塌陷

由于矿坑疏干排水的水量较大，导致矿区北侧冲沟中产生了 42 个岩溶漏斗塌陷坑，直径 1～5m，深度 0.5～3m，有的地方岩溶塌陷坑呈串珠状。另外，在东端的河漫滩上也有多处新的岩溶塌陷坑。

3. 矿坑突水淹井

由于主采煤层底板与茅口组灰岩之间的距离平均只有 0.5m，所以茅口组岩溶裂隙水可直接进入矿坑，区内沿煤层露头线有一定数量的老窑分布，废弃的巷道可能聚集了一定的水量，是开发浅部矿床时的安全隐患之一。如前所述，本矿过去曾发生过多次淹井，危害对象为地下井巷和矿工，损失大，故现状评估地下采矿矿坑突水的危险性大。

4. 巷道顶板冒落片帮

青山煤矿主采煤层巷道顶板岩性为深黑色、薄—中厚层状砂质泥岩，厚约 1.5m，属Ⅰ～Ⅱ级顶板；老顶以细砂岩为主，厚约 3.0m，抗压抗剪性能好，不易垮落。局部有炭质泥岩为顶，厚约 0.1～0.3m，该岩层质软，可随煤层开采而坍落。由此可知，冒落片帮直接危害地下井巷和矿工，造成的损失中等，故现状评估巷道顶板冒落片帮的危险性中等。

5. 瓦斯及煤尘灾害

据以往勘探资料及邻近矿井资料，本矿属低瓦斯矿井，邻近的四方山矿井瓦斯相对涌出量为3.53～5.75m^3/(t·d)，可作为本矿矿井瓦斯相对涌出量的参考数据。

根据本煤矿化验资料，原煤的可燃体挥发份含量为20%～25%，具煤尘爆炸危险；煤层挥发份含量大于20%，含硫量为2.0%～2.5%，有自燃的危险。

但该矿开采至今从未发生过瓦斯爆炸、煤尘爆炸和煤层自燃现象，故现状评估地下采矿煤与瓦斯突出和瓦斯爆炸危险性小，煤尘爆炸、自燃发火危险性小。

6. 斜坡稳定性

评估区属丘陵缓坡地形，地表径流条件较好，植被较发育，有利于水土保持；地形坡度平缓，岩层倾角大于坡角，目前没有滑坡、泥石流发生；但因为地面岩溶塌陷的原因，导致采矿范围内局部地段边坡不稳定，有边坡裂缝产生。所以，青山煤矿采矿破坏区斜坡稳定性为不稳定，其他区为基本稳定区。

(三)土地资源、土石环境现状评估

1. 矿业活动占用土地

青山煤矿矿业活动占有土地主要包括井口车场、风井、煤坪、矸石堆放场、道路、生活区等，总占地面积0.015km^2，占采矿区面积(0.558 km^2)2.7%，小于10%，故矿业活动占有土地对土地资源影响程度较轻。

2. 地表变形影响土地利用

矿区北侧冲沟与河床中的岩溶塌陷区使水田变为旱田，从而减少耕地面积0.15km^2，占采矿区面积的26.8%。局部采空区地表所产生的地裂缝影响矿区内土地的利用，影响面积为0.016 7km^2，占采矿区面积的3 %，危害对象为地表引水渠道，还有少部分林地，损失中等。故地表变形影响利用土地程度为严重。

3. 水土流失

地表开挖翻动规模小，未造成水土流失；但区内地下水位超常下降，造成附近农田失水而引起水土流失。因此，水土流失对土地资源影响程度严重。

4. 土石污染

根据矿山开采现状分析，区内矿业活动所造成的土石污染主要是采矿废水、矸石浸出水通过接触或渗入方式输入土壤及风化岩中，致使土石受到污染。污染面积约3 506m^2，由于主采煤层属于中高硫煤，对土石污染程度较大，治理难度较大，故现状评估矿业活动对土石污染较重。

综上所述，现状评估矿业活动对区内土地资源、土石环境影响较重。

(四)矿山人居环境现状评估

从前面论述中可明显看出，现状条件下矿业活动对区内人居环境造成影响的地质环境问题主要有如下几个。

(1)采空区岩溶塌陷与地裂缝造成地表变形破坏。由于矿山开采引起的地表裂缝已穿透六座民房，使民房墙体开裂，地板开裂；另外在矿区外围西北方向的周家冲，三角塘居民点一带的一处民房，矿区北侧冲沟北侧洪源机械厂南墙受到了矿坑疏干排水引起的岩溶塌陷坑影响。所以地表变形对人居环境影响严重。

(2)煤矸石堆放导致土地荒漠化，使土地难以利用，影响面积 2 730m²，影响程度较重。

(3)采矿导致地表水、浅部地下水、耕地、稻田受到污染，影响面积 3 506m²，污染程度较重。

针对上述地质环境问题，现状评估可将采矿区地表划分为地面岩溶塌陷变形地质环境影响严重区($Ⅰ_1$)、采空区地裂缝地质环境影响严重区($Ⅰ_2$)、煤矸石堆放地质环境影响严重区($Ⅰ_3$)；地面岩溶塌陷变形较重区($Ⅱ_1$)、采空区地面地裂缝较重区($Ⅱ_2$)、水土污染地质环境影响较重区($Ⅱ_3$)和地质环境影响较轻区(Ⅲ)。

(五)小结

现状评估总体情况如表 6－13 所示。

表 6－13　矿山地质环境现状分项评估表

地质环境问题现状		分布位置	影响及危害对象	损失情况	影响程度
水环境	地下水资源枯竭	矿山区及其附近地区	茅口组含水层	中等	较大
	地下水均衡破坏	矿山区及其附近地区	茅口组含水层	中等	较大
	地表水漏失	北支湄江	北支湄江	中等	较大
	水质污染	矿坑排水区及矸石堆下游	浅部地下水	中等	较大
土地资源土石环境	矿业活动占用土地	井口采场、煤坪、矸石堆场等	稻田、林地、耕地	较轻	较小
	地表变形影响利用土地	矿山区北侧冲沟的东侧	林地、矿山地面设施	严重	较大
	水土流失	塌陷区	林地、稻田	中等	较大
	土地荒漠化	井口采场、煤及矸石堆放区及下游，地面塌陷与地裂缝变形区	林地、耕地、稻田	严重	较大
	土石污染	矸石堆下游	耕地、稻田	中等	较大
地质灾害	巷道顶板冒落片帮	地下井巷	井巷、矿工	中等	中等
	采空区地裂缝	采矿区、矿区南山坡、矿区外围西北部	房屋、矿山地面设施、地表耕地	严重	较大
	地面岩溶塌陷	矿山区北侧冲沟的东侧	房屋、耕地、林地	严重	较大
	矿坑突水	煤巷	矿井地下巷道、矿工	严重	较大
	泥(矸)石流	矸石堆下游	林地、耕地、稻田	较轻	较小
	煤与瓦斯突出	煤巷	煤矿、矿工	较轻	较小
	瓦斯爆炸	煤巷	煤矿、矿工	较轻	较小
	煤尘自燃或爆炸	煤巷	煤矿、矿工	较轻	较小
	斜坡稳定性	矿山开采破坏区	林地、耕地、房屋	中等	较大
		其他区	林地、耕地等	较轻	较小
人居环境	采空区地裂缝	矿区南山坡、矿区外围西北部	林地、耕地、房屋	严重	较大
	地面岩溶塌陷	矿山区北侧冲沟	房屋、林地、稻田	严重	较大
	水土污染	矸石堆场下游	地表水、地下水、耕地	中等	较大

(1)通过实地调查，结合区内地质环境条件分析，现状条件下矿业活动对区内水环境影响较重。

(2)经调查，得知区内已发生的地质灾害主要是岩溶塌陷、地裂缝、矿坑突水等。

(3)采矿区斜坡不稳定，其他区基本稳定。

(4)经调查，得知现状条件下矿业活动对区内土地资源和土石环境影响均较重。

(5)矿业活动对区内人居环境的影响主要是矸石堆放影响面积 2 730m²，导致土地荒漠化，影响程度严重；地面岩溶塌陷变形（Ⅰ₁）与地面地裂缝（Ⅰ₂）引起居民房屋开裂、土地荒漠化，影响面积 0.154 3km²，影响严重；水土污染（Ⅱ₃），影响面积 3 506m²，影响较重。

现状评估针对地质环境问题划分为：地质环境影响严重区（Ⅰ），包括岩溶塌陷地质环境影响严重区（Ⅰ₁）、采空区地裂缝地质环境影响严重区（Ⅰ₂）和煤矸石堆放地质环境影响严重区（Ⅰ₃）；地质环境影响较重区（Ⅱ），包括地面岩溶塌陷变形较重区（Ⅱ₁）、地面地裂缝较重区（Ⅱ₂）及水土污染地质环境影响较重区（Ⅱ₃）。

四、矿山地质环境预测评估

（一）未来矿山开采对水环境影响的预测评估

1. 对地下水资源影响预测

(1)地下水资源枯竭预测。矿山开采时矿坑疏干排水是持久和连续性的，随着未来开采深度增大，排水量也会增大，还将继续引起地下水位超常下降，所以预测未来矿业活动对区内地下水资源枯竭影响程度严重。

(2)矿坑涌水量预测。矿坑涌水量预测采用地下水动力学法中的大井公式。

根据钻探及生产矿井揭露，本区矿坑水来源主要为茅口组岩溶水，而老窑水、断层水较少，大气降雨是引起矿坑涌水量动态变化的主要因素，矿床水文地质条件属复杂类型。根据青山矿区水文地质特征及地下水赋存条件，认为灰岩岩溶水及裂隙水为承压水。由于含水层底板高程为－400m，而排水主井已经开拓到－130m 标高，故用承压水非完整井来计算该矿涌水量（开采至±0m 水平）。

经计算（具体计算过程略），青山煤矿区±0m 水平（开采末期）正常涌水量 609.5m³/h，最大涌水量 1 465.1m³/h，可做为矿坑拟定排水方案和设备选型时参考（未包括突水时的瞬时最大涌水量）。如用潜水大井公式计算影响半径则为 3.89km。

2. 区域地下水均衡状态或破坏预测

根据开采设计方案，未来矿山开采条件与现状相比开采深度增大，岩层变缓，对矿坑充水的含水层没有变，矿坑抽排水量更大，地下水位下降大于 100m，水资源明显减少，影响半径为 2.04km，严重影响矿区和附近水源地的供水，使其呈严重负均衡，对区域地下水将产生明显影响，故预测未来矿业活动对区域地下水均衡破坏程度较重。

3. 地表水漏失预测

评估区地表水系不发育，地表径流条件较好，北支湄江在矿区西侧自北向南径流，流经茅口组、香泉山灰岩地段，以前进行过铺底防渗处理。开采深度到±0m，地裂缝与地面塌陷变形范围增大，导水裂隙带会波及到地表，且铺底防渗效果随着时间逐渐变小，北支湄江与矿井之间的导水通道可能贯通，水体漏失可能性大，矿区北侧的岩溶塌陷坑也是地表水漏失的重要通道，故预测未来矿业活动对地表水体漏失影响较重。

4. 水质污染预测

目前矿坑排出的水绝大部分为茅口组中的岩溶裂隙水，水质属 $HCO_3^- - Ca^{2+}$ 型淡水，适合饮用和灌溉。所以矿坑排水基本不会污染地下水与地表水。但随着矿业活动的进一步开展，煤和煤矸石堆放范围越来越大，因煤层属中高硫煤，矿石和煤储放场遇雨水冲刷和淋滤后会对其下游水体产生较重的酸性污染，故预测未来矿业活动对区内局部水质污染较重。

综上所述，未来矿业活动对局部地表水、地下水污染较重，对地表水漏失影响较重，对地下水资源枯竭、区域地下水均衡破坏影响较重。

（二）对土地资源和土石环境影响的预测评估

1. *矿业活动占用土地资源*

未来矿山开采在原开采范围内进行，未扩大矿山用地范围，工业场地、地面建筑、住房都利用现有工程建筑，不新增建设内容，区内矿业活动占用土地主要为井口车场、矸石堆放场、煤坪、道路、生活区、办公区等，但煤矸石堆面积会扩大，总占地面积 $0.018km^2$，占采矿区面积的 3.2%，小于 10%。故预测未来矿业活动占用土地资源影响程度较轻。

2. *采矿地表变形破坏影响利用土地*

(1)地下采空区地表地裂缝影响土地资源预测评估。青山煤矿为一老矿，在地表已产生了明显的地裂缝。随着开采的进一步拓展，采空区面积还会进一步加大，地裂缝还会进一步加深、加宽、加长，特别是在高头屋里及围子湾一带地下煤层较厚处。所以根据煤层厚度与开采标高 +50～±0m，可将采空区上方地裂缝发育程度分区。

由于开采巷道顶板离地表达 140～190m，煤层倾角又较陡，在煤层厚度不大的地方（如小于 1m），采空区上方的岩层较坚硬，不会波及到地表。根据目前地表地裂缝发育规律，今后地表地裂缝发育区主要呈近东西向条带状发育在煤层较厚（如 2m）的采空区上方，沿岩层走向展布。地裂缝向坡脚下方的稻田扩展的可能性较小，因为稻田区为煤层顶板的碳酸盐岩区，强度远高于煤系地层，顶板厚度又逐渐向南变厚，所以对南部稻田影响较轻。

预测采空区地表变形地质环境影响严重区（$Ⅰ_2$）面积约为 $0.19km^2$，采空区地表变形地质环境影响较重区（$Ⅱ_2$）面积约为 $0.176km^2$。

(2)矿坑疏干排水引起的地面岩溶塌陷影响土地资源预测评估。青山煤矿矿坑排水主要是来自下二叠统茅口组灰岩中的岩溶裂隙水，水量丰富。矿区北侧有一近东西向冲沟，冲沟东端和矿区东侧一小河（小河自北向南流过）河谷相连。冲沟和小河河谷表层为第四系冲洪积物，厚度 1～5m 不等，一般 3m 厚，冲洪积物多为黏性土，含碎石，呈松散状态。

自青山煤矿开采以来，在地面已形成岩溶塌陷坑，一般多局限于冲沟与小河谷中，山坡上则少发现。随着开采的进展和深度加大，矿坑排水量将增加，地下水位降落漏斗范围会进一步扩大，地下水位下降漏斗的影响半径为 2.04km。所以岩溶塌陷坑的范围将会扩大，预测岩溶塌陷影响严重地区面积约为 $0.35km^2$，影响较重地区面积约为 $0.165\ km^2$。

预测未来茅口组灰岩分布区地面塌陷的危险性大，致使该地段土地难以利用，部分居民房屋开裂，危害对象为林地、矿山地面设施、房屋，损失大，故预测未来采矿对地表变形破坏影响利用土地程度严重。

3. *土石污染*

煤和煤矸石露天堆放过程中，遭受到风吹日晒雨淋、水冲，会风化、分解和溶解，形成含 SO_4^{2-} 的酸性水污染水体和土壤。污染范围除煤矸石堆放地外，还会使污染水顺山坡向下游污染，污染面积约 $0.011km^2$，污染治理难度较大，故预测未来矿业活动区内土石污染较重。

综合以上分析，预测今后的矿山开采活动对土地资源和土石环境影响较重。

(三)地质灾害危险性预测评估

1. *矿山建设可能诱发、加剧地质灾害的可能性*

(1)诱发、加剧巷道顶板冒落片帮的可能性。青山煤矿自建矿以来,进行了多年开采,地下采空区越来越大,采空区上方的岩性为泥岩和砂岩,薄—中厚层,为含煤岩系,属上二叠统龙潭组,厚15.0～25.0m,一般厚20m左右。当其中的煤被挖出后,较易产生顶板垮落。当煤层采动后,则在采动之处形成了一个低压自由空间,从而破坏了原来的静力平衡状态,引起了四周岩石压力向此自由空间的顶、底板及四壁集中。当采空区进一步扩大,压力拱的曲率已不能满足外压力的平衡时,则压力拱将被破坏,上覆低强度岩层将向下冒落。随着时间的推移,采空区范围越来越大,矿业活动产生的应力会加剧松动的岩石冒落。煤层顶板为砂质泥岩,为Ⅰ～Ⅱ级顶板,强度较低,会发生冒落,需要支护,故预测未来矿业活动加剧巷道顶板冒落片帮的可能性中等。

(2)诱发、加剧地裂缝的可能性。目前,矿业活动已引起采空区上方地表产生了多处地裂缝,引起农舍地面和墙体多处开裂,随着开采规模的进一步扩大,采空区上方的地裂缝还会进一步加剧,采空区上方农舍和建筑物均会受到严重影响。由于岩层倾向南,则地裂缝会继续向南发展,宽度也会继续加大,使采空区上方局部地面建筑物成为危房。

地裂缝向坡脚下方的稻田扩展的可能性较小,因为稻田区煤层顶板为碳酸盐岩,强度远高于煤系地层,所以对南部稻田影响较轻,故预测评估未来矿业活动加剧采空区地裂缝的可能性大。

(3)诱发、加剧地面岩溶塌陷的可能性。青山煤矿继续向深部开采,必须疏干更多的矿坑水,使地下水位进一步下降,将会引起矿区北侧的岩溶塌陷进一步发展和范围进一步扩大,岩溶塌陷坑将进一步增多。经实地调查,按岩溶地面塌陷预测判别因子量化打分,如表6-14所示,总得分18分,诱发岩溶塌陷的可能性大,故预测未来矿业活动诱发地面岩溶塌陷的可能性大。

表6-14　岩溶地面塌陷预测量化评判表

因子	岩溶发育程度	覆盖层岩性结构	覆盖层厚度/m	岩溶地下水位/m	岩溶地下水径流条件	地貌	工程加载
特征	强烈	多层黏性土、砂类土、含碎石土	2～8	在基岩面附近波动	主径流带、排泄带	丘陵或山前滑坡	7层以下公路建筑
得分	3	2	3	4	3	2	1
总得分	$N=18$,诱发岩溶塌陷的可能性大						

(4)诱发、加剧矿坑突水淹井的可能性。根据区内地质环境条件及开采设计方案,矿区西侧北支湄江自北向南径流,北支湄江流经茅口组、香泉山段灰岩发育地段,曾进行过铺底防渗治理。随着矿山的进一步开采,矿区地表水体将与茅口组含水层有水力联系,故地表水体对未来矿坑突水的影响大。煤矿区西侧有虎溪桥逆断层,断层走向近南北,倾向西,造成地层错动30m,且断层已延伸至北支湄江,随着矿山的进一步开采,断层带有可能导水,也是矿坑突水的重要来源,故预测未来矿业活动诱发、加剧矿坑突水淹井的可能性大。

(5)诱发泥(矸)石流的可能性。随着矿床的进一步开采,风井旁煤矸石和废石会越积越多,开采末期面积将达到 7 540m^2。由于该废石堆上方的汇水面积达 7 500m^2,且为一山坡,废石堆东侧为一沟,废石沿沟西侧的山坡堆放,坡度达 12°。根据泥石流沟严重程度数量表打分(表 6-15),总得分为 85 分,为中等易发沟。在特大暴雨时,水流集中,有可能发生泥(矸)石流灾害,平时则稳定。所以,由于矿山建设而诱发泥(矸)石流的可能性中等。

表 6-15 泥石流预测表

项 目	特 征	得 分
崩塌、滑坡及水土流失严重程度	无崩塌、滑坡、冲沟发育	16
沟口泥石流堆积活动程度	河形无较大变化,仅大河主流受迫偏移	11
河床纵坡降/(°)	12	12
区域构造影响程度	相对稳定区	5
流域植被覆盖率/%	20	7
河沟近期一次变幅/m	0.2	1
岩性影响	软硬相间	5
沿沟松散物储量/($10^4 m^3/km^2$)	>10	6
沟岸山坡坡度/(°)	25	5
产沙区沟槽横断面	U形谷	3
产沙区松散物平均厚度	>10	5
流域面积/km^2	0.2 以下	3
流域相对高差/m	300～100	3
河沟堵塞程度	中等	3
总得分		85

(6)诱发瓦斯灾害的可能性。据以往勘探资料及邻近矿井资料,本矿属低瓦斯矿井。矿山开采至+50m 水平,未来矿山开采至±0m,按附近矿井瓦斯梯度每 100m(垂深)瓦斯增加 2.5m^3计算,±0m 水平相对瓦斯涌出量最大为:$(50\sim0)\times2.5/100+5.75=7.0\ m^3/(t\cdot d)<10\ m^3/(t\cdot d)$,因此矿井属于低瓦斯矿井,故预测未来矿业活动诱发瓦斯灾害的可能性小。

(7)诱发煤层自燃与煤尘爆炸的可能性。根据煤质化验资料,原煤的可燃体挥发分含量为 20%～25%,具煤尘爆炸危险。挥发分含量>20%,硫含量为 2.0%～2.5%,煤层有自燃的危险,故预测井下巷道遭受煤尘爆炸和煤的自燃的可能性大。

2. 矿山建设可能遭受地质灾害危险性评估

(1)巷道遭受顶板冒落片帮的危险性。由前述可知,未来矿业活动诱发巷道顶板冒落片帮的可能性中等。危害对象为地下井巷,造成人员伤亡,损失中等,故预测巷道遭受顶板冒落片帮危险性中等。

(2)开采区遭受采空区地表变形和地面岩溶塌陷的危险性。目前,矿业活动已引起采空区上方地表产生了多处地裂缝,引起农舍地面和墙体多处开裂,随着开采规模的进一步扩大,采空区上方的地裂缝还会进一步加剧,主要危害对象为矿山地面设施、林地、房屋、稻田等,造成的损失大,故预测开采区遭受采空区地表变形(地裂缝)和岩溶塌陷的危险性大。

(3)矿坑突水的危险性。从前述预测可知,矿坑突水淹井的可能性大,主要危害对象为地下井巷和矿工,造成的损失大,故预测矿坑遭受涌水淹井的危险性大。

(4)矿区遭受泥(矸)石流的危险性。现状条件下,评估区未发生泥石流。在特大暴雨时,水流集中,有可能发生泥(矸)石流灾害。危害对象是矿区的竖井和办公室、职工宿舍及相关人员,所造成的损失中等,故预测遭受泥(矸)石流的危险性中等。

(5)地下井巷遭受瓦斯灾害的危险性。预测矿山开采至±0m时,该矿井仍属于低瓦斯矿井,其危害对象是地下井巷与矿工,造成的损失小,故预测井巷遭受瓦斯灾害的危险性小。

(6)地下井巷遭受煤层自燃与煤尘爆炸的危险性。预测井下巷道遭受煤尘爆炸和煤的自燃的可能性大,危害对象是地下井巷与矿工,造成的损失大,故预测井巷遭受煤层自燃与煤尘爆炸的危险性大。

3. 斜坡稳定性预测

评估区属丘陵缓坡地形,地表径流条件较好,地形坡度平缓,岩层倾角大于坡角,目前没有滑坡、泥石流发生;但是随着矿床的进一步开采,青山煤矿在疏排茅口组岩溶水的过程中,地面岩溶塌陷范围会增大,在地表形成塌陷区,采空区地裂缝还会进一步扩大,故预测评估青山煤矿采矿破坏区地面与斜坡稳定性不稳定,其他区为基本稳定区。

(四)矿山建设对人居环境影响的预测评估

目前由于青山煤矿的矿业活动已引起采空区地裂缝产生,使高头屋里与围子湾两处居民点多处房屋墙体和地板开裂,影响到117人的正常生活和生命、财产的安全,随着开采规模的加大,采空区的范围及其影响区还会扩大,在上述区域内的房屋将会变成危房;由于矿坑涌水量的增加,疏干排水力度加大,地下水位进一步下降,将引起更多岩溶地面塌陷,因而会危及到位于冲沟边缘的周家冲、三角塘一带部分居民的房屋安全,进一步会危及人的生命及财产安全;采空区地面塌陷变形与地裂缝,引发地表变形破坏影响土地利用、水土流失、土地荒漠化等,所造成的损失大,难以恢复治理,影响程度严重;煤矸石堆放占用土地,并可能造成泥(矸)石流灾害,影响面积7 540m^2,影响土地资源程度严重;水土污染主要是影响矸石堆下游耕地、稻田,面积11 059m^2,影响程度较重。所以,综合起来可知,预测矿山建设对人居环境影响较重。

(五)小结

(1)矿山开采对地下水资源影响严重,对水环境影响较重。

(2)矿山开采遭受的地质灾害类型为采空区地面塌陷与地裂缝、矿坑突水淹井、泥(矸)石流灾害、巷道顶板冒落片帮、煤层自燃与煤尘爆炸等。通过预测分析,矿山建设诱发、加剧巷道顶板冒落片帮的可能性中等,危险性中等;诱发泥(矸)石流的可能性中等,危害性中等;加剧采空区地面塌陷与地裂缝可能性大,危险性大;矿坑突水淹井可能性大,危害性大;诱发瓦斯灾害可能性小,危害性小;煤层自燃与煤尘爆炸的可能性大,危害性大;矿山开采造成斜坡不稳定,其他区斜坡基本稳定。

(3)未来矿业活动对土地资源、土石环境诱发的地质环境问题主要是岩溶塌陷、地裂缝以及煤矸石堆放导致土地荒漠化,影响程度严重;矸石堆下游土石污染,影响较重;预测未来矿业活动对区内土地资源影响严重,土石环境影响较重。

(4)矿山建设规模小,未来矿业活动对人居环境影响主要是采空区地面塌陷和地裂缝影响程度严重,矿山建设占用土地、煤矸石堆放以及泥石流导致土地荒漠化,影响程度严重,水土污染较重。如表 6 - 16 所示。

表 6 - 16 矿山地质环境影响预测分项评估表

地质环境问题现状		分布位置	影响及危害对象	损失情况	影响程度
水资源水环境	地下水资源枯竭	矿山区及其附近地区	茅口组含水层	损失大	严重
	区域地下水均衡破坏	矿山区及其附近地区	茅口组含水层	损失大	严重
	地表水体漏失	北支湄江、小溪	北支湄江	损失中等	较重
	水质污染	矸石堆下游	浅部地下水、地表水	损失中等	较重
土地资源土石环境	矿业活动占用土地	井口车场、煤坪、矸石堆场等	稻田、林地、耕地	损失小	较轻
	地表变形影响利用土地	矿山区北侧冲沟的东侧及地裂缝区	耕地、房屋	损失中等	严重
	水土流失	矿山区北侧冲沟的东侧及地裂缝区	林地、稻田	损失中等	严重
	土地荒漠化	井口采场、煤及矸石堆放区及下游、地面塌陷与地裂缝变形区	林地、耕地、稻田	损失中等	严重
	土石污染	矸石堆下游	耕地	损失中等	较重
地质灾害	巷道顶板冒落片帮	地下井巷	井巷、矿工	损失中等	中等
	采空区地裂缝变形	矿区南山坡	房屋、林地	损失大	大
	地面岩溶塌陷变形	矿山区北侧冲沟	房屋、耕地	损失大	大
	矿坑涌水淹井	井巷	矿井地下巷道、矿工	损失大	大
	泥(矸)石流	矸石堆下游	林地、耕地	损失中等	中等
	瓦斯爆炸	煤巷	煤矿、矿工	损失小	小
	煤层自燃与煤尘爆炸	煤巷	煤矿、矿工	损失大	大
人居环境	采空区地裂缝变形	矿区南山坡	林地、耕地、房屋、地表设施	损失大	严重
	地面岩溶塌陷变形	矿山区北侧冲沟及小河谷	房屋、耕地	损失大	严重
	水土污染	矸石堆场下游	地表水、地下水、耕地	损失中等	较重
地面与斜坡稳定性		矿山开采破坏区、北侧冲沟	林地、耕地、矿井地面设施等	损失中等	不稳定
		其他区	林地、耕地等	损失小	基本稳定

五、矿山地质环境综合评估

综合评估是在现状评估、预测评估的基础上,对矿山地质环境进行的评估。依据地质灾害影响水土资源、危害损失与治理难度,参照矿业活动对地质环境影响程度进行分区和分级。

(一)矿山开采地质环境影响特征

由现状评估与预测评估归纳分析,未来矿山开采地质环境影响特征如下。

(1)地下开采主采第三煤层,煤层厚度不均,倾角陡,达 50°左右,在采空区地表产生地裂缝和塌陷,造成居民房屋开裂,危及居民财产安全,影响破坏土地利用,现状影响范围 0.019 2km^2,预测影响严重的范围 0.19km^2,危害对象为居民房屋、林地、地面设施,损失大,影响程度严重。

(2)矿床水文地质条件复杂,矿坑涌水量大,开采末期正常涌水量 609.5m^3/h,最大涌水量 1 465.1m^3/h。矿坑排水疏干引起的地下水位降落漏斗范围较大,引起了矿区北侧沟谷地带中的岩溶塌陷,现状影响范围 0.14km^2,预测影响严重范围 0.35km^2,危害对象为居民房屋、林地,损失大,程度严重。

(3)矿坑排水疏干会对地下水和地表水产生一定影响，主要是矿区及其影响区地下水资源减少，地下水位超常下降，对水资源影响严重。

(4)煤矸石越积越多会造成土地荒漠化，致使耕地、林地难以恢复治理，现状影响范围2 730m²，预测影响范围 7 540m²，损失中等，程度严重。在特大暴雨条件下，有可能产生泥(矸)石流，危及矸石堆下游土地及矿山地面设施，并会对下游水体和土体有一定污染，现状影响范围 3 506m²，预测影响范围 11 059m²，损失中等，影响程度较重。

(5)未来矿业活动可能造成的主要地质灾害类型有巷道顶板冒落片帮、采矿区地面塌陷和地裂缝、矿坑突水淹井、泥(矸)石流以及煤层自燃与煤尘爆炸等。其中采矿引起巷道顶板冒落片帮的危险性中等，危害对象为地下井巷、矿工，造成人员伤亡，损失中等，危险性中等；采矿区诱发、加剧地面塌陷及地裂缝的可能性大，危害居民房屋、林地、地面设施，危害程度严重，危险性大；矿坑突水淹井的可能性大，危害对象为地下井巷、矿工，危害程度严重，危险性大；泥(矸)石流诱发的可能性中等，危害职工宿舍、林地，危害程度中等，危险性中等；煤层自燃与煤尘爆炸的可能性大，危害对象为地下井巷、矿工，造成的损失大，危险性大。

(二)矿山地质环境影响程度及矿山地质灾害危险性分区

根据本矿山开采对地质环境的影响特征，结合今后的开采设计方案，根据《省技术要求》的有关规定，并经综合分析后划分出三类矿山地质环境影响程度及矿山地质灾害危险性程度分区。

1. *矿山地质环境影响严重区(Ⅰ区)*

青山煤矿开采对矿山地质环境影响程度严重区(Ⅰ区)总面积为 0.547 5km²，占评估区总面积的 1.145%。对矿区及其周围部分地区的人居环境产生了严重影响，甚至危及到人的生命与财产安全。可进一步划分为：

岩溶塌陷地质环境影响严重区($Ⅰ_1$)，面积 0.35km²，占评估区面积的 0.73%；

采空区地表变形地质环境影响严重区($Ⅰ_2$)，面积 0.19km²，占评估区面积的 0.4%；

煤矸石堆放地质环境影响严重区($Ⅰ_3$)，面积 0.007 5km²，占评估区面积的 0.015%。

2. *矿山地质环境影响较重区(Ⅱ区)*

青山煤矿开采对矿山地质环境影响程度较重区(Ⅱ区)总面积为 0.352km²，占评估区总面积的 0.743%。具体划分为：

岩溶塌陷地质环境影响较重区($Ⅱ_1$)，面积 0.165km²，占评估区面积的0.35%；

采空区地表变形地质环境影响较重区($Ⅱ_2$)，面积 0.176km²，占评估区面积的 0.37%；

煤矸石淋滤水污染水土地质环境影响较重区($Ⅱ_3$)，面积 0.011km²，占评估区面积的 0.023%。

3. *矿山地质环境影响程度及地质灾害危险性较轻区(Ⅲ区)*

其范围是除Ⅰ、Ⅱ区以外的其他地段，面积约 46.6km²，占总评估面积的 98.1%。未来矿业活动对本区影响程度较轻，现状评估、预测评估与综合评估区内水土资源环境影响较轻，地质灾害危险性小，地质环境保护和地质灾害防治较容易。

(三)矿山建设适宜性评估

矿山建设适宜性评估原则是根据矿山地质环境条件以及地质灾害现状评估、预测评估，综合评估结果，按对应等级确定适宜性等级(表 6－17)。总体评估结论为：矿山地质环境影响严重，矿山建设适宜性较差。

表 6－17　青山矿区适宜性评估表

因素 \ 区位	Ⅰ		Ⅱ	
	采区以外矿区用地范围		开采区采空段	
	特征	标度指数	特征	标度指数
地面与斜坡稳定性	地面与斜坡稳定性为较稳定	1.2	地面与斜坡稳定性为不稳定	2
水土资源环境影响程度	水土资源环境影响程度现状评估与预测评估均为影响较重	1.2	水土资源环境影响程度现状评估与预测评估均为影响严重	2
地质灾害危险性	地质灾害危险性现状评估与预测评估为危险性中等	1.5	地质灾害危险性现状评估与预测评估为危险性大	2.5
损失与治理难易程度	损失较大，恢复治理难度较大	0.9	损失大，恢复治理难度大	1.5
工程地质条件	土体较厚、岩体工程性质较好	0.6	土体较厚、岩体工程性质较好	0.6
水文地质条件	地下水水量丰富、水压高、水质无腐蚀性	1	地下水水量丰富、水压高、水质无腐蚀性	1
适宜性评估	适宜性指数	6.4	适宜性指数	9.6
	适宜性等级	一般	适宜性等级	较差

六、矿山地质环境保护措施

根据本矿区地质环境条件，矿山开采设计和地质环境影响特点，提出本矿山地质环境保护方案与建议如下。

（一）水环境保护措施

(1)在排污口和矸石堆下游设置污水处理设施。

(2)定期对污水取样化验分析，提高污水处理效果，控制污水排放质量。

（二）土地资源保护措施

(1)对因岩溶塌陷和地裂缝破坏的土地进行填实复垦，植树造林，防止水土流失、土地荒漠化进一步扩大。

(2)在矸石堆场周围修建截、排水沟，在其下游建挡土墙，防止其影响周围及下游林地、耕地和矿上地面设施。

（三）地质灾害防治措施

1. 巷道顶板冒落片帮防治方案

(1)选择可行的支护方法(如浆砌块石支护)，对井巷易塌落地段可将塌落体清理，然后进行支护。

(2)按《煤矿安全规程》及设计规范要求，留设安全煤柱，严禁对设计保安煤柱进行回采，必要时还应加大煤柱尺寸。

(3)加强对巷道顶板冒落带的监测，发现异常或突发事件应及时上报处理。

2. 采空区地表地裂缝发育区和岩溶塌陷危及建筑物地基区保护方案与建议

(1)合理控制开采强度，制定科学有序的开采方案。

(2)如地面出现裂缝，沿煤露头地段出现塌陷，应及时回填，防止地表水渗入井下，防患于未然。

(3)对矿区员工及来矿区长期居住居民开展安全教育，提高其安全意识和自救水平。

(4)建议采空区地表地裂缝发育区和岩溶塌陷危及建筑物地基的（I_2 区、I_1 区）上方的居民全部搬迁到安全地带，搬迁新址的选定应由当地政府、居民、专家和煤矿共同协商决定，搬迁新址应避开目前和今后的采空区地表变形影响区，以及避开岩溶塌陷区。

3. 煤矸石堆污染水体及可能形成泥(矸)石流的防治措施

(1)在煤矸石堆上方挖横向排水沟，截取山坡上的雨水；在煤矸石堆左右两侧挖竖向排水沟并与横向排水沟相连，然后将水通过排水沟集中到污水处理池，经处理，水质达到国家污水处理排放标准后再排往矿区东侧的小河中。以减少泥(矸)石流的可能性，并减轻煤矸石对地表水和地下水的污染。煤矸石堆下方建挡矸石墙，墙基深入新鲜基岩中，以防矸石流形成。

(2)对煤矸石可进行再利用，如岩石巷道布置在煤层底板的茅口灰岩中，排出的矸石和灰岩有一部分被村民运走烧石灰和筑路用。也应将矸石大部用于回填废弃的巷道，以减少采空区地表变形。

4. 防治坑道、矿井突水措施

(1)潜水泵排水能力充足，是保证矿井安全生产的最主要因素。因此，必须保证潜水泵的备用台数，坚持检修制度，特别在雨季，必须保证潜水泵每台状态都在良好状态。

(2)对北支涠江的铺底工程，虎溪桥逆断层附近坚持定时监测制度。发现问题，立即解决。特别在雨季，在北支涠江河铺底工程要实行 24 小时监控，在其附近要准备充足的稻草袋、麻袋等充填砂袋。

(3)老窑口要封闭充填好，并挖好排水沟。防止雨季降水溃入井下。

(4)探放水要有专人负责，坚持“有疑必探，先探后掘”的探放水原则，防止穿老窿水、岩溶水。

(5)对岩溶塌陷、地裂缝等要及时填埋压实，变水田为旱田，在四周修截、排水沟等，采取行之有效的方法及时治理，防止地表水溃入井下。

(6)掌握准确的矿井水文地质变化情况，及时填绘采掘工程平面图，把采空区范围标注清楚、准确。配备好高素质的水文地质方面的工程技术人员。

5. 防治煤尘爆炸与煤层自燃的措施

(1)应按照瓦斯等级为矿井安全生产配备符合《煤矿安全规程》要求的机械、电气设备，安全监测、监控设备，以保障基本的安全生产条件。

(2)矿井风量保证不超通风能力生产。采掘作业面的风量符合相关规定。

(3)建立瓦斯防治的检测制度、报表审查制度等安全管理制度，并严格遵照执行。

(4)煤尘的爆炸性应由资质的单位做出鉴定。

(5)矿井采掘工作面应采取包括湿式钻限、水泡泥、喷雾洒水、个体防护、净化风流等在内的综合防尘措施。

(6)井下电气设备符合防爆要求。

(7)要及时封闭老塘、盲巷、采空区。余煤要清扫干净才能放顶。装煤点要定期清扫，防止煤尘堆积、飞扬。

(8)未尽事宜按照《煤矿安全规程》、作业规程有关规定执行。

七、结论及建议

(一)结论

(1)青山煤矿为 1968 年开工建设的国有老矿，由于当时防御突水能力差，造成矿井和坑道多次被淹而关闭，2001年再次恢复排水，生产至今，由于排水系统完善，排水能力充足，未再发生淹井事故，生产规模3万t/a。

(2)青山煤矿地质环境条件级别为复杂，其理由为：①矿坑充水以岩溶裂隙水为主，矿区北侧岩溶发育，开采末期，矿井正常涌水量600.5m^3/h，矿井最大涌水量1 465.1m^3/h；②具老窿和采空区；③矿层顶板工程地质条件中等；④地表水流经矿区外围，与地下水关系不甚密切；⑤重复开采较少，煤层不太厚，采空区地表局部地点地裂缝发育影响严重；⑥矿区为一单斜岩层，目前断裂构造对矿床充水影响不大；⑦地质环境问题及类型较多，地质灾害较发育；⑧地形条件中等，对形成崩塌、滑坡地质灾害可能性小。青山煤矿地质环境条件符合《省技术要求》里面中等条件8条中的7条。故青山煤矿地质环境条件为复杂。

(3)本次评估工作严格按照《省技术要求》进行，按矿山地质环境影响评估分级表中的条件，青山煤矿地质环境复杂程度为复杂(如上所述)，建设规模为小型，故评估分级为二级评估。

(4)青山煤矿矿井(坑)疏干引起地下水资源枯竭、地下水均衡破坏等。由于疏干排水主要为岩溶水，水质为$CO_3-Ca.Mg$型淡水，抽水排水而引起的水质污染较轻。

(5)青山煤矿抽水引起矿区北侧沟谷中大面积岩溶塌陷，使其中的可耕地受到严重影响，可采用及时填埋、复垦种植、变水田为旱田的办法部分解决上述问题。

(6)青山煤矿开采对人居环境影响：青山煤矿采空区地表变形地质环境影响严重区(I_2区)，使多座民房墙体和地板开裂，已变成危房；矿区北侧周家冲一带岩溶塌陷有的已危及建筑物地基(I_1区)，所以I_1和I_2区房屋开裂和即将开裂的农户和居民应搬迁到稳定的新址。

(7)青山煤矿地质灾害现状评估。青山煤矿已是多年开采的老矿，煤矿开采已造成采空区地表出现多处地裂缝(I_2区)，使多处民房墙体开裂，抽水疏干引起局部地区岩溶塌陷危及建筑物地基安全(I_1区)，煤矸石堆放区(I_3)使土地荒漠化。所以Ⅰ区($I_1+I_2+I_3$)为对人居环境影响严重区，其中I_1区面积0.137 6km^2，是矿区面积的24.7%，占评估区面积的0.29%；I_2区面积0.016 7km^2，是矿区面积的3.0%，占评估区面积的0.035%；I_3区面积0.002 73km^2，是矿区面积的0.49%，占评估区面积的0.006%。

Ⅱ区是地质环境影响较重区，又可进一步分为采空区地面塌陷与地裂缝变形亚区(II_2)、疏干排水岩溶塌陷区亚区(II_1)和水土污染较重区(II_3)，Ⅱ区面积共有0.054 47km^2，占评估区面积的0.1%。在Ⅱ区和疏干排水形成的地下水位降落漏斗外缘之间地区为矿山地质环境影响较轻区(Ⅲ区)。

(8)青山煤矿地质灾害预测评估。

1)采空区地表变形区(I_2区)、矿区西北侧沟谷的岩溶塌陷区(I_1区)及煤矸石堆放区(I_3)为矿山开采对地质环境影响严重区，面积共0.547 5km^2，占评估区面积的1.145%。I_1区面积预测为0.347 6km^2，是矿区面积的62.3%，占总评估区面积的0.73%；I_2区面积预测为0.19km^2，是矿区面积的34.1%，占总评估区面积的0.4%；煤矸石堆放区(I_3)面积0.007 54km^2，是矿区面积的1.3%，占总评估区面积的0.015%。

2)其他采空区地表变形区(II_2区)、岩溶塌陷区(II_1区)和煤矸石淋滤水污染区(II_3区)为矿山地质环境影响较重区。其中II_1区面积为0.165km^2，是矿区面积的30%，占总评估区面积的0.35%；II_2区面积为0.176km^2，是矿区面积的31.5%，占总评估区面积的0.37%；II_3区面积0.011km^2，占矿区面积2.0%，占总评估区面积的0.023%。Ⅱ区面积共0.352km^2，占评估区面积的0.743%。Ⅰ区和Ⅱ区外边界和开采末期抽水疏干引起的地下水位降落漏斗边界之间的地区为矿山地质环境影响较轻区（Ⅲ区），Ⅲ区面积为46.6km²，占总评估区面积的98.1%。

(9)矿山建设适宜性评估。

综合评价将矿山开采对地质环境影响分为三个区：

1)地质环境影响严重区（Ⅰ区），又细分为三个亚区。岩溶塌陷地质环境影响严重区（$Ⅰ_1$）、采空区地表变形地质环境影响严重区（$Ⅰ_2$）、煤矸石堆放地质环境影响严重区（$Ⅰ_3$）。

2)矿山开采对地质环境影响及矿山地质灾害危险性较重区（Ⅱ区）。Ⅱ区也细分为三个亚区：岩溶塌陷地质环境影响较重区（$Ⅱ_1$）、采空区地表变形地质环境影响较重区（$Ⅱ_2$）、煤矸石淋滤水污染水土地质环境影响较重区（$Ⅱ_3$）。

3)矿山开采对地质环境影响及矿山地质灾害危险性较轻区（Ⅲ区）。

综合评估矿山建设对地质环境影响严重，矿山建设适宜性较差。

(10)地质环境保护。

按照矿山地质环境保护方案建议和矿山实际情况制定详细的实施方案和措施，切实加强对水资源、水环境、土地资源和地质灾害的防治和保护，以实现"在保护中开发，在开发中保护"的要求。

总之，青山煤矿开采对地质环境影响严重，矿山建设适宜性较差。

(二)建议

(1)加强矿山技术管理工作，完善矿山各项规章制度，达到开采程序有章可循，以营造矿山技术管理工作的良好环境范围。

(2)成立安全领导小组，加强安全教育，领导班子和全体职工必须树立起"安全"意识，把责任落实到人、到岗，同时按照矿山安全工作要求，配置好安全设施。

(3)按照矿山地质环境保护方案的要求，加强煤矸石管理，在其周围修好截、排水沟，污水处理池，在其下建挡土墙，以防废石废水影响周边环境。

(4)针对可能诱发地质灾害的地段，派人巡检，发现安全隐患应及时通报处理。

第七章　生态地质环境评价

第一节　基本概念

一、生态地质环境的含义

生态环境与地质环境是自然环境中相互联系、密不可分的两个部分。两者之间的关系可以从以下三个方面加以考察。

1. 空间分布

地质环境的上限为岩石圈的表面，下限为人类科学技术活动可达到的地壳深部，但一般都认为其下限是地下 16～40km 左右。而生态环境的上限是地表以上 15～20km，据研究在地下约 10km 处仍有微生物生命活动存在，所以生态环境的下限为地下约 10km 处。这样，在地质环境与生态环境之间就有一个厚度很大的交叉带，在交叉带中，地质环境就成了生物生存的空间环境。

2. 物质能量循环

地质环境是生态环境的营养库。它提供了生物生长所必需的养分和水分，还为植物生长发育和动物的生存繁衍提供了温度条件；土壤的酸碱度、氧化还原性还影响着植物酶的产生，改变着动物的生活习性。可以说地质环境是生态系统物质与能量循环的起点，初级生产者正是从地质环境中摄取了各种养分、水分、热量等进行有机物质合成，构成了生态系统物质能量循环的最基本的一环。

相反地，生态环境中的物质和能量也不停地以各种形式返还到地质环境中去，在分解者的作用下，动植物的残渣和粪便以及一些生物碎屑等都还原为简单无机物，部分归还到大气环境与水环境中，绝大部分归还到地质环境中。在生物生命活动过程中，尤其是在分解者执行功能的过程中，生态环境中的能量也不停地以热能、化学能等形式进入地质环境。

3. 相互间的物理作用

生态环境与地质环境间不但存在着物质与能量的交换，而且由于其分布空间的重叠，两者之间还存在着物理作用。

地质环境对生态环境的物理作用主要是指地质灾害对生物的毁灭作用。而生态环境对地质环境的物理作用则包括：生态群落正向演替所产生的保护土壤、防止水土流失、防风固沙等良性作用；生态群落的退化造成水土流失、泥石流、滑坡等地质灾害。

所以，综合以上分析，可以给出“生态地质环境”的含义，即：除人口以外的由生态系统中不同层次的生物及其赖以生存的地质条件所构成的，与人类生产生活活动有着特殊关系的有机系统。笼统地说，它是指一个自然地理中的岩石、土壤、水、大气、气候、光照、温度、湿度、地理、地形、地貌与生物等组成的一个自然生态系统。其下限为人类科学技术活动达到的地壳深部，其上限为生物圈的上限。

二、生态地质环境质量

一个特定的陆地植被生态系统由两个子系统组成:生命子系统(植被)和非生命子系统(生境)。地下生境是后者的重要组分,是植被生态系统的次级子系统,也是地质环境的一部分。

从广义上而言,生态地质环境质量,主要是指地质环境的生态适宜性,即指在一个具体的生态地质环境内,环境中的地质要素为其内的生物群落所提供的生存空间的大小及对其正向演替的适宜程度。生态地质环境质量指地下生境中可供植物利用的资源(水分、养分、空气等)的数量、时空分布格局、对植物的适宜性等。

由于地下生境往往对地表植被结构具有决定性的作用,故对水资源与土地的不合理开发利用往往会造成地表植被,甚至导致整个生态系统的退化。如威胁全球生态环境质量的荒漠化问题除了自然因素外,大多是由于水资源与土地的不合理利用而导致地下生境资源流失,从而引发植被退化。正因如此,为寻求防止生态环境退化的最优水土利用方式,必须进行生态地质环境质量评价。

三、生态地质环境评价

生态地质环境评价就是对地质环境的生态适宜性的优劣程度进行定量描述,即按照一定的评价标准和评价方法,对一个特定区域内生态地质环境为生物群落提供的生存空间的大小和对其正向演替的适宜程度进行说明、评定和预测。其目的是为区域环境开发提供生态地质环境方面的决策依据,防止由于地质资源和地质环境的不合理开发而造成生态环境恶化,同时也为生态建设、生态环境问题的治理及生态环境保护提供科学依据。

对于天然植被生态系统,从植被生态系统的结构分析和生态地质环境评价的定义可以看出孕育如下内涵:①生态地质环境评价的目标是确定地下生境对地表植被的适宜程度;②生态地质环境评价是基于生态系统概念的评价,评价的是植被生态系统的两个重要组成部分——地下生境和植被之间相互作用;③生态地质环境评价是基于生态关系的评价,反映的是“地下生境与植被”间的生态关系和协调程度。生态地质环境评价不同于土地质量评价,它主要有如下特点。

1. 生态地质环境评价具有明确的对象

评价的对象是地下生境,即作为植被生态系统重要组成部分和子系统的、具有明确的上下边界和空间范围的地下生境。因此,生态地质环境评价具有很强的针对性。而作为土地质量评价对象的土地,在更多情况下是一个广泛的概念,虽然有些定义认为它具有一定的厚度,但关于其厚度的界定却各不相同。另外,土地质量评价多是对复合生态系统或人工生态系统的评价,而生态地质环境评价既适用于人工生态系统和复合生态系统,也适用于天然生态系统。

2. 生态地质环境评价具有明确的内容

评价的内容主要是地下生境对植被生态系统中植被部分的适宜性。而不同的土地利用规划,土地质量评价既可以是土地对农、林、牧的适宜性,也可以是对城市建设、工矿、交通甚至经济和军事活动的适宜性,有些则是考虑所有这些目的的所谓“综合评价”。

3. 生态地质环境评价针对群落系统

评价是针对群落水平进行的,而不是物种水平的评价。在各类土地质量评价中,以指导农业生产为目的的评价——农用土地质量评价(或土壤质量评价)与生态地质环境质量评价最相似。但这类土地质量评价通常是针对某一或某些具体农作物开展的，评价结果通常是某一块土地适宜种植何种作物及对该作物的适宜程度。而生态地质环境质量评价却是针对“植被”，即整个植物群落而言的。特别是在西北干旱区，生态环境保护和生态建设是当地社会经济发展的首要任务，因而评价工作多是针对天然植被的。

4. 生态地质环境评价关注现状及演替的综合性

评价需综合考虑地下生境现状及演替情况。现状评价指地下生境当前状况对植物的适宜性程度，通常由当前实际植被状况和地下生境的生态潜力来描述；演替情况下的预测评价指地下生境条件一旦发生变化，地表植被可能的演替特征，包括演替的敏感性、演替方向、演替距离、演替结果等。

第二节　生态地质环境评价的目的和任务

一、生态地质环境评价的目的

地质环境为人类的生存与发展提供了诸如矿产、土地、地下水等各种资源，是人类的一个资源宝库。但由于人类对地质环境的不合理开发，也已经造成了一系列的环境问题，其中最引起人们关注的就是生态环境问题。例如由于土地资源或地下水的过度开采而引起的生态退化，由于矿产资源的开发所造成的植被破坏等。这些生态环境问题对人类的生活与生产造成了极大危害，并且会反过来使地质环境质量恶化，引发水土流失、泥石流、滑坡、沙漠化、荒漠化等地质环境问题。

为此，在利用和开发地质环境资源时，首先要评定地质环境对生物群落的适宜程度，即进行生态地质环境评价，这样才能够制定出合理的地质环境资源开发决策与方案，实现在充分利用地质环境资源的同时保护生态环境。进行生态地质环境评价还可以找出生态环境恶化的地质原因并加以治理，使其更适合于人类的生产和生活。

简要地讲，生态地质环境评价的目的，就是对研究区域的地质环境生态质量进行定量描述，为建设项目合理布局和区域开发提供决策依据，为生态环境的地质治理提供方案。

二、生态地质环境评价的内容

与土地质量评价不同，生态地质环境评价研究的是地质环境对整个生物群落的适宜程度，即其对群落结构的优化、群落的演替、群落的稳定性的适宜程度。生态地质环境评价的内容主要是从地质环境的物质组成、地质结构和动力作用三个方面来考察地质环境对生物群落的生存、繁衍及发展的适宜程度。

地质环境的物质组成为生物的生存提供了物质条件和环境条件。土壤中的有机质及矿物质和地下水中的盐类是生物营养物质的来源，土壤中的水为生物提供了水分，土壤层是植物生存的环境条件。研究地质环境的物质组成对生物群落的适宜程度是生态地质环境评价的主要内容。

地温、地形与地貌等地质结构要素也对生物群落的生存与发展产生重要影响，因此地质结构的生态适宜性也是生态地质环境评价的一个非常重要的研究内容。

地质环境的动力作用程度主要表现为滑坡、泥石流、土地侵蚀等地质灾害的强度与频率，滑坡、泥石流会对生物造成毁灭性作用，土地侵蚀则会造成生物所需土壤与养分的流失。因此地质环境的动力作用对生物的影响程度也是生态地质环境评价的内容之一。

第三节　生态地质环境评价方法与实例

一、生态地质环境调查的主要内容

在进行生态地质环境评价之前，要进行区域生态地质环境的调查，调查内容及其作用见表7-1。

表7-1　生态地质环境调查内容及其作用

环境要素	主要调查内容	用途	环境要素	主要调查内容	用途
地形	坡度	作为评价指标和评价单元的划分依据	土壤	土壤质地	作为评价指标和评价单元的划分依据
	坡向			土壤结构（土壤质地相同时用该指标）	
	地貌			土壤有机质含量	
	高程			土壤含盐量	
气象气候	气温	生态环境质量影响因子，在不同的地质条件下对生态环境质量的影响程度不同		土壤软硬程度	
	降水			土壤厚度	
	蒸发			土壤温度	
	太阳辐射			土壤 pH 值	
				土壤污染程度	
				土壤侵蚀程度	
地下水	土壤水含量	作为评价指标和评价单元的划分依据	生态	群落的物种组成	进行生态环境质量评价
	地下水水位			群落中的优势种	
	地下水水质			群落的生物多样性	
	地下水水温			群落的层次结构	
岩石	岩石类型	作为评价指标和评价单元的划分依据	其他	突发性外动力地质作用	在小时空尺度范围内作为评价指标
	岩石结构			内动力地质作用	在大时空尺度范围内作为评价指标

二、生态地质环境评价指标体系

确定生态地质环境评价指标的主要步骤有如下几步。

（1）确定生态因子，即找出影响生态环境质量的所有因子。

（2）确定影响这些生态因子的所有地质要素。

（3）分析研究区域的生态地质环境特征，确定主要生态因子和次要生态因子。然后分析各地质要素是对主要因子还是对次要因子产生影响；分析每个地质要素对多少生态因子产生影响以及影响程度。根据以上分析，确定对生态因子起主要作用的地质要素，将其作为生态地质环境评价指标。

按有关专家的看法，地质环境系统可划分为四个子系统：土壤环境子系统、水环境子系统和岩石环境子系统及与这三个子系统密切相关的地形地貌子系统，都对生态因子产生影响。这四个子系统对生态因子的影响程度与方式各不相同(图 7－1)。

表 7－2 列出了对生态因子产生影响的地质环境要素，即生态地质环境评价指标体系。

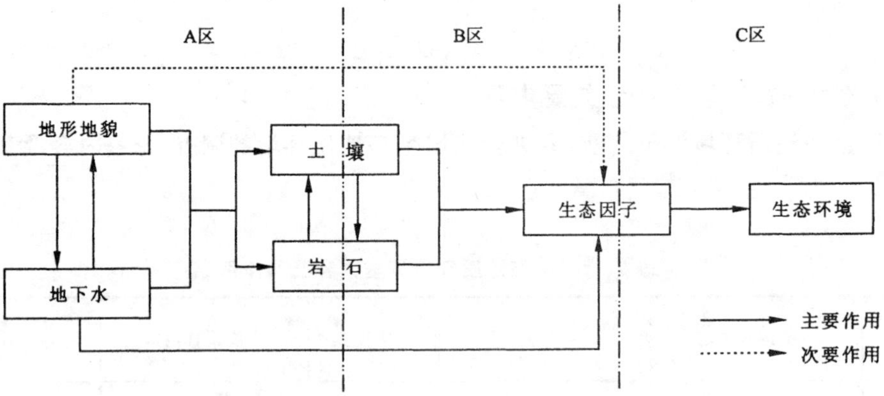

图 7－1　地质环境各要素对生态因子的影响程度与方式

表 7－2　生态地质环境评价指标体系

生态地质环境评价指标		受其影响的生态因子	评价指标对生态因子的影响
土壤环境	土壤质地	温度因子	不同质地的土壤热容量、导热率不同
		大气因子	不同质地的土壤通透性、气体成分含量不同
		水因子	通过渗透性、吸附性、毛细压力产生影响
		盐分因子	通过影响土壤对水分的吸附力进而影响水分的蒸发
		空间因子	不同质地的土壤其密度与硬度不同
	土壤结构	温度因子	不同结构的土壤热容量不同
		水因子	影响土的渗透性
		大气因子	影响土的通透性
		空间因子	影响土的孔隙率与硬度
	土壤有机质含量	水因子	影响土壤对水的吸附能力，改善土壤结构
		盐分因子	提供养分，影响阳离子代换、土壤缓冲性
	土壤含盐量	盐分因子	本身就是盐分因子
	土壤软硬程度	空间因子	影响空间的有效性
	土壤有效厚度	温度因子	土壤厚度对土壤热容量、导热率产生影响
		空间因子	本身就是空间因子
		水因子	土壤越厚，重力水下渗时被吸附得就越多
	土壤温度	温度因子	本身就是温度因子
		盐分因子	影响无机盐的溶解度、可溶态离子的活性
		水分因子	影响水分的运动及其存在形式
	土壤 pH 值	盐分因子	决定了植物对不同盐分的吸收能力和生物酶活性
	土壤污染程度	盐分因子	毒害作用
		辐射因子	放射性污染物
	土壤侵蚀程度	盐分因子	使盐分流失
		空间因子	减小土壤厚度，破坏土壤结构

续表 7-2

生态地质环境评价指标		受其影响的生态因子	评价指标对生态因子的影响
地下水环境	土壤水含量	温度因子	是土壤导热率与热容量的最重要的影响因素
		水因子	本身就是水因子
		盐分因子	影响土壤盐分浓度和 pH 值
		大气因子	影响土壤的通透性
	地下水水位	水因子	影响土壤饱和度(即土壤水含量)
		温度因子	改变土壤水含量,影响土壤热容量和导热率
		盐分因子	影响土壤水含量,进而影响土壤盐分含量
		大气因子	改变土壤水含量,影响土壤通透性
	地下水矿化度	盐分因子	随着水分运动上升到土壤表层,影响土壤含盐量
	地下水水温	温度因子	影响土壤温度
岩石环境	岩石类型	温度因子	岩石位于土壤下,热容量大,是土壤的调温库
		水因子	不同类型岩石的渗透性不同
		盐分因子	影响土壤类型,进而影响土壤盐分组成;对流经或贮存于该岩石层中的地下水的盐分组成产生影响;直接为生存于裸岩区的植物提供盐分
		空间因子	不同类型岩石其硬度不同
	岩石结构	水因子	岩石破碎程度与裂隙发育程度影响其渗透性
		盐分因子	岩石破碎程度影响盐分的流失与易吸收性
		大气因子	岩石破碎程度与裂隙发育程度影响岩石通透性
		空间因子	岩石破碎程度与裂隙发育程度影响裸岩区植物生存空间的有效性
地形地貌	斜坡坡向	光因子	不同坡向所受光辐射强度与时间长短不同
		温度因子	通过对光因子的影响,进而影响温度分布
		水因子	通过对光因子的影响,进而影响水分蒸发强度
	斜坡坡度	水因子	影响地表径流流速,进而影响其入渗强度,使地下水埋深不同
		盐分因子	影响水力坡度和地下水埋深,进而影响盐分分布
		空间因子	影响地表侵蚀强度和突发性地质灾害频率、强度
	地貌形态	温度因子	改变局部气候,影响气温与地温
		水因子	影响水的汇集区与排泄途径;改变局部气候,影响降雨量与蒸发量
		盐分因子	影响地下水埋深与水盐补排(以盆地最显著)
		大气因子	影响风力与风向及大气循环
	高　程	光因子	影响光质与光强
		温度因子	直接作用
		水因子	影响降雨与地下水位
动力作用	突发地质灾害	空间因子	对植物的毁灭性作用
	内动力地质作用	温度因子	地质构造异常(地热、温泉)
		盐分因子	对水盐的作用等
		大气因子	火山喷发等

三、生态地质环境评价的程序与方法

生态地质环境评价工作一般包括准备、系统分析、设计、综合评价和调控五个阶段,如图7-2所示。

1. *准备阶段*

主要是人员配备、基本设备的准备等工作,还要进行区域生态地质环境的调查,收集相关资料。

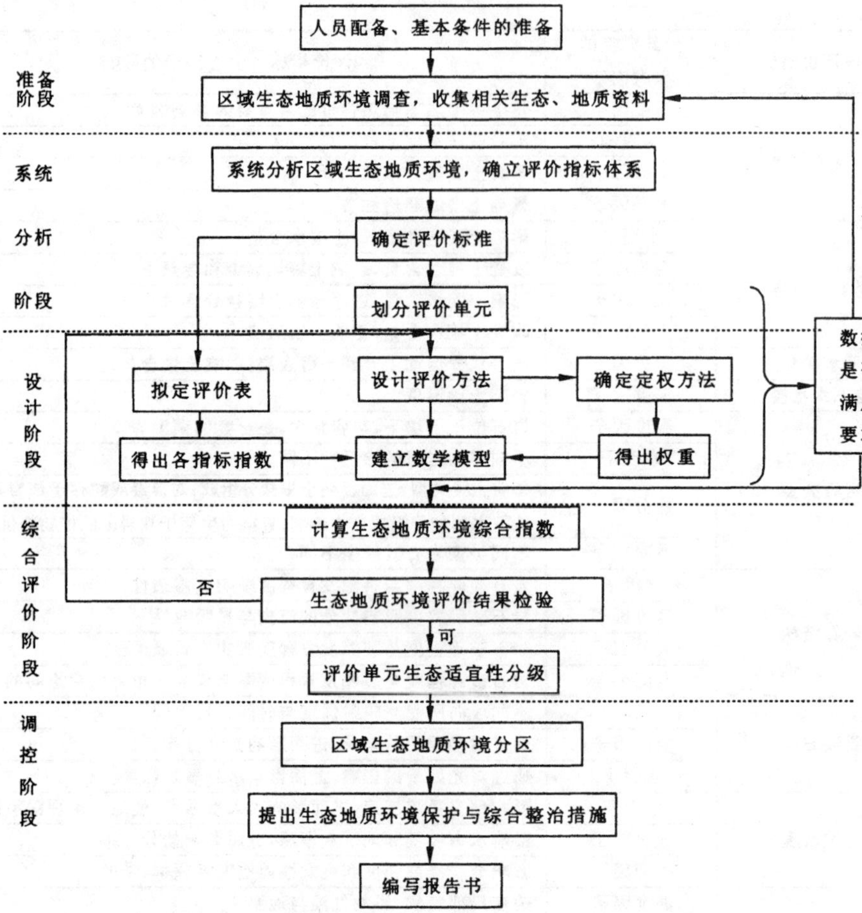

图 7-2　生态地质环境评价的工作程序图

2. 系统分析阶段

进行生态地质环境分析，确定评价指标体系。根据评价区特点，从评价指标中选取主导因子，用来进行评价单元的划分。

3. 设计阶段

(1)设计评价方法与定权方法。生态地质环境评价的方法有经验法和数值法。常用的是数值法，它分为等权累加法和加权累加法两种。在权重计算方面，早期多用经验判断法和等差指数法，近期则趋于应用比较复杂的方法，如层次分析法、灰色关联分析法和模糊综合评判法等(详见第二章)。

(2)获取指标值。根据各评价单元资料，对照生态地质环境评价表，得出各指标的得分值。

4. 综合评价阶段

根据所选评价方法建立数学模型，将各评价指标的指数、权重等数据代入模型进行计算，得出各单元生态地质环境的综合指数，据此将该评价单元的生态地质环境列入相应的级别，并进行评价结果检验。

5. 调控阶段

根据评价结果将评价区域划分为不同的等级区，指出每个等级区存在的生态地质环境问题，提出综合整治方案。最后编写生态地质环境评价报告书及制作图件。

四、生态地质环境评价实例——以额济纳盆地为例[①]

(一)自然地理地质背景

额济纳盆地处于内蒙古西部，是黑河下游的断陷盆地，西为马鬃山，东邻巴丹吉林沙漠，南与酒泉鼎新盆地相接，北抵中蒙边界，总面积约 $3.4\times10^4\,km^2$，地理坐标为 E99°30′～102°00′，N40°20′～42°30′。

额济纳盆地深居内陆腹地，受高山高原阻隔，太平洋、印度洋的暖湿气流很难到达该地，区内冬季受蒙古高压控制，夏季受西风带影响，为典型的大陆性干旱气候。

区内的气候特点表现为：气候干燥，降水量少，蒸发量大，冬季寒冷，夏季炎热，温差大，光照充足，多风沙。

研究区土壤属地带性灰棕荒漠土和石膏性灰棕荒漠土。天然绿洲内多是草甸土、盐化草甸土和风沙土等，局部有盐化沼泽土和沼泽盐土出现。由于气候条件严酷，土壤盐化、沙化和风蚀现象严重，有机质含量极低，土地极为贫瘠，植被类型受环境影响以旱生、超旱生、耐盐碱的亚洲中部荒漠成分物种占优势。

额济纳盆地在构造上属复合式断陷盆地类型，南部与阿拉善台隆为深大断裂接触，东侧与巴丹吉林沙漠也为断层所限，北、西两侧与山体为不同角度的山足面接触。

(二)评价指标的选取

在干旱半干旱区，植被生态环境中最重要的生态因子是水分和盐分，有水便是绿洲，无水便是沙漠。而盐分含量的多少与潜水埋深有关，并决定了研究区植被类型。因此，通过研究区生态地质环境调查，选取对植被生态状况起决定作用最为敏感的限制因子土壤水分和盐分作为评价指标。

(三)评价数学模型

通过笔者在额济纳盆地多年的生态环境研究，选取生态指数模型对额济纳盆地生态地质环境进行评价。

生态指数由下列几个参数构成：

$$E=F(a,A,B,C)$$

式中，E 为某一样地的生态指数；a 为物种多样性参数；A 为遍历种数；B 为演替变程；C 为演替速率。

物种多样性参数 a 指某一样地现有的多年生植物物种的数目。

遍历种数 A 是指某一地在土壤包气带水分逐渐减小或盐分逐渐增大直至研究区现有全部物种不再存活，即群落逆向演替到终极时，可能遍历的物种数目。

演替变程 B 是对遍历种数 A 的补充，它是描述某一样地从目前的水、盐等组合状态到极限状态(研究区现有物种均无法存活)的距离或路程长短。变程长则该样地从现状演化到不毛之地所经历的状态或阶段多。

演替速率 C 是指某一样地在其逆向演替总进程中，单位变程内被淘汰的平均物种数。演替速率越大，说明总体上物种更迭的频繁程度越大，物种对地下生境变化的敏感性越强。

---

① 张晨，黑河中下游干流流域土地生态整治模式研究，中国地质大学硕士学位论文，2005.

（四）评价结果及分级分区

考虑到对研究区植物而言，最为敏感的限制因子是土壤水分和盐分，也为了作图简便，只选择土壤水分、盐分两个生态因子参与生态地质环境指数的计算。

在生存域叠加图上将 20 个优势物种的生存域投影在包络线内，依据生态地质环境指数的求取方法，分别求取各样地的生态地质环境指数。

土地生态指数是对各样地生态质量优劣进行判别的指标，不便于直接用于区域尺度上。所以，在区划之前，需要进行 82 个样地的归纳、分类。这项工作运用了模糊聚类分析方法。

每个样地的土地生态指数由 7 个参数构成，可视为 7 个变量。82 个样地的生态指数放在一起就构成了一个 82×7 的矩阵，对矩阵的每一列进行数据标准化。

利用标准化后的土地生态指数，根据欧氏距离公式计算出表征每两个样地间相似程度的系数——距离系数。欧氏距离公式为

$$d(X_i, X_j) = \sqrt{\sum_{k=1}^{m} (x'_{ki} - x'_{kj})^2}$$

式中，i、$j=1, 2, \cdots, 82$；$k=1, 2, \cdots, m$；$m=7$。

根据任两个样地之间的相似性系数，对 82 个样地进行模糊聚类分析，并对其进行分类。在分类过程中，为更好地反映当地的实际情况，在必要时放宽了分类门限，选取了不同门限值作为类型划分的依据。随着门限值由高到低，将 82 个样地分为四个大类。根据各类样地的地下生境条件和植被特点，分析不同类别所反映的土地生态地质环境信息，将其按土地生态质量相对优劣排序，划分为生态地质环境质量较好、生态地质环境质量一般、生态地质环境质量较差和生态地质环境质量最差四个不同的级别。评价结果见图 7-3。

总体上来说，由于研究区所处的地理位置，决定了区内的大部分土地生态质量普遍处于极低的水平。荒漠、戈壁区域的土地生态质量为最差，而靠近河流的土地生态质量普遍较好。所在各分区特征如下。

1. 生态地质环境质量较好区

根据数值模糊聚类的结果，生态地质环境质量较好区主要分布在人工绿洲、河滩地绿洲和低湿滩地绿洲中。该区是天然绿洲与人工绿洲分布区。天然绿洲土壤中水分含量较高，盐分含量较少，有机质含量和过氧化氢酶含量为研究区最高。相对而言，它属于土壤比较“肥沃”的地区，土壤承载力为研究区内最高的，植物种类丰富，中生植物分布区所占比例较大，其次是湿生植物分布区；现有物种既有乔木，也有灌木和草本，物种地下生境的层次较多，生态系统的结构比较完善，土地对植被的承载力较高。人工绿洲内物种的选择搭配以及水、土条件都具有半自然的特点，人类活动在其中具有举足轻重的作用。

2. 生态地质环境质量中等区

生态地质环境质量中等区主要分布在绿洲与戈壁、湖盆与戈壁之间的过渡地带及少量风蚀洼地中。该区域植被较为茂密，种类比较齐全，既有旱生植物，也有中生植物。土壤含水量适中或偏少，在大部分地段，地下水对物种地下生境中水、盐的调节作用较明显，一旦水分继续减少或者在盐分持续增高的情况下，占物种比例较高的中生植物退化将较快。该区土地的承载力和容量较高，在上游放水或地下水位升高的情况下，区内中生植物的分布区将会扩大，甚至出现湿生植物分布区，即该类区域具有转化为绿洲的潜力。

3. 生态地质环境质量较差区

生态地质环境质量较差区主要分布在盐池、湿地周边的盐碱地中，潜水埋深一般在 1m 左右，该区属干旱内陆盆地盐分的汇区，土壤中的含盐量为研究区最高，土地对植被的承载力和容量都很小，现有植物多具耐盐、泌盐或嗜盐习性，种类极少。该区内植物对于水分变化不是十分敏感，相反，对于盐分变化较为敏感，一旦盐分持续增加，将会有大量的植物退化。野外观察注意到，这类植物往往是在土壤含水量极高的地段才能生存，而在地势较高处很难生长，这些地段往往成为风蚀作用较为活跃的地区，仅仅是因为盐池、盐沼泽的存在，方使局部沙丘不会连接成大型沙漠。若黑河中上游地区截流和地下水的过度开采使下游地区地下水位持续下降，该区的植被退化和沙漠化将会非常迅速。

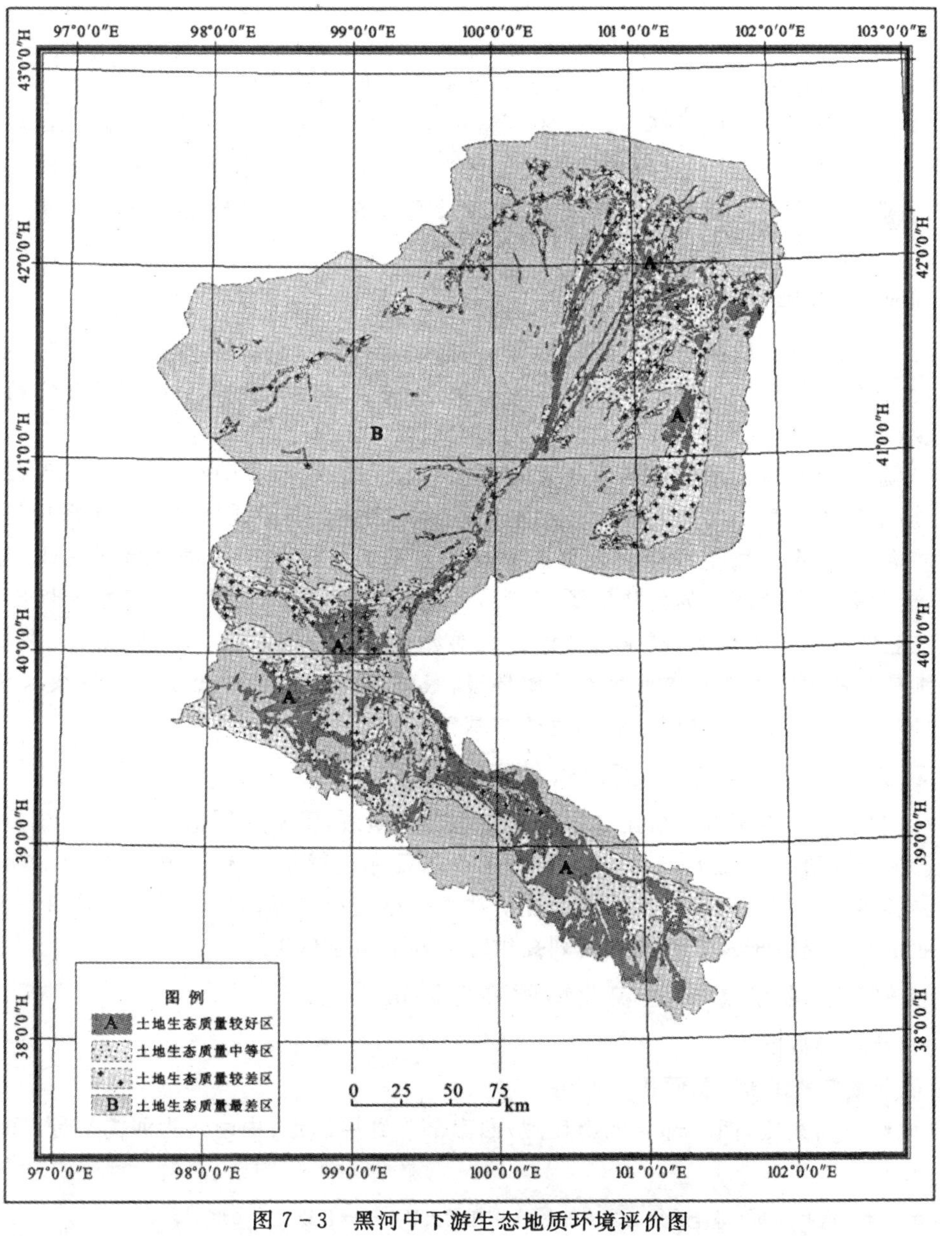

图 7-3　黑河中下游生态地质环境评价图

4. 生态地质环境质量最差区

生态地质环境质量最差区主要分布在基岩、广袤的砾质戈壁、沙漠等极端干旱区，该属区内最为干旱的地段，往往是风蚀作用的源区（剥蚀区）和汇区（沙丘、移动沙丘），土地对植被的承载力很低，容量较小，现有植物多为旱生或超旱生，植被稀疏，物种极少，已接近极致状态，植被极难恢复，任何破坏植被的行为都可能使其沦为不毛之地。该区地下水埋藏的深度较大，地下水对物种地下生境的调节作用不明显。换句话说，现有植物对地下水的依赖性不高。因此，无论是黑河河道的断流还是地下水的开采活动，对其影响都不大。

第四节 农业生态地质环境评价

农业是国家的经济基础，农业生态地质环境是生态地质环境的最重要的一部分。农业生态地质环境评价也是生态地质环境评价的一部分，就是对农业地质环境从是否适宜种植作物的角度进行定量描述，是对农业地质环境质量优劣程度的确定与表达。农业生态地质环境评价是进行农业区划和农业规划的重要依据，其成果可以指导农业生产，因地制宜地进行作物的种植。

一、农业生态地质

农业生态地质是一门集地质学（包括矿产资源学、岩石学、矿物学、地球化学、地球物理、水文地质）、土壤学、气候学、生物学、地理学、生态学、环境学、林学、医学、农学等诸多学科为一体的新兴边缘学科。

农业生态地质使诸多学科从各自狭义的概念中走了出来，有机地结合在一起，形成了一门建立在地质学理论基础上的为农业服务的基础科学。农业生态地质环境决定和影响了农作物的种类、质量，它是农作物生存生长发育的前提和基础。农业的广义概念是指农业、林业、牧业、渔业、药业等行业及产出的生物资源和产品。随着现代科学的发展，人们相继提出了农业地质学、农业地球化学等概念，越来越认识到地质环境是农业的基础。从现实意义来看，改良土壤，特别是要从根本上改良农业生态地质环境，最终还得从地质学角度加以解决。所以，农业生态地质也可称为农业地质，是农业生产的基础。

二、农业生态地质环境调查评价的工作程序

农业生态地质环境调查评价工作主要由三个部分组成：①资料信息收集；②系统设计与指标量化；③综合评价。如图 7 - 4 所示。评价是按总目标设置指标体系，根据评价指标的要求收集农业生态环境信息，选择评价标准和评价数学模型进行计算，并对评价结果进行制图和分析，为农业生态环境保护及农业开发规划提供综合性的科学依据。

四、实例——浙江省 C 县农业地质环境评价[①]

（一）自然地理概况

C 县位于浙江省北部，总面积 1 430km²。

全县地形西高东低，西北部为低山丘陵，西南部为红层岗地，中南部为河湾平原，东部为南

① 方勇刚. 浙江省长兴县农业生态地质环境研究. 中国地质大学硕士学位论文，2004.

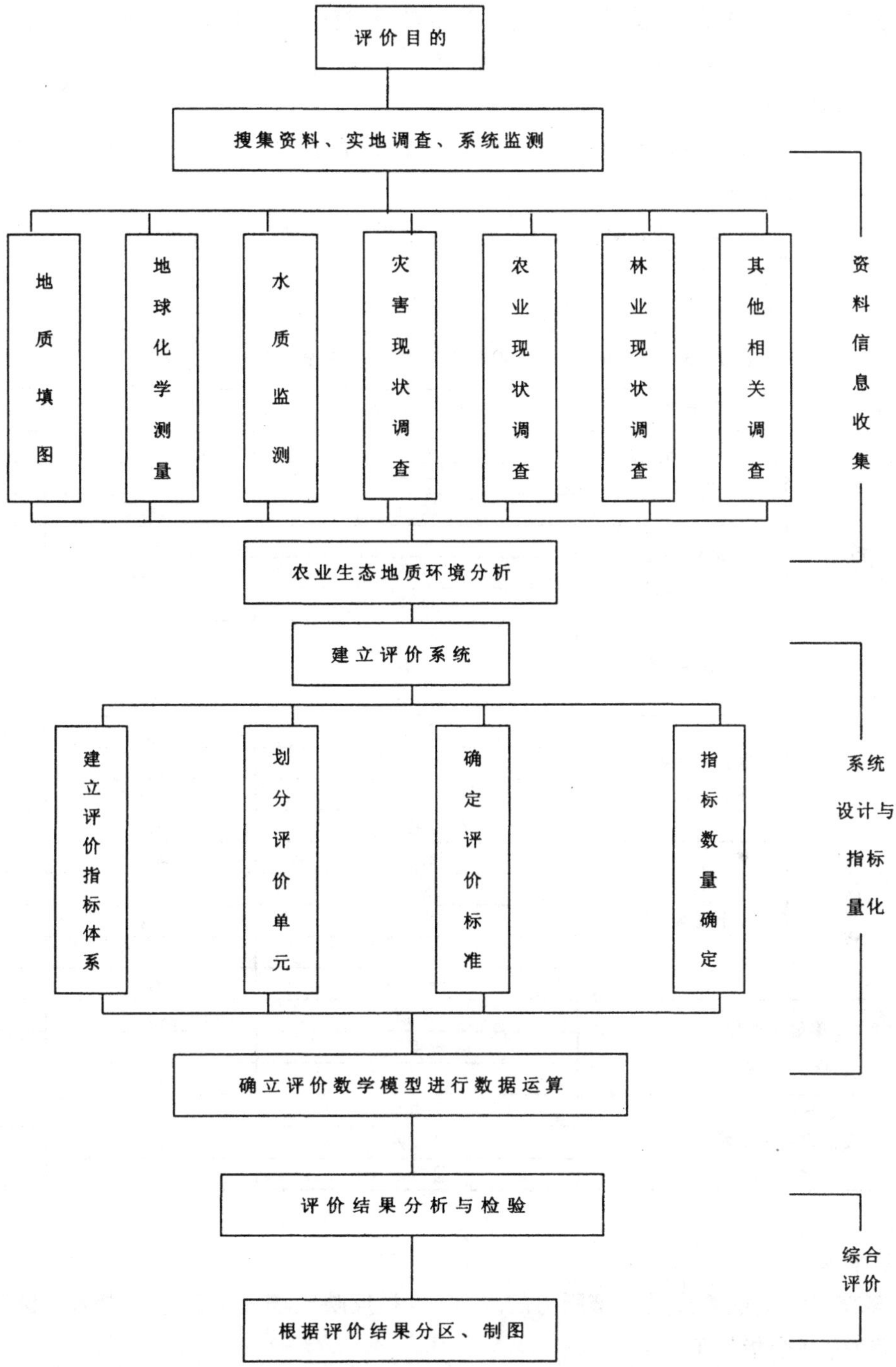

图 7-4　农业生态地质环境评价的工作程序图

太湖水网平原，山地丘陵约占土地总面积的 30%。全县拥有耕地 60 万亩，可利用旱地 10 万亩，林地 90 万亩，水面 10 万亩，素有“三山一水六分田”之称。

C 县农业自然资源丰富，生态环境总体良好，一直是全国有名的商品粮生产基地县。该县名特优产品种类繁多，有银杏、青梅、板栗，有饮食四海的“太湖三珍”：银鱼、白虾、鲚鱼，更有令人称绝的“品茗三绝”：紫笋茶、紫砂壶、金沙泉，还有“金钉子”、古银杏、扬子鳄三大自然瑰宝闻名中外。

（二）评价指标体系

由于农业环境质量必须以量化的形式表达，所以设置各种量化的统计指标组成的指标体系，就成为评价工作的基础。

根据不同的自然环境特点和调查所获得的实际材料，将本区分为河谷平原区和山地丘陵区两大类（表 7－3、表 7－4）。

表 7－3　C 县河谷平原区农业生态地质环境评价指标体系

评价要素	评价因子	状态指标	变量	指标值
土壤养分	主要养分（N、P、K）	丰富	x_1	10
		一般	x_2	5
		缺乏	x_3	1
	微量元素（Cu、Zn、B、Mo）	丰富	x_4	5
		一般	x_5	3
		缺乏	x_6	1
	有机质	丰富	x_7	10
		一般	x_8	5
		缺乏	x_9	1
土壤环境	重金属污染程度（Hg、Cd、As、Pb）	Ⅰ类土壤	x_{10}	10
		Ⅱ类土壤	x_{11}	5
		Ⅲ类土壤	x_{12}	－1
		超Ⅲ类土壤	x_{13}	－5
	土壤酸碱度	强酸性	x_{14}	－3
		酸性	x_{15}	－2
		微酸性	x_{16}	－1
		中性	x_{17}	1
		偏碱性	x_{18}	－1
土壤盐基总量（Na、K、Ca、Mg）		丰富	x_{19}	5
		较丰富	x_{20}	3
		一般	x_{21}	1
农用灌溉水水质		Ⅰ类水	x_{22}	3
		Ⅱ类水	x_{23}	2
		Ⅲ类水	x_{24}	1

1. 河谷平原区

（1）土壤养分。土壤养分是土壤肥力的基础，也是反映土壤质量的重要指标。该因子选取速氮、速磷、速钾三个指标值。

（2）土壤有益微量元素。主要是有效态的 Cu、Zn、B、Mo。

（3）土壤有机质。有机质不仅影响土壤肥力，同时也影响土壤的物理、化学和生物等特性，在评价中是一个不可忽视的指标。

（4）重金属污染因子。重金属是土壤环境中一类具有潜在危害的污染物，是土壤环境评价中的主要指标，根据本区的情况，主要选取 Cd、Hg、As、Pb 元素。

(5)农用灌溉水水质。本区农灌水总体水质状况可以满足农业灌溉用水要求。

表 7-4 C县山地丘陵区农业生态地质环境评价指标体系

评价要素	评价因子	状态指标	变量	指标值
地质地貌背景	岩性	石灰岩类	x_1	5
		砂泥岩类	x_2	4
		火山岩类	x_3	3
		火山岩类	x_4	2
		砂砾岩类	x_5	1
	断裂分布密度	稀疏区	x_6	−1
		较密区	x_7	−2
		密集区	x_8	−3
	地形坡度	缓坡区	x_9	5
		低坡区	x_{10}	3
		高坡区	x_{11}	1
土壤养分	主要养分(N、P、K)	丰富	x_{12}	10
		一般	x_{13}	5
		缺乏	x_{14}	1
	微量元素(Cu、Zn、B、Mo)	丰富	x_{15}	10
		一般	x_{16}	5
		缺乏	x_{17}	1
	有机质	丰富	x_{18}	10
		一般	x_{19}	5
		缺乏	x_{20}	1
土壤盐基总量(Na、K、Ca、Mg)		丰富	x_{21}	5
		较丰富	x_{22}	3
		一般	x_{23}	1
旱涝保收程度		旱涝保收	x_{24}	5
		易涝区	x_{25}	3
		易旱区	x_{26}	1
土壤母质层厚度		厚度大	x_{27}	3
		厚度一般	x_{28}	2
		厚度小	x_{29}	1

2. 山地丘陵区

(1)地层岩性。依据岩石的理化性质、区域分布及与植被关系,进行综合评价,以确定在生态环境中的意义。

(2)断裂。主要指岩石、地层的线性断裂构造,以及在统计单元内的延伸长度和条数来确定其裂度和密度,并利用这一指标反映岩土稳定性。

(3)土壤养分。选取速氮、速磷、速钾三个指标值。

(4)土壤有机质。在评价中是一个不可忽视的指标。

(5)土壤盐基总量。主要选择 Na_2O、K_2O、CaO、MgO 等氧化物指标,代表了土壤化学成分中的活动性部分。

(6)土壤母质(母岩)风化程度。一般认为,母质风化度浅的,其中硅酸和盐基流失少;风化度深的则反之,而铁、铝氧化物相对在母质中积累。因此,可用矿物的水解程度来反映母质的风化度。并用 $SiO_2/(Fe_2O_3+Al_2O_3)$(硅铁铝率)来推断母质的风化程度。在山地丘陵区,就农业生产而言以风化度深者为好。

(三)评价标准

一般来说,在农业生态地质环境评价中,凡有国家标准的按国家标准执行,有全国统一参考标准的执行参考标准,如土壤养分和微量元素丰缺标准(《中国土壤普查技术》,1992);暂无评价标准的,如土壤盐基总量、断裂密度、风化程度等,则通过数理统计进行级别标准的确定。目前在本领域已经颁布的国家标准如下:

《土壤环境质量标准》(GB15618—1995);

《农田灌溉水质标准》(GB5084—2005);

《地表水环境质量标准》(GB3838－2002);

《地下水质量标准》(GB/T14848—93);

《农产品安全质量无公害蔬菜安全要求》(GB18406.1—2001);

《农产品安全质量无公害蔬菜产地环境要求》(GB/T18407.1—2001);

《农产品安全质量无公害水果安全要求》(GB18406.2—2001);

《农产品安全质量无公害水果产地环境要求》(GB/T18407.2—2001);

《农产品安全质量无公害畜禽肉安全要求》(GB18406.3—2001);

《农产品安全质量无公害畜禽肉产地环境要求》(GB/T18407.3—2001);

《农产品安全质量无公害水产品安全要求》(GB18406.4—2001);

《农产品安全质量无公害水产品产地环境要求》(GB/T18407.4—2001)。

(四)评价单元划分

为保持与地质环境调查单元的一致性,提高资料利用的准确度,评价单元仍采用以地理坐标控制的正方形网格,其网格表示的范围为 2.0km×2.0km,这种网格规模,对于进行区域性的农业生态地质环境评价是比较合适的。

(五)指标权重的确定

环境指标对环境的影响作用一般表现在两个方面:一是环境指标之间的比较,用于确定各指标对环境的相对影响程度,即指标赋权;二是指标本身随“量”的消长对环境的影响程度,即指数分级。这里需说明的是前者。

由于农业生态地质环境系统中各组成要素数量较多,影响各异,互相制约,单纯靠理论上的推导和数学手段来解决各评价指标的权重较为困难,那么专家的知识和经验就显得尤为重要。在充分征询有关专家(农业、林业、水利、区划、环保等)意见的基础上,决定采用一种简便、易行的经验法确定指标权重,即在农业生态地质环境中,重要的因子在评价时均按 1～10 赋值,最小值为 1,最大值为 10,如土壤养分因子。而一般因子则按 1～5 赋值,最小值为 1,最大值为 5,如农灌水因子。环境不良因子则取负值。以此来统一协调农业环境各要素间的相互关系和对整个环境体系的权重平衡关系。

(六)评价方法

应用分级聚类模型中的积分值法(M 值)作为综合评价方法。

积分值法就是根据每一个评价因子的性状数据或特征,按照已定的环境标准给定一个评分值,各评价因子对农业地质环境质量的重要性是通过评分值的大小来反映的。评分值越大,说明该因子对环境的贡献越大,反之,则说明该因子的贡献小或负贡献(即有害),然后将各因

子的评分累计求和。即

$$M = \sum a_i$$

式中，M 为某评价单元的总评分值；a_i 为第 i 个评价因子的评分值。

按评价单元逐个进行总分值的计算（累积），通过对各单元总分值的统计进行农业生态地质环境分区。

（七）评价结果分析

根据表 7－3 和表 7－4 指标值确定的评分值，按评价单元逐个进行总分值的计算（累积），对累计计算的结果进行分区，分区标准见表 7－5 和表 7－6。由于各单元质量的优劣是通过总分值的大小来反映的，所以评价的结果能够比较客观真实地反映出各评价区块的实际情况。

表 7－5　C 县河谷平原区生态地质环境评价分区标准表

积分值	＞43	43～40	40～38	38～35	＜35
级别代号	Ⅰ	Ⅱ	Ⅲ	Ⅳ	Ⅴ
质量分级	好	较好	一般	较差	差

表 7－6　C 县山地丘陵区生态地质环境评价分区标准表

积分值	＞45	45～40	40～35	35～30	＜30
级别代号	Ⅰ	Ⅱ	Ⅲ	Ⅳ	Ⅴ
质量分级	好	较好	一般	较差	差

根据各单元积分值和评价分区标准，绘制 C 县农业生态地质环境等级分区图（图 7－5），从图中可以看出如下情况。

（1）C 县河谷平原区，总面积约 620.2km²。该区内环境质量达Ⅰ级标准的有包桥区面积 163.1km²；达Ⅱ级标准的是夹浦区、新塘区、云峰山区、吕山区、里塘区、林城区、午山岗区，共七个区块，总面积约 339.9 km²；达Ⅲ级的区为五峰山、城区、李家巷和横山四个区块，总面积为 87.8km²；达Ⅳ级的区块出现于小浦附近，面积仅 9.4km²。综合评价分析表明，导致环境质量等级下降（Ⅰ级降Ⅱ级）的主要因子是地面水和地表覆被等指标，如里塘、林城Ⅱ级区和午山岗、吕山Ⅱ级区，导致Ⅱ级降Ⅲ级的主要评价因子则是裸岩、裸被和覆被以及地面水等评价指标，如李家巷、五峰山以及县区Ⅲ级区。

（2）C 县山地丘陵区，可分为西北部山地丘陵区和南部低山丘陵区两个区块，西北区总面积达 716.1km²；南区位于和平河谷东西两侧及南部地区，面积 119.5km²，约占山地丘陵区总面积的 14.3％。

西北区是该县山地丘陵区的主体，区内有著名的煤山盆地和泗安红层岗地两大特型生态环境区，区内有五通山Ⅰ级区、江排桃花垲Ⅰ级区、岩山八都垲Ⅰ级区，总面积达 288.3km²；达Ⅱ级标准的是长丰观音山Ⅱ级区、罗垲白岘岭Ⅱ级区、水口Ⅱ级区，总面积 135.6km²；Ⅲ级区为泗安岗地、朱城白阜、龙山和煤山盆地Ⅲ级区，总面积达 273.0km²；位于煤山镇附近及其周边地区为Ⅳ级区，面积约为 19.3km²。

南部低山丘陵生态环境质量等级区除 C 县平原与西北区相望，南部区以红山、野山、城

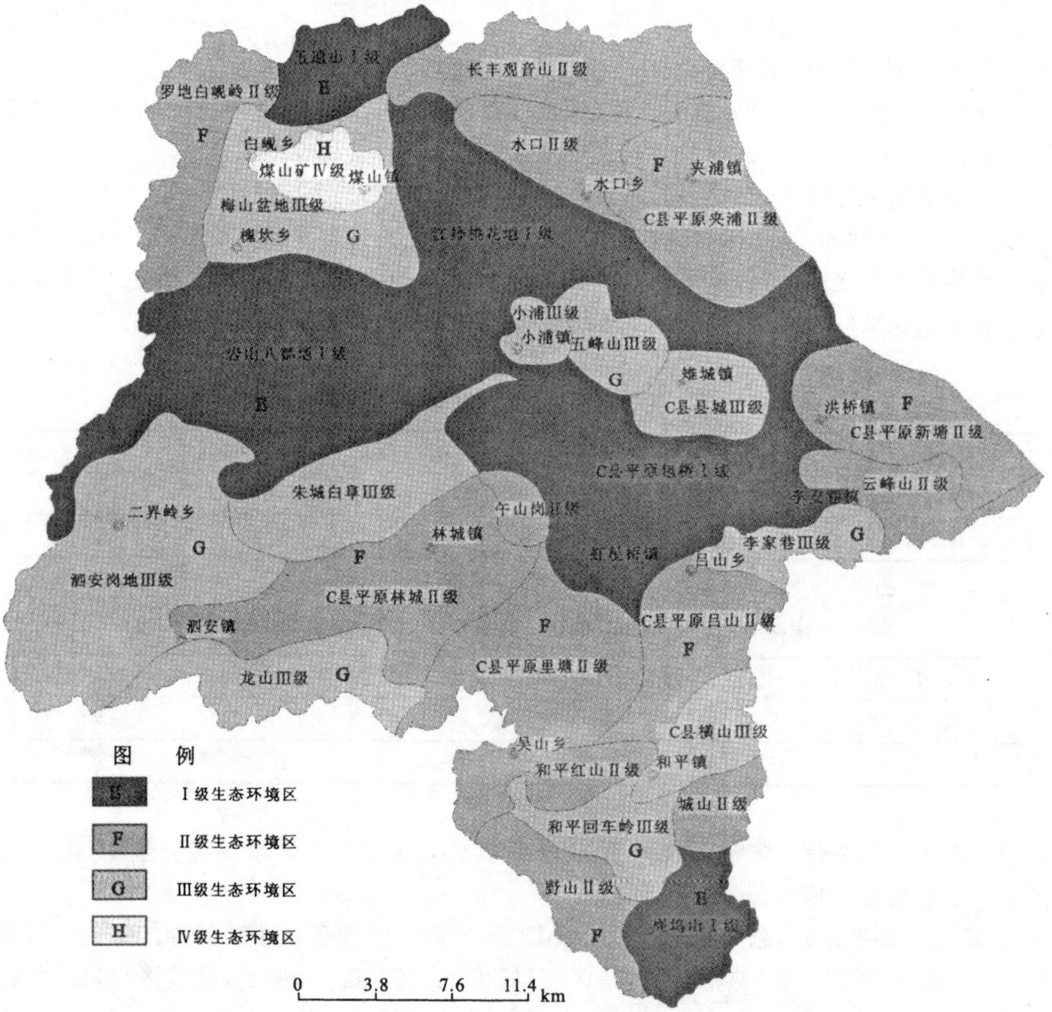

图 7-5　C县农业地质环境质量等级分区图

山、周坞山为主体，其中红山、野山和城山为层状基岩出露区，多为Ⅱ级区，面积有 53.4km²；周坞山地区为侏罗系火山碎屑岩分布区，岩矿结构呈块状，抗风化侵蚀强，生态环境优良，其中周坞山为Ⅰ级区，面积有 32.7km²；和平回车岭 Q_2 红壤分布区为Ⅲ级区，面积约 27.4km²。

第八章　地质灾害危险性评价

第一节　地质灾害综述

一、地质灾害的概念

(一)地质灾害及其内涵

按照国务院第394号令《地质灾害防治条例》和国土资源部国土资发[2004]69号《关于加强地质灾害危险性评估工作的通知》及附件《地质灾害危险性评估技术要求》(试行)等有关文件的定义,地质灾害是指由于自然产生和人为诱发的对人民生命和财产安全造成危害的地质现象,主要包括崩塌、滑坡、泥石流、地面塌陷、地裂缝、地面沉降等。它是人类社会的重大灾害之一,也是全社会防灾减灾工作的重要组成部分。

地质灾害是自然灾害的一种。它具有自然灾害的基本特征,主要表现在以下两方面。

1. 强调致灾的动力条件

即因地质作用形成的灾害事件才是地质灾害。地质作用是指促使组成地壳的物质成分、构造形式和表面形态等不断变化和发展的各种作用,可分为内动力地质作用和外动力地质作用。除地质作用外,随着人类工程和经济活动的规模和范围迅速扩展,人类对地球表面形态和物质组成产生愈来愈大的影响,有人把这类作用称为人为地质作用。因此,由内动力地质作用、外动力地质作用和人为地质作用导致地质环境变化形成的灾害称为地质灾害。

2. 强调灾害事件的后果

即对人类生命财产和生存环境产生损毁的地质事件称为地质灾害;而那些仅仅是使地质环境恶化,但并没有破坏人类生命财产和生产、生活环境的地质事件,则只是一种灾变,不构成灾害。

(二)地质灾害的基本属性

根据地质灾害的定义分析,地质灾害既是一种自然现象,又是一种社会经济现象。因此它既具有自然属性,又具有社会经济属性。其属性特征主要有五点。

1. 地质灾害的必然性和可防御性

灾害的发生是自然作用的一种形式,是按照一定的规律达到一定程度后发生的一种自然现象,因此它是不可避免的。但是通过研究灾害的基本属性,揭示并掌握地质灾害发生、发展及其空间分布规律,进行预测、预报和防治,就可以对灾害进行控制,并减少和避免灾害造成的损失。

2. 地质灾害的随机性和周期性

地质灾害活动是在多种作用下形成的,它受多种因素的控制和影响。因此,地质灾害活动的时间、地点、强度等具有很大的不确定性,故可以说地质灾害活动是复杂的随机事件。地质灾害的随机性,一方面是自然特征的表现,另一方面也是人类对地质灾害认识程度的反映。随着科学技术的发展,人类对自然的认识水平不断提高,可以揭示更多自然现象的规律,扩大自由王国的领域,缩小随机事件的不确定性程度。

受地质作用周期性规律的影响,地质灾害活动还表现出周期性的特征。这种特征可以由一个具体的灾害活动得到反映,也可以由地区或区域灾害活动得到反映。

3. 地质灾害的突发性和渐变性

地质灾害有突发性地质灾害和渐变性地质灾害两大类。突发性地质灾害除地震、火山外,还有崩塌、滑坡、泥石流、地面塌陷等。渐变性地质灾害有地裂缝、地面沉降、海水入侵、膨胀土等。突发性地质灾害往往危害人类的生命安全,造成重大经济损失。

4. 地质灾害的群发性和区域性

地质灾害多以灾害点、灾害群的形式发生。就个别而言,这种现象有其偶然性和局限性。但从总体看,它们并不是孤立的,而是受区域地质构造条件控制,受降雨、地震、地形等条件的制约,具有群发性和区域性。

就各种地质灾害的内部关系而言,它们都是受一定区域性条件控制的。中国的地质构造轮廓最突出的特点是:"东西分区,南北分带,交叉成网"。这一构造格局对区域性地质灾害的分布起着重要的制约作用。

5. 地质灾害影响的复杂性

人类社会的早期,人口少,生产能力低下,对自然界改造与破坏的程度不大,因而人类活动对灾害的影响也不大。但随着社会的进步,为了满足人口增长和经济发展的需求,使得人类工程-经济活动的力度愈来愈大,使地球生态环境日益恶化,这是灾害丛生的一个重要原因。回顾我国历史,一方面经济在发展,社会财富在增多;另一方面,灾害也在增多,损失也愈来愈严重。因此,要抑制社会与自然向恶性循环方向发展,必须依靠社会的共同努力,从自然与社会两大方面,制定相应的人口政策、资源政策、环境政策、减灾政策,谋求社会-自然大循环的改善。

二、中国的地质灾害

(一)地质灾害分类

中国地质灾害种类繁多,分布广泛,活动频繁,危害严重。按致灾地质作用的性质和发生处所进行划分,常见地质灾害共有12类、48种。

(1)地壳活动灾害,如地震、火山喷发、断层错动等。

(2)斜坡岩土体运动灾害,如崩塌、滑坡、泥石流等。

(3)地面变形灾害,如地面塌陷、地面沉降、地面开裂(地裂缝)等。

(4)矿山与地下工程灾害,如煤层自燃、洞井塌方、冒顶、片帮、鼓底、岩爆、高温、突水、瓦斯爆炸等。

(5)城市建设工程性地质灾害,如建筑地基与基坑变形等。

(6)河、湖、水库灾害,如塌岸、淤积、渗漏、浸没、溃决等。

(7)海岸带灾害,如海平面升降、海水入侵,海岸侵蚀、海港淤积、风暴潮等。

(8)海洋地质灾害,如水下滑坡、潮流沙坝、浅层气害等。

(9)特殊岩土灾害,如黄土湿陷、膨胀土胀缩、冻土冻融、沙土液化、淤泥触变等。

(10)土地退化,如水土流失、土地沙漠化、盐碱化、潜育化、沼泽化等。

(11)水土污染与地球化学异常,如地下水质污染、农田土地污染、地方病等。

(12)水源枯竭,如河水漏失、泉水干涸、地下含水层疏干(地下水位超常下降)等。

(二)我国地质灾害成因分析

地质灾害的发育分布及其危害程度与地质环境背景条件(包括地形地貌、地质构造格局和新构造运动的强度与方式、岩土体工程地质类型、水文地质条件等),气象水文,植被条件,人类工程经济活动及其强度等有着极为密切的关系。

1. 与地质环境背景有关

中国地处环太平洋构造带和喜马拉雅构造带聚汇部位,太平洋板块的俯冲和印度板块向北对亚洲板块的碰撞使中国大陆承受着最主要的地球动力作用。在印度板块与亚洲板块的碰撞边界上产生了世界上最高的喜马拉雅山脉,并使青藏高原隆起,东部因太平洋板块俯冲造成了华北、东北地壳向东拉张,形成华北和松辽沉降平原。这两种活动构造带汇聚和西升东降的地势反差,不仅形成了中国大地构造和地形的基本轮廓,同时也是形成我国地质灾害种类繁多的根本原因。

东西向构造与北北东向构造的交叉,使中国在大地构造和地形(主要表现在山脉和盆地的走向上)上形成近东西向和近南北向的分区特点,从而使我国地质灾害的区域空间分布同样具有东西分区、南北分带、亚带成网的特点。

从西向东,大体可以以贺兰山—六盘山—龙门山—哀牢山,大兴安岭—太行山—武陵山—雪峰山为界分为三大区。西区为高原山地,海拔高,切割深度大,地壳变动强烈,构造、地层复杂,气候干燥,风化强烈,岩石破碎,因而主要发育有地震、冻融、泥石流、沙漠化等地质灾害。中区为高原、平原过渡地带,地形陡峻,切割剧烈(相对切割深度为巨大),地层复杂,风化严重,活动断裂发育,因而主要发育地震、崩塌、泥石流、滑坡、水土流失、土地沙化、地面变形、黄土湿陷、矿井灾害等地质灾害。东区为平原及海岸和大陆架,地形起伏不大,气候潮湿且降雨量丰沛,主要发育地震、地面变形、崩塌、滑坡、泥石流、河湖灾害、海岸灾害、盐碱(渍)化、冷浸田等地质灾害。

从北向南,阴山—天山、昆仑—秦岭、南岭等巨大山系横贯中国大陆,沿这些山系,崩塌滑坡泥石流、水土流失等地质灾害严重。在它们的相间地带(大河流域),土地沙化、盐碱化,黄土湿陷及水土流失,地面变形及崩、滑、流、岩溶塌陷等地质灾害严重。

在新构造运动相对活跃的东南、西南及青藏高原地区,地震以及与之相关的地质灾害较为明显。

2. 与气候因素有关

中国位于亚洲大陆东部,濒临太平洋,季风气候显著,具有较明显的纬度和经度分带特征,加上疆域辽阔,地形复杂,具有多种多样的气候类型。因此如暴雨、洪水、干旱、冰雹、霜冻及温差等许多不良气候因素,常常成为多种多样的地质灾害的诱发因素。在西北、华北和东北部分地区,气候干旱少雨,年内温差悬殊,风蚀作用剧烈,土地荒漠化、风沙化、土地冻融等灾害发育严重。而在温暖湿润的东部、南部地区,尤其在西南山区,降雨多且集中,崩、滑、流灾害频繁发生。在东部平原地区,土地盐渍化、沼泽化、冷浸田等地质灾害广泛分布。

3. 与人类活动有关

我国是世界上人口最多的国家,几千年的人类活动,历史上连绵不断的战乱,特别是近几十年来经济的高速发展和人口的过速增长,对自然的索取也不断加大,对自然环境的干扰也愈来愈强烈,不合理的人类工程经济活动也使得地质灾害的发育日趋加剧。在东、中部地区,由于大量抽取地下水和大规模开采矿产资源（包括油气资源），导致地下水资源平衡条件破坏和岩土构造应力状态发生变化，诱发并加剧了地面沉降、地面塌陷、地裂缝、土地盐渍、沼泽化、崩塌、滑坡、泥石流、矿山灾害等地质灾害的发育和危害。在西部地区，由于超强度开发土地、草原、森林和水资源，加速了水土流失、土地沙化等灾害的发展，崩塌、滑坡、泥石流等灾害也随之增多。

从“成灾”的角度看，中国地质灾害的区域变化具有比较明显的方向性，即从西向东、从北向南、从内陆到沿海地质灾害趋于严重。这是因为虽然不同类型、不同规模的地质灾害几乎覆盖了中国大陆的所有区域，但由于人类活动和社会经济条件的差异，使不同地区地质灾害的发育程度和破坏程度显著不同。东部和南部地区，人类活动频繁而又剧烈，区内人口稠密，城镇及大型工矿企业、骨干工程密布。因而，一旦发生地质灾害则损失惨重，同时人类工程经济活动也加剧了地质灾害的发生与发展。对于西部北部地区，虽然地质灾害分布十分广泛，但大部分地区人口密度和经济发展程度低，所以危害和破坏程度相对较低。调查表明，凡是人口密集、工业发达地区在人类活动的影响下，地质灾害正由自然动力型向人为动力型发展，由点状向带状、树枝状、片状发展。

近来，各种地质灾害对我国危害程度日益加重，地质灾害造成的损失逐年增加，根据国土资源部公布的《中国地质环境公报》（2005 年度）可知，2005 年全国共发生各类地质灾害 17 751 起，其中造成人员伤亡或直接经济损失 50 万元以上的地质灾害 854 起，全年共造成人员伤亡 1 021 人，其中死亡 578 人，失踪 104 人，受伤 339 人。

2005 年地质灾害造成直接经济损失 36.5 亿元。地质灾害造成经济损失比较严重的地区为华东、西南、中南及华南地区。地质灾害造成直接经济损失超过 1 亿元的省份有安徽、广东、云南、四川、福建、辽宁、湖北，七个省的损失高达 33.5 亿元，占全国总数的 91.7%。

值得提出的是，我国的经济建设活动正在由东向西、由南向北、由沿海向内地深入展开，西部大开发和振兴东北的战略已经起步。大规模经济开发必然会出现严重的地质灾害威胁，必须引起高度重视，也就是要处理好“发展经济与保护地质环境”的关系。

总之，由于自然地理、地质环境和人类活动的差异，不同地区地质灾害的类型、组合特征和发育、危害程度各不相同，具有较明显的地域特征和区域变化规律。今后随着全球环境的变化和我国经济建设的大规模发展，我国大部分地区地质灾害的发育程度和破坏程度可能将不断增强。因此，地质灾害的勘查、评价以及防治工作对于我国有着特别重大的意义。

(三)主要地质灾害的特点

1. 地震

(1)分布概况。进入 20 世纪以来，在我国境内（包括台湾地区及临近海域）发生大于或等于 8 级的巨大地震共 9 次，发生大于或等于 7 级的地震约 80 次。

我国的构造地震分布非常广泛，在大陆地区具明显的西强东弱、西多东少的发育分布规律。如 20 世纪以来发生的大地震，除两次 8 级发生于台湾临近海域外，其余均发生于西部省份。地震在空间分布上表现了不均一性，往往呈带状分布。近 100 年发生的地震表明，地震基本上是围绕 26 条活动断裂带发生的。我国地震活动呈周期性成群分布，活跃高潮与低潮相互交替的活动格局。东部一个周期长约 300a 左右，西部为 100～200a 左右，台湾地区为几十年。

另外，随着大规模的水库建设，水库诱发地震呈愈演愈烈之势，自 20 世纪 60 年代以来，至少在 11 个省的 15 座水库发生，其特点是与水库蓄水有明显关系。

(2)危害状况。地震灾害以突发、隐蔽为特点，一旦成灾，极易造成巨大的人员伤亡和重大的经济损失。1901—1980年间，我国地震共死亡61万人，其中死亡人数在千人以上的地震即达31次。1949年以来，地震就造成死亡27.4万人，伤残76.5万人，居众灾之首。同时地震还造成房屋倒塌600万间，直接经济损失达数百亿元。我国的地震活动，不但频次高、强度大，而且城市受灾率高。地震不但会直接摧毁城镇工程设施，而且还会引发滑坡、崩塌、火灾等其他灾害，加重了地震灾害的损失。

2. 崩塌、滑坡和泥石流

(1)发育分布概况。作为地质灾害的主要灾种，崩塌、滑坡和泥石流(以下简称崩、滑、流)具有突发性强、分布范围广和一定的隐蔽性等特点，每年都造成巨大的经济损失和人员伤亡，是我国国民经济建设和社会发展的重要制约因素。

崩塌、滑坡和泥石流等突发性地质灾害主要发生在汛期，5～9月份的发生总数占全年地质灾害发生总数的85.9%。

2005年，全国共发生崩塌灾害7 654起，主要分布在安徽、福建、浙江、海南等省；共发生滑坡灾害9 359起，主要分布在福建、安徽、湖北、重庆、陕西、浙江、广东等省(市)；共发生泥石流灾害566起，主要分布在安徽、新疆、浙江、四川、辽宁、湖北、陕西等省(区)。

崩滑流的发育程度主要取决于：①地质背景(包括地形地貌、新构造运动的强度和方式、岩土体的工程地质类型、地质构造的复杂程度等)；②水文气象条件(包括降水量、降水强度、流速等)；③植被发育程度；④人类工程经济活动强度。

(2)主要危害。崩、滑、流造成危害的大小，主要取决于变形方量、速度、破坏面积和当地地面设施密度等因素，一般规模较大的崩、滑、流常造成数百万元乃至数千万元的直接经济损失，个别甚至达到数亿元。

近十年来，全国由于崩、滑、流造成的人员死亡已近万人，平均每年达928.15人，致死最严重的为四川、云南、贵州、陕西、甘肃、青海和湖北七个省，从时间顺序来看，死亡人数呈增长趋势。全国有400多个市、县、区、镇受到崩滑流的严重侵害，其中频受滑坡、崩塌侵扰的市、镇60余座，频受泥石流侵扰的市、镇50余座。较为严重的有重庆、攀枝花、兰州、东川、安宁河谷等。全国几条山区干线铁路(如宝成线、成昆线、宝兰线)都受到了崩滑流的严重危害。

3. 地面塌陷

地面塌陷在我国可分为岩溶塌陷和采空塌陷两种，它们对国民经济建设和人民生命财产造成的严重危害随着人类工程经济活动的增强也越来越大。2005年，共发生地面塌陷灾害137起，主要分布在广东、湖北、山东等省。

(1)岩溶塌陷。岩溶塌陷主要分布于岩溶发育强烈及中等发育的覆盖型碳酸盐岩地区。我国岩溶塌陷分布广泛，从南到北、从东到西都有发生，主要分布于辽宁、河北、江西、湖北、湖南、四川、贵州、云南、广东、广西等省区。另外，华南岩溶塌陷多而强，华北相对少且弱一些。据统计，1993年全国岩溶塌陷总数为2 841处，塌陷坑有33 192个，塌陷面积为332.28 km^2。

(2)采空塌陷。采空塌陷主要分布于大规模开采地下固体矿产的省份，如黑龙江、山西、安徽、江苏、山东等省是采空塌陷的严重发育区。1993年全国共发生采空塌陷180处以上，塌坑超过1 595个，塌陷面积大于1 150 km^2。

(3)地面塌陷的危害。地面塌陷危害主要表现在突然毁坏城镇设施、工程建筑、农田，干扰破坏交通线路，造成人员伤亡。据统计分析，造成地面塌陷的主要因素是人为因素。从现有资料看，地面塌陷中采空塌陷的危害最大，造成的损失最重，岩溶塌陷则稍小。

4. 地面沉降和地裂缝

截至2005年的调查数据，全国共有上海、天津、江苏、浙江、陕西等16个省(区、市)的50多个城市和地区出现了地面沉降，主要分布在长江三角洲地区、华北平原和汾渭盆地等地，总沉降面积达4.87万km^2。从成因上看，绝大多数由地下水的超量开采所致，个别的有地壳运动、石油开采、高层建筑等引发的，但同时又都伴随有地下水过量开采的因素。从规模(面积)和程度来看，以天津、上海、苏锡常、沧州、西安、阜阳、太原等市最为严重(最大累积沉降均超过了1m)。

地面沉降的主要危害：

(1)损失地面标高造成雨季地表积水，防泄洪能力下降；

(2)造成建筑物地基破坏；

(3)桥下净空变小影响泄洪和航运。

2005年资料显示，地裂缝主要出现在陕西、河北、山东、广东、河南等17个省(区、市)，共434处，1 073条以上，总长超过346km，多为地下水开采、煤矿采空及降雨等因素造成。地裂缝的主要危害是造成房屋开裂、破坏地面设施和农田漏水。如西安市地裂缝穿越91座工厂、40所学校、公用设施60处，共破坏道路60处、围墙427处，132幢楼房受破坏和影响，其中20幢全部或部分拆除，1 057间平房受毁，8处文物古迹受损或受直接威胁。

5. 水土流失

水土流失又称土壤侵蚀，是一种累进性或渐变性的地质灾害。全国水土流失面积已达182.37万km^2，以黄土高原、华南山地丘陵水土流失最为严重。

水土流失的发育与植被有着密切的关系。以湖南省为例，1984年较1953年森林面积减少9.3%，其间水土流失面积由解放初期的1.3万km^2增加到3.94万km^2。而据福建省有关资料，森林覆盖面积>60%时，水土流失面积<5%；覆盖率50～60%时，水土流失面积在10%～20%；覆盖率<40%时，水土流失面积>20%。这说明森林面积与水土流失面积成负相关关系。当前各省区的森林覆盖率极低，大部分省区不足20%，这也是我国水土流失日益严重的重要因素之一。

水土流失的危害：

(1)巨大的经济损失。据估算，1992年全国因水土流失而造成的经济损失总计达96亿元，约相当于1992年国民生产总值的0.4%。

(2)水土流失造成生态环境恶化。它会使土层变薄，土地肥力下降，耕地减少；造成湖泊、水库淤积，河道堵塞。

6. 土地沙漠化

土地沙漠化是在干旱、半干旱地区发生的一种土地逐渐退化的地质灾害，其危害是毁坏农田、恶化环境。

我国的沙漠和沙漠化土地主要分布在西部及西北部的新疆、甘肃、青海、宁夏、陕西、内蒙古、山西、河北、辽宁、吉林、黑龙江等12个省区，现有沙漠化土地33.4万km^2，风沙化土地3.7万km^2，加上沙漠戈壁116.2万km^2，合计共153.3万km^2，占国土总面积的15.9%。近40年来，土地沙漠化有进一步扩大的趋势。从20世纪50年代到70年代，以年均1 560 km^2的速度扩大，进入80年代，沙漠化平均每年扩大2 100 km^2。

我国现已形成的沙漠化土地，主要成因是长期以来采用的不合理的耕作方式和过度的砍伐、垦殖、放牧以及破坏，导致了大面积的森林、草原、植被退化消失，再加上当地脆弱的生态环境——干旱、多风、土壤疏松等，都加速了沙漠化的形成。

7. 土地盐渍化

盐渍化是一种缓变性地质灾害，在我国的分布范围很广，危害严重。除滨海半湿润地区的盐渍土外，大致分布在沿淮河—秦岭—巴颜喀拉山—唐古拉山—喜马拉雅山一线以北广阔的半干旱、干旱和漠境地区。据现有资料，全国已有 16 个省区分布有盐渍土 81.8 km^2，潜在盐渍土约 17.33 万 km^2。根据地貌，可分为滨海、华北平原、东北平原、西北半干旱地区、西北干旱地区等几个盐渍土集中分布区。

盐渍土可分为含硫酸盐为主的酸盐土和含碳酸盐为主的碱盐土，其对人类活动造成的危害主要体现在使农作物减产或绝收，影响植被生长并间接造成生态环境恶化，且能腐蚀损坏工程设施，所造成的损失每年达 25.11 亿元。

8. 其他地质灾害

在我国危害较大的灾种还有：水土环境异常（地方病）、海水入侵、地下水水质变异（污染）和水位上升、坑道突水、瓦斯爆炸、煤层自燃、河湖和水库淤积、河海塌岸、冷浸田、特殊土类灾害（黄土的湿陷性、胀缩土及红黏土的湿胀干缩、冻土的冻胀融陷、砂土液化等）和水库渗漏等。

(1)水土环境异常（地方病）。由于地貌、地层岩性、地质构造等地质条件的差异，形成了某些地区的某些地球化学元素含量过高（如氟、砷）或过低（如碘），给当地居民的身体健康造成了较大危害，这就是通常所说的地方病。尽管地方病的患病原因还有其他一些说法，地质环境因素仍被绝大多数学者所接受或被认为是最主要的因素。

主要病种是地方性甲状腺肿（地甲病，重病者的后代患有较严重的克汀病）、地方性氟中毒（氟斑牙，重病者为氟骨症，统称地氟病）、地方性心脏病（克山病）、大骨节病、地方性砷中毒、地方性癌症等，其中以地甲病和氟斑牙的患病人数为最多，克山病的死亡率最高（急症者达 50% 以上），氟骨症（致人瘫痪）和克汀病（致人呆傻、矮小或盲聋哑）危害最大。

(2)海水入侵。主要包括河口海水入侵、含水层海水入侵、沿断裂带海水入侵和其他人为原因海水入侵等类型。主要发生在我国东部环渤海湾的山东、辽宁两省和东南沿海的江苏、浙江、福建、广东等省的部分地区。据调查，其中 2005 年山东省的烟台、青岛、威海、日照等地区海水入侵累计面积达 649 km^2，辽宁省的锦州、葫芦岛、大连等地区海水入侵累计面积达 740 km^2。含水层海水入侵是我国海水入侵的主要类型，近年来海水入侵面积呈持续上升的发展趋势，分布点和区域越来越多。

河口海水入侵目前在东南沿海地区发展迅速，尤其是长江口和珠江口，近二三十年来海水入侵频率越来越高，持续时间越来越长，海水入侵的影响和危害也越来越严重。河口海水入侵影响因素主要有自然和人为因素两方面，自然因素主要有气候和海平面上升问题，人为因素主要有河流上游筑坝和调水问题。

(3)地下水污染。地下水污染在全国范围内已非常普遍，尤其是城市地区更为严重。据统计，目前严重污染的城市达 50 座以上，主要污染组分为氨氮-硝基化合物、酚、矿化度、总硬度、铁、锰等重金属。

目前，全国大多数城市甚至包括拉萨都不同程度地存在地下水污染问题，尤其是中浅层水污染较为严重，深层水的污染还较轻微或基本未被污染。北方（长江以北）比南方污染严重、范围较大，东部比西部污染强烈。污染源由少变多、由城市向乡村扩散，这与乡镇企业的星罗棋布有关。

地下水污染造成的危害十分巨大，主要是影响人体健康、影响产品质量(包括农牧产品)、损害设备、增加处理费用等，但目前还很难准确统计全国由此造成的经济损失，仅据河南省的统计，该省每年由地下水污染造成的直接经济损失达 3 500 万元。

二、其他有关概念

(一)地质灾害危险性

地质灾害危险性主要是地质灾害自然属性特征的体现。它的核心要素是地质灾害的活动程度。从定性分析看，地质灾害的活动程度越高，危险性越大，灾害的损失越严重。

地质灾害危险性分为历史灾害危险性和潜在灾害危险性。历史灾害危险性是指已经发生的地质灾害的活动程度，潜在灾害危险性是指具有灾害形成条件，但尚未发生的地质灾害的可能的活动程度。

(二)地质灾害易发区和地质灾害危害程度

地质灾害易发区是指容易产生地质灾害的区域。地质灾害危害程度是指地质灾害造成的人员伤亡、经济损失与生态环境破坏的程度。

(三)地质灾害隐患

地质灾害隐患包括可能危害人民生命和财产安全的不稳定斜坡、潜在滑坡、潜在崩塌、潜在泥石流和潜在地面塌陷，以及已经发生但目前还不稳定的滑坡、崩塌、泥石流、地面塌陷等。

(四)灾情和险情

灾情为地质灾害的危害性，包括地质灾害造成的人员伤亡和直接经济损失。

险情为地质灾害隐患的潜在危害性，包括地质灾害隐患威胁的人数和威胁财产数(潜在经济损失)。

第二节　地质灾害危险性评价及其内容

一、地质灾害危险性评价及其意义

地质灾害危险性评价，顾名思义，就是对某一地区发生地质灾害的危险性进行分析和评定。从定量化评价的要求看，地质灾害的危险性需要通过具体的指标予以反映。国土资源部《地质灾害危险性评估技术要求》(试行)的定义为：地质灾害危险性评估是在查明各种致灾地质作用的性质、规模和承灾对象社会经济属性(承灾对象的价值、可移动性等)的基础上，以致灾体稳定性和致灾体与承灾对象遭遇的概率上分析入手，对其潜在的危险性进行客观评估。

地质灾害危险性评价作为地质灾害灾情评估的一项重要内容，具有十分重要的研究意义。例如，我国几项大型工程(南水北调、小浪底水库、三峡水库等)的建设必将引起周围自然环境的重大变迁，甚至诱发多种新、老地质灾害。尤其是三峡工程作为一项前所未有的巨型建设项目，其兴建及相应的库区百万以上人口的迁移，标志着一次相当规模的环境改造和人类活动重点的空间转移。这有可能诱发地震、库岸再造、斜坡失稳、泥石流等多种地质灾害。“三峡的成败在于移民，移民的成败在于选址”，故而新址区的地质灾害危险性评价就显得极为重要。

因此，国土资源部曾下达专门文件规定，城市建设、地质灾害易发区内进行工程建设，及其他有可能导致地质灾害发生的工程项目建设，在项目选址阶段必须进行地质灾害危险性评价。

地质灾害除了造成人员伤亡，破坏房屋、铁路、公路、航道等工程设施，造成直接损失外，还破坏资源和环境，给地区经济发展造成广泛而又深刻的影响。特别是在严重的灾害分布区，由于自然条件差，交通堵塞，经济基础薄弱，至今许多地区仍属于贫困地区。在贫困的情况下，严重的地质灾害又进一步阻碍了这些地区的资源开发和工程建设活动，影响全国经济发展宏伟目标的实现。因此有效地对地质灾害进行危险性评价，制定防治措施，不但对保护灾区人民生命财产安全具有重要的现实意义，而且对促进地区经济和全国经济发展具有广泛而又深远的意义。

二、地质灾害危险性评价的兴起与发展

国内外对灾害的研究历史已相当长久，但将灾害评价作为灾害研究领域中的一项内容，仅是近几十年来随着灾害损失的日益严重和相关学科理论与技术的迅速发展而兴起的。

20 世纪 60 年代以来，自然灾害研究主要限于灾害机理及预测研究，重点调查分析灾害形成条件与活动过程。70 年代以后，随着自然灾害破坏损失的急剧增加，促使人类把减灾工作提高到前所未有的程度。在一些发达国家，首先拓宽了灾害研究领域，在继续深入研究灾害机理的同时，开始进行灾害评价工作。地质灾害危险性评价作为灾情评价的基础，从此取得了很快的发展。

我国是地质灾害多发的国家，地质灾害分布广，活动频繁，危害重，是世界上地质灾害最为严重的国家之一。每年因崩塌、滑坡和泥石流等地质灾害造成的死亡人数占自然灾害死亡人数比例较大，造成的经济损失也达数百亿元。新中国成立以后，国家特别重视减灾工作，为了有效的防灾、救灾，特别强调灾情调查评价，并取得了显著成绩。20 世纪 70 年代以后，随着地质灾害对社会经济影响的日益严重和国际灾害研究的迅速发展，我国的地质灾害评价研究开始兴起。尤其是 80 年代以来，随着我国许多巨型、大型工程项目的相继兴建，地质灾害危险性评价显得异常重要，针对建设项目用地等工程项目，在国内掀起了一股地质灾害危险性评价的浪潮，标志着我国地质灾害危险性评价已从萌芽阶段开始进入全面发展时期。

党中央、国务院高度重视防灾减灾工作，并要求把地质灾害防治工作作为一项重要工作来抓。早在 1996 年 8 月 7 日，江泽民总书记在会见第三十届国际地质大会中外地质学界知名人士时的谈话中讲道："矿产资源、水资源、地震、火山、滑坡、地面沉降、海平面上升、表土荒漠化等等，都与地质工作关系密切，因此，地质工作是实施可持续发展战略的支柱性、基础性工作。"十六大召开以后，党的第四代领导集体十分重视地质灾害防治工作，胡锦涛总书记在今年的中央人与资源环境工作座谈会上指出："加强汛期和三峡库区等重点地区地质灾害调查和防治工作。""积极探索矿山环境恢复治理新机制。"温家宝总理曾多次强调指出："对有重大地质灾害隐患威胁群众安全的地方，要特别重视加强调查和防治工作。这要作为地质部门的一项重要任务。"

党的十六大将实施可持续发展战略写进了党章，提出党在新世纪新阶段的奋斗目标是全面建设小康社会，从经济、政治、文化、可持续发展四个方面阐述了全面建设小康社会的内容。可持续发展观的提出，是对人类几千年发展经验教训的反思，特别是对我国传统经济发展道路的总结。资源和环境是人类赖以生存、繁衍和发展的基础，而资源短缺、环境污染、灾害频发和生态恶化的影响，已成为摆在当今世界各国面前的一个重大问题，社会对防灾减灾提出了更高

的要求。

三、地质灾害危险性评价的主要内容

地质灾害危险性评价的主要内容是分析地质灾害在某一区域上的活动频率、强度、规模以及地质灾害发生、发展的条件与规律，在此基础上圈定危险区范围，根据地质灾害发生的历史资料计算灾害发生的概率并进行地质灾害危险程度分区。地质灾害危险性评价包括现状评价和预测评价。

地质灾害危险性现状评价是指对已有的地质灾害的危险性评价。任务是根据评价区地质灾害类型、规模、分布、稳定状态、危害对象进行危险性评价；对稳定性或危险性起决定性作用的因素作较深入的分析，判定其性质、变化、危害对象和损失情况。

预测评价是指对区域建设或人类活动可能诱发的地质灾害进行危险性评价。任务是预测工程建设和其他人类活动对地质环境的改变及影响，评价是否会诱发滑坡、泥石流、地面塌陷、地裂缝、地面沉降等地质灾害以及灾害的范围、程度、危害。

地质灾害危险性评价是地质灾害灾情评价的重要内容和基础。在进行区域地质环境背景条件分析的基础上，结合各种地质灾害的形成条件，进行危险性评价和区划，为制定全国和地区地质灾害防治规划，部署与实施地质灾害勘查与防治工作提供依据。

第三节　地质灾害危险性评价的主要方法

目前，对于地质灾害评价的研究领域，国土资源部主要提出两个评价内容，即建设用地地质灾害危险性评估和区域地质灾害危险性分区评价。其中建设用地地质灾害危险性评估为建设项目必须进行的国家法定程序，而大区域地质灾害危险性分区评价则是国家目前正在开展的县(市)地质灾害调查与区划的一部分。因为评价范围和关注焦点不同，两者所采用的评价方法也略有不同。

一、建设用地地质灾害危险性评估

建设用地地质灾害危险性评估(简称 JDWP)制度是贯彻以预防为主、有效减轻灾害损失的关键性措施，它是工程建设中的一项重要基础性工作。其核心内容是“城市地质灾害易发区内进行工程建设及其他有可能导致地质灾害发生的工程项目建设，在项目选址阶段必须进行地质灾害危险性评估，评估结果由省级以上地矿行政主管部门认定，并作为建设项目用地审查报批的必备条件之一”。

合理确定建设用地发生地质灾害的危险程度对确保工程的顺利进行和工程安全有着重要意义。同时，也将对社会经济发展产生重大影响。在建设用地地质灾害危险性评估中，首先要搜集、查阅大量基础资料，从自然条件、地质环境条件、社会条件等几个方面综合分析建设用地范围内的地质灾害现状，初步确定场地内可能发生的地质灾害类型，为进一步分析发生地质灾害的危险性程度提供依据。

国土资源部已发布有关建设用地地质灾害危险性评估的方法和技术要求，原则上应按照《地质灾害防治条例》(国务院第 394 号令)和《国务院办公厅转发国土资源部、建设部关于加强地质灾害防治工作意见的通知》(国办发[2001]35 号)的精神，根据《地质灾害危险性评估技术

要求》(试行)来进行评估工作。

建设用地地质灾害危险性评估包括现状评估、预测评估和综合评估。

(一)国家相关技术规定

(1)在地质灾害易发区内进行工程建设,必须在可行性研究阶段进行地质灾害危险性评估;在对地质灾害易发区内进行城市总体规划、村庄和集镇规划时,必须对规划区进行地质灾害危险性评估。

(2)地质灾害危险性评估的灾种主要包括:崩塌、滑坡、泥石流、地面塌陷(含岩溶塌陷和矿山采空塌陷)、地裂缝和地面沉降等。

(3)地质灾害危险性评估的主要内容是:阐明工程建设区和规划区的地质环境条件基本特征;分析论证工程建设区和规划区各种地质灾害的危险性,进行现状评估、预测评估和综合评估;提出防治地质灾害措施与建议,并做出建设场地适宜性评价结论。

(4)地质灾害危险性评估工作,必须在充分收集利用已有的遥感影像、区域地质、矿产地质、水文地质、工程地质、环境地质和气象水文等资料基础上,进行地面调查,必要时可适当进行物探、坑槽探与取样测试。

(5)地质灾害危险性评估不替代建设工程和规划各阶段的工程地质勘察或有关的评价工作。

(二)评估工作程序

评估工作程序如图 8-1 所示。

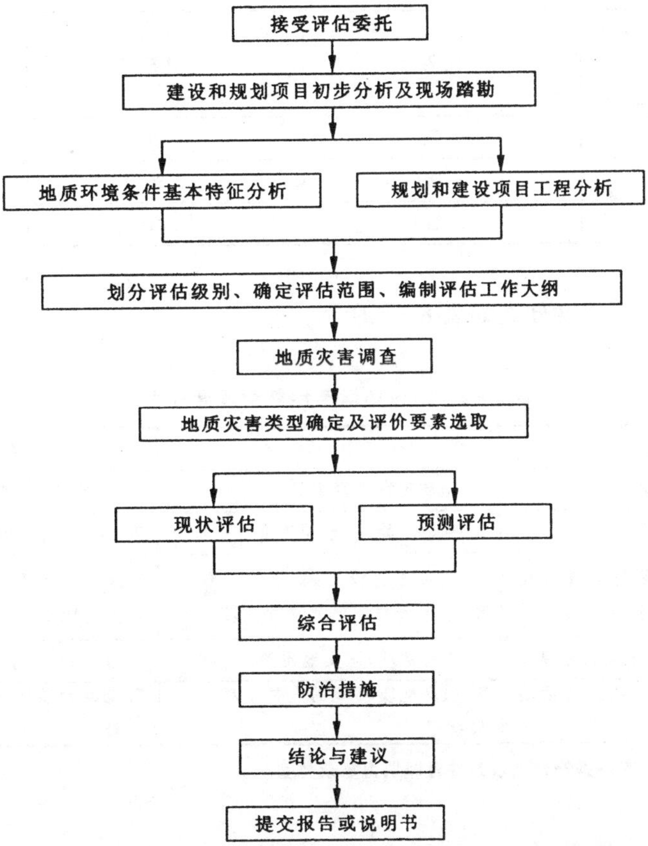

图 8-1　建设用地地质灾害危险性评估工作程序

(三)评估范围与级别

1. 评估范围的确定

地质灾害危险性评估范围,不能局限于建设用地和规划用地的面积内,应视建设和规划项目的特点、地质环境条件和地质灾害种类予以确定。若危险性仅限于用地面积内,则按用地范围进行评估。

崩塌、滑坡其评估范围应以第一斜坡带为限;泥石流必须以完整的沟道流域面积为评估范围;地面塌陷和地面沉降的评估范围应与初步推测的可能范围一致;地裂缝应与初步推测可能延展、影响范围一致。建设工程和规划区位于强震区,工程场地内分布有可能产生明显位错或构造性地裂的全新活动断裂或发震断裂,评估范围应尽可能把邻近地区活动断裂的一些特殊构造部位(不同方向的活动断裂的交汇部位、活动断裂的拐弯段、强烈活动部位、端点及断面上不平滑处等)包括其中。

重要的线路工程建设项目,评估范围一般应以相对线路两侧扩展500～1 000m为限。

2. 评估级别

根据地质环境条件复杂程度与建设项目重要性,可将地质灾害危险性评估分为三级。如表8-1所示。

表8-1 建设用地地质灾害危险性评估分级表

复杂程度/评估分级/项目重要性	复杂	中等	简单
重要建设项目	一级	一级	一级
较重要建设项目	一级	二级	三级
一般建设项目	二级	三级	三级

地质环境条件复杂程度分类如表8-2所示。

表8-2 地质环境条件复杂程度分类表

复 杂	中 等	简 单
1. 地质灾害发育强烈	1. 地质灾害发育中等	1. 地质灾害一般不发育
2. 地形与地貌类型复杂	2. 地形较简单,地貌类型单一	2. 地形简单,地貌类型单一
3. 地质构造复杂,岩性岩相变化大,岩土体工程地质性质不良	3. 地质构造较复杂,岩性岩相不稳定,岩土体工程地质性质较差	3. 地质构造简单,岩性单一,岩土体工程地质性质良好
4. 工程地质、水文地质条件不良	4. 工程地质、水文地质条件较差	4. 工程地质、水文地质条件良好
5. 破坏地质环境的人类工程活动强烈	5. 破坏地质环境的人类工程活动较强烈	5. 破坏地质环境的人类工程活动一般

注:每类五项条件中,有一条符合复杂条件者即划为复杂类型。

建设项目重要性分类如表8-3所示。

表 8-3 建设项目重要性分类表

项目类型	项目类别
重要建设项目	开发区建设，城镇新区建设，放射性设施，军事设施，核电，二级（含）以上公路，铁路，机场；大型水利工程，电力工程，港口码头，矿山，集中供水水源地，工业建筑，民用建筑，垃圾处理场，水处理厂等
较重要建设项目	新建村庄；三级（含）以下公路；中型水利工程，电力工程，港口码头，矿山，集中供水水源地，工业建筑，民用建筑，垃圾处理场，水处理厂等
一般建设项目	小型水利工程、电力工程、港口码头、矿山、集中供水水源地、工业建筑、民用建筑、垃圾处理场、水处理厂等

（四）评估方法

在充分收集分析已有资料基础上，编制评估工作大纲，明确任务，确定评估范围与级别，设计地质灾害调查内容及重点、工作部署与工作量，经过地质灾害调查与地质环境条件分析，从而对地质灾害进行危险性分级，定性分级可参照表 8-4。

表 8-4 地质灾害危险性分级表

危险性分级 \ 确定因素	地质灾害发育程度	地质灾害危险程度
危险性大	强发育	危害大
危险性中等	中等发育	危害中等
危险性小	弱发育	危害小

1. 地质灾害危险性现状评估

基本查明评估区已发生的崩塌、滑坡、泥石流、地面塌陷（含岩溶塌陷和矿山采空塌陷）、地裂缝和地面沉降等灾害形成的地质环境条件、分布、类型、规模、变形活动特征，主要诱发因素与形成机制，对其稳定性进行初步评价，在此基础上对其危险性和对工程危害的范围与程度做出评估。

2. 地质灾害危险性预测评估

即对工程建设场地及可能危及工程建设安全的邻近地区可能引发或加剧的和工程本身可能遭受的地质灾害的危险性做出评估。

地质灾害的发生，是各种地质环境因素相互影响、共同作用的结果。预测评估必须在对地质环境因素系统分析的基础上，判断降水或人类活动因素等激发下，某一个或一个以上的可改变的地质环境因素的变化，导致致灾体处于不稳定状态，预测评估地质灾害的范围、危险性和危害程度。

地质灾害危险性预测评估内容包括如下内容。

(1)对工程建设中和建成后可能引发或加剧崩塌、滑坡、泥石流、地面塌陷、地裂缝和不稳定的高陡边坡变形等的可能性和危险性及危害程度做出预测评估。

(2)对建设工程自身可能遭受已存在的崩塌、滑坡、泥石流、地面塌陷、地裂缝、地面沉降等危害隐患和潜在不稳定斜坡变形的可能性、危险性和危害程度做出预测评估。

(3)对各种地质灾害危险性预测评估可采用工程地质比拟法，成因历史分析法，层次分析法，数字统计法等定性、半定量的评估方法进行。

3. 地质灾害危险性综合评估

依据地质灾害危险性现状评估和预测评估结果，充分考虑评估区的地质环境条件的差异和潜在的地质灾害隐患点的分布、危险程度，确定判别区段危险性的量化指标，根据“区内相似、区际相异”的原则，采用定性、半定量分析法，进行工程建设区和规划区地质灾害危险性等级分区(段)。并依据地质灾害危险性、防治难度和防治效益，对建设场地的适宜性做出评估，提出防治地质灾害的措施和建议。

(1)地质灾害危险性综合评估，危险性划分为大、中等、小三级；

(2)地质灾害危险性小，基本不设计防治工程的，土地适宜性为适宜；地质灾害危险性中等，防治工程简单的，土地适宜性为基本适宜；地质灾害危险性大，防治工程复杂的，土地适宜性为适宜性差。如表 8-5 所示。

表 8-5　建设用地适宜性分组表

级别	分级说明
适宜	地质环境复杂程度简单，工程建设遭受地质灾害危害的可能性小，引发、加剧地质灾害的可能性小，危险性小，易于处理
基本适宜	不良地质现象较发育，地质构造、地层岩性变化较大，工程建设遭受地质灾害危害的可能性中等，引发、加剧地质灾害的可能性中等，危险性中等，但可采取措施予以处理
适宜性差	地质灾害发育强烈，地质构造复杂，软弱结构层发育区，工程建设遭受地质灾害的可能性大，引发、加剧地质灾害的可能性大，危险性大，防治难度大

二、县(市)地质灾害危险性分区评价

该评价主要依据国土资源部《县(市)地质灾害调查与区划基本要求》，主要为查明我国地质灾害严重县(市)的地质灾害隐患，划定地质灾害易发区，健全群专结合的监测网络，有计划地开展地质灾害防治，建立地质灾害信息系统，减少灾害损失，保护人民生命财产安全。

(一)基本要求

(1)地质灾害危险性评价采用定性分析为主、定量评价为辅的方法进行。阐明地质灾害分布规律、发育特征及危害，做出正确的评价与预测。

(2)从定性分析看，地质灾害的活动程度越高，危险性越大，可能造成的灾害损失越严重。从定量评价的要求看，地质灾害的危险性需要通过具体的指标予以反映。根据灾害地质体的特征、地质环境条件，现场综合分析判别演变趋势，将地质灾害危险性分为危险大、危险中、危险小三级评价。

(3)定量分析可以参考第二章所提供的各种数学方法，对地质灾害危险性进行评价。

(二)评价工作步骤

评价工作步骤如图 8-2 所示。

(三)地质灾害危险性分区(定性评价)

地质灾害易发区主要依据地质环境条件，参考地质灾害现状和人类工程活动划定。地质灾害易发区分为高易发区、中易发区、低易发区三类(表 8-6)。

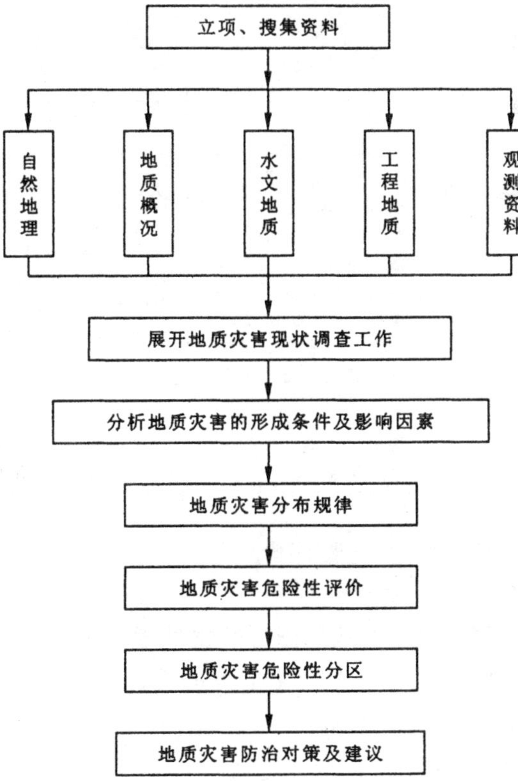

图 8-2　县(市)地质灾害危险性分区评价工作步骤

表 8-6　地质灾害易发区主要特征简表

灾种	易发区等级划分			非易发区
	高易发区	中易发区	低易发区	
	$G=4$	$G=3$	$G=2$	$G=1$
滑坡、崩塌	构造抬升剧烈，岩体破碎或软硬相间；黄土垄岗地貌、人类活动对自然环境影响强烈；暴雨型滑坡；规模大，高速远程	红层丘陵区、坡积层、构造抬升区，暴雨久雨；中小型滑坡，中速，滑程远。	丘陵残积缓坡地带，冻融滑坡；规模小；低速蠕滑；植被好，顺层滑动	缺少滑坡形成的地貌临空条件，基本上无自然滑坡，仅有局部溜滑
泥石流	地形陡峭，水土流失严重，形成坡面泥石流；数量多，10 条沟/20km 以上，活动强，超高频，每年暴发可达 10 次以上；沟口堆积扇发育明显完整，规模大；排泄区建筑物密集	坡面和沟谷泥石流，6～10 条沟/20km；分布广，活动强，淹没农田，堵塞河流等；沟口堆积扇发育且具一定规模；排泄区建筑物多	坡面和沟谷泥石流均有分布，3～5 条沟/20km；中等活动；沟口有堆积扇，但规模小，排泄区基本通畅	以沟谷泥石流为主，物源少，排导区通畅；1～2 条沟/20km，多年活动一次；沟口堆积扇不明显，排泄区通畅。

续表 8-6

灾种	易发区等级划分			非易发区
	高易发区	中易发区	低易发区	
	$G=4$	$G=3$	$G=2$	$G=1$
岩溶塌陷和采空区塌陷	碳酸盐岩岩性纯，连续厚度大，出露面积较广；地表洼地、漏斗、落水洞、地下岩溶发育；多岩溶大泉和地下河，岩溶发育深度大；灾害点密度大于等于1个/km²，地面塌陷或地裂缝破坏面积大于等于1 000m²/km²	以次纯碳酸盐岩为主；地表洼地、漏斗、落水洞、地下岩溶发育；岩溶大泉和地下河不多，岩溶发育深度不大；灾害点密度为0.1～1个/km²，地面塌陷或地裂缝破坏面积为500～1 000 m²/km²	以不纯碳酸盐岩为主，多间夹型或互夹型；地表洼地、漏斗、落水洞、地下岩溶发育稀疏；灾害点密度为0.05～0.1个/km²，地面塌陷或地裂缝破坏面积为100～500 m²/km²	以不纯碳酸盐岩为主，多间夹型或互夹型。地表洼地、漏斗、落水洞、地下岩溶不发育；灾害点密度为小于等于0.05个/km²，地面塌陷或地裂缝破坏面积为小于100m²/km²
地裂缝	构造与地震活动非常强烈，第四系厚度大	构造与地震活动强烈，第四系厚度大	构造与地震活动较为强烈，形成拉裂构造	第四系覆盖薄，差异沉降小

（四）地质灾害综合危险性指数法（定量评价）

1. 单元网格划分

将县市行政区划图进行网格剖分。运用栅格数据处理方法对调查区进行剖分，每个单元面积为$(1\times1\sim3\times3)\mathrm{km}^2$。对于地质条件变化不大的地区，单元面积可取高限，地质条件复杂，或需详细研究的地区，单元面积可取低限。

2. 现状地质灾害危险性指数计算

现状地质灾害危险性指数(Z_x)可以用灾害点密度、灾害面积密度以及灾害体积密度来求得。

(1)崩塌、滑坡、泥石流危险性指数(Z_x)：　$R=a+b+c$

(2)地面塌陷和地裂缝危险性指数(Z_x)：　$R=a+b$

其中：a为归一化处理后的灾害个数密度系数；b为归一化处理后的灾害面积密度系数；c为归一化处理后的灾害体积密度系数。

3. 潜在地质灾害危险性指数计算

潜在地质灾害危险性指数(Z_q)按下面公式计算

$$Z_q=\sum T_i\cdot A_i=D\cdot A_D+X\cdot A_x+Q\cdot A_Q+R\cdot A_R$$

式中，T_i分别为控制评价单元地质灾害形成的地质条件(D)、地形地貌条件(X)、气候植被条件(Q)、人为条件(R)充分程度的表度分值，各评价指标的选取与评判标准依据具体情况而定；A_i分别为各形成条件的权值，根据实际情况分配。

4. 地质灾害综合危险性指数

地质灾害综合危险性指数的计算方法

$$Z=Z_q\cdot r_1+Z_x\cdot r_2$$

式中，Z为地质灾害综合危险性指数；Z_q为潜在地质灾害强度指数；r_1为潜在地质灾害强度权值；Z_x为现状地质灾害强度指数；r_2为现状地质灾害强度权值。

根据各单元的地质、地形地貌、气候以及人类工程活动等条件，利用MAPGIS空间分析功能，求取评价单元的潜在地质灾害强度指数与现状地质灾害强度指数，分级赋值进行换算叠加，获得评价单元的地质灾害综合危险性指数。

5. 地质灾害危险性分区

依据地质灾害综合危险性指数，合并相同单元格，划定地质灾害危险性分区。

上述定性和定量的分析标准和方法仅供参考试用，不作硬性要求。各地可以结合自身的实际情况，采用合适的方法划分地质灾害危险性分区。但无论采用何种方法，都应当做到易发区的内涵清晰，评价单元选择合理，指标选取和赋值依据充分，划分结果层次分明，体现地质环境条件对于地质灾害形成和发展的控制规律和地质灾害发育的基本特点。

第四节　地质灾害危险性评价实例

一、某山庄建设用地地质灾害危险性评估①

（一）评估工作概述

拟建某山庄（以下称 YL 山庄）规划总用地 307.5 亩，其中规划居住用地 271.5 亩，总建筑面积 16.89 万 m^2，居住户数 1 228 户，居住人数 3 930 人，居住人口净密度 24 人/亩，总建筑密度 21%，绿地率 45%，建筑以三层、四层、五层、六层建筑为主，规划有储蓄所、邮电所、中水处理站、商业中心、运动场、托儿所等配套公建设施，为一高级花园式居住区。占地面积 0.18 km^2，小区建设用地形状不规则，大体为半蝴蝶形。

（二）评估范围与级别的确定

1. 建设项目重要性划分

YL 山庄居住小区为一中型居住区，主要是一般民用建筑，根据国土资发[2004]69 号文附件《地质灾害危险性评估技术要求》（试行），按建设项目重要性划分属较重要建设项目。

2. 地质环境条件复杂程度确定

YL 山庄居住小区建设用地地质灾害发育中等；地形起伏较大，为一丘陵，地貌类型较复杂，地形高差约 70m；评估区附近断裂不太发育，发育地层主要为奥陶系中统中厚层灰岩和第四系残坡积黏土、碎石土，地层岩性单一，岩相稳定，地质构造较简单，土体工程地质性质因黄土层厚度的变化差异较大，岩体工程地质性质差异较小，因岩溶发育工程地质性质较差；区内工程地质、水文地质条件一般；破坏地质环境的人类工程活动主要是开山采石、机械人工削坡，开挖取土等，工程活动较强烈。

综上所述，YL 山庄居住小区地质环境条件复杂程度为中等。

3. 评估级别

YL 山庄居住小区项目为较重要建设项目，评估区地质环境条件复杂程度为中等，根据国土资发[2004]69 号文附件《地质灾害危险性评估技术要求》（试行）的规定，该地质灾害危险性评估的级别为二级。

4. 评估范围

YL 山庄居住小区项目为面状工程项目，根据建设用地评估区地质环境条件，该项目场区

① 周建伟等. 某山庄建设用地地质灾害危险性评价报告，2003.

周围地质灾害不影响本区，本项目建设过程中因边坡切坡可能影响上部山体边坡的稳定性，加剧地质灾害的发生，因此本次评估范围确定为规划征地范围靠山一侧的西部和南部边界向外延伸至地表分水岭，北部边界延伸至村庄，东部边界为南外环路，与征地边界基本一致。评估区总面积约705亩，即0.47 km^2。

（三）地质环境条件

气象水文、地形地貌、地层岩性、地质构造与区域地壳稳定性、工程地质特征、水文地质条件、人类工程活动对地质环境的影响等。

（四）地质灾害危险性现状评估

1. 地质灾害类型及特征

根据国土资发[2004]69号文附件《地质灾害危险性评估技术要求》(试行)的规定，建设用地地质灾害危险性评估的灾种主要包括：崩塌、滑坡、泥石流、地面塌陷(含岩溶塌陷和矿山采空塌陷)、地裂缝及地面沉降等。因此本次地质灾害危险性评估主要针对以上各灾种进行评估。

根据评估区的地质环境条件，结合本次野外调查成果，对上述地质灾害各灾种产生的基本条件和存在发生的可能性进行系统分析后可以看出下面几点。

(1)评估区北部山沟虽然作为三面山体的雨季泄洪通道，但汇水面积不大，山体裸露，沟内土、石等碎屑物较少，因此不具备发生泥石流地质灾害的可能性。

(2)区内基岩大部分为中奥陶统中厚层灰岩，且岩石裸露，地下无采矿活动，也无较大断裂通过，评估区中东部基岩覆盖层厚度最大15m，也无大规模开采地下流体的工程活动，因此不具备产生采空塌陷、地裂缝和大规模地面沉降的基本地质环境条件。

(3)评估区西部和南部因人工爆破采石形成多处临空面，岩石裂隙发育，存在着发生崩塌地质灾害的可能性。

(4)评估区中西部山体两侧部分岩层倾向与边坡倾向相同，容易产生顺层滑动，存在着发生滑坡地质灾害的可能性。

(5)评估区内基岩以可溶性灰岩为主，存在着发生岩溶塌陷地质灾害的可能性。

(6)因本区中东部存在黄土状土，具有非自重湿陷性，在工程建设和地面堆载的情况下，将会产生地面的不均匀沉降。

综上所述，评估区不具备产生泥石流、采空塌陷、地裂缝和地面沉降的基本地质环境条件，但存在着产生崩塌、滑坡、岩溶塌陷和黄土湿陷地质灾害的可能性，因此本次地质灾害危险性评估的灾种确定为崩塌、滑坡、岩溶塌陷和黄土湿陷等。

2. 地质灾害危险性现状评估

根据前面确定的评估灾种，评估区内地质灾害主要为崩塌、滑坡和岩溶塌陷，现分别对其危险性现状评估如下。

(1)崩塌。本评估区的较陡边坡主要分布于西南部A区段(图8-3、图8-4)，由于爆破开采及卸荷作用的影响，崖壁岩体断裂构造、节理裂隙和卸荷裂缝相当发育。在区域内广泛发育有两组节理，一组走向300°～320°，节理间距在2.0～5.0m之间，另一组走向为40°～65°，节理间距在0.8～1.2m之间，两组节理斜交，对岩体造成了切割，采石场的开掘，加剧了岩体破碎。但是，在现状条件下，这一地段仅发生过小规模的崩塌，没有造成人员伤亡和财产损失。因此，现状评估A区段有发生崩塌地质灾害的可能性小，危险性等级为小。其他区段不会发生崩塌地质灾害，危险性等级为小。

图 8-3　评估区西南部破坏的边坡

图 8-4　爆破后松动的岩石

(2)滑坡。现状条件下可能发生滑坡的部位主要有两处,分别位于评估区中西部山脊南北坡,地形坡向与地层倾向相同,地形坡角和地层倾角近于一致,容易产生顺层滑动。

1)B_1部位:位于山脊北坡,岩石为中厚层灰岩,上有植被覆盖,坡角一般 15°～20°,上部地形稍陡,在 20°～30°之间,小于 30°(图 8-5)。因岩层倾角与地形坡角近于一致,且岩层的顺层节理裂隙较多,充填物主要为黏性土。因此,地质灾害危险性现状评估 B_1部位发生滑坡地质灾害的危险性等级为小。

2)B_2部位:位于山脊南坡,岩石为中薄层灰岩,受褶皱的影响,地层倾角稍大于地形坡角,因爆破采石将坡角部位岩体破坏,形成陡坎(图 8-6),在现状条件下有发生滑坡的可能性。地质灾害危险性现状评估 B_2部位发生滑坡地质灾害的危险性等级为小。

图 8-5　B_1 部位易滑地段

图 8-6　B_2 部位易滑地段

(3)岩溶塌陷。评估区中东部普遍覆盖层厚度大于 1m,基底岩石为奥陶系灰岩,存在着发生岩溶塌陷地质灾害的可能性。但是,地下水水位埋深普遍大于 20m,且上覆土层为黏性土,透水性差,一般不会发生潜蚀。另外,中厚层灰岩较致密,仅仅发育有岩溶裂隙,在岩石表面有少量溶穴,附近勘探时也很少见溶洞发育,村民在打井过程中也未见土洞及溶洞。经调查现状条件下没有发生岩溶塌陷,故发生岩溶塌陷的可能性也小,因此地质灾害危险性现状评估发生岩溶塌陷的危险性等级为小。

综上所述，YL山庄居住小区拟建场地现状情况下发生地质灾害的种类主要为崩塌、滑坡和岩溶塌陷。地质灾害危险性现状评估采石场附近A区段发生崩塌地质灾害的危险性等级为小。地质灾害危险性现状评估B_1和B_2部位有发生滑坡地质灾害的危险性等级为小。地质灾害危险性现状评估有发生岩溶塌陷地质灾害的危险性等级为小。现状条件下无其他地质灾害。

（五）地质灾害危险性预测评估

1. 工程建设诱发或加剧地质灾害危险性的预测

（1）工程建设诱发或加剧崩塌、滑坡地质灾害的可能性和危险性。因工程建设可能诱发或加剧崩塌地质灾害的部位主要是评估区西南部A区段，该段崖壁岩体断裂构造、节理裂隙和卸荷裂缝相当发育。采石场的开掘，加剧了岩体破碎。另外，该岩体边坡陡峭，坡高30～40m，部分人工切坡倾角大于70°，在切方爆破的过程中可能导致边坡失稳。

可能发生滑坡的部位主要有两处，分别位于评估区中西部山脊南北坡，地形坡向与地层倾向相同，地形坡角和地层倾角近于一致，容易产生顺层滑动。在大强度、长时间降水、人工切坡或附近区域爆破外力影响下有发生滑坡的可能性。

在工程建设的过程中，必然存在切方，一部分切方形成的切坡坡面，随工程建设完成而消失，一部分切坡坡面在工程建设结束后继续存在。据工程规划可知，本区山前地段的切坡高度一般在3m以上，由于边坡自身的破碎和不稳定性，很容易发生坍塌、落石等灾害。因此，地质灾害危险性现状评估场区中西部山前地带在工程建设过程中诱发或加剧崩塌、滑坡地质灾害的危险性等级为中等。其他区段不会诱发或加剧崩塌、滑坡地质灾害，危险性等级为小。

（2）工程建设诱发或加剧黄土湿陷地质灾害的可能性和危险性。本评估区发生黄土湿陷的主要内在因素是在中东部有大面积黄土状土的分布，诱发因素则是工程建设的地面堆载和其他附加荷载。场地内黄土状土具有湿陷性，自重湿陷系数为0.001～0.091，属非自重湿陷性黄土，湿陷等级为Ⅰ级（轻微），只有存在上部荷载的情况下才能产生危害。因此，预测在场区北部山沟和中东部填方较大地段，工程建设有诱发或加剧黄土湿陷地质灾害的可能性，其危险性等级为小。

（3）工程建设诱发其他地质灾害的可能性和危险性。评估区内地质条件相对简单，岩溶发育不强烈，因此工程建设诱发岩溶塌陷地质灾害的危险性小。工程建设不会诱发其他地质灾害。

2. 工程建设可能遭受危险性的预测

（1）工程建设遭受崩塌、滑坡地质灾害的可能性和危险性。由于评估区存在崩塌、滑坡地质灾害，对工程建设本身的安全就有威胁，加上工程建设要进行切坡和填方会出现人工高陡边坡，在建设过程中和完工后，都会威胁到工程建设本身的安全。因此，将地质灾害的危害对象定为本工程项目的主体建筑及现场施工和居住区内的人。根据灾害产生的可能性，预测在场区西部和西南部山前地段切坡时工程建设有遭受崩塌、滑坡地质灾害的可能性，其危险性等级为小。

（2）工程建设遭受黄土湿陷地质灾害的可能性和危险性。由于工程建设区内存在湿陷性黄土，在建筑物加荷过程中，建筑物有遭受黄土湿陷地质灾害的可能性。同样，根据灾害产生的可能性大小，预测在场区北部山沟和中东部地段，工程建设有遭受黄土湿陷地质灾害的可能性，其危险性等级为小。

（3）工程建设遭受其他地质灾害的可能性和危险性。根据地质灾害危险性现状评估及工程建设诱发地质灾害的危险性预测评估结果，可知工程建设遭受岩溶塌陷的危险性小。因其他地质灾害不存在，所以工程建设不遭受其他地质灾害。

(六)地质灾害危险性综合评估及防治措施

1. 地质灾害危险性综合评估

综合评估的一般原则是根据现状调查和危险性评估、工程建设诱发和加剧地质灾害以及工程建筑本身遭受地质灾害的可能性和危险性分析和预测评估结果，以现状评估和预测评估中危险性较大的级别作为综合评估的级别，采取区内相似、区际相异、就高不就低，以定性和半定量的方法进行综合评估分区。

依据现状评估和预测评估结果，规划建设用地地质灾害危险性综合评估结果见表 8－7。

表 8－7　地质灾害危险性综合评估表

分区代号	分布面积/km^2	占用地区面积/%	地质灾害类型	地质灾害现状评估	地质灾害预测评估		地质灾害危险性综合评估
					诱发、加剧地质灾害危险性	遭受地质灾害危险性	
Ⅰ	0.14	30	崩塌	小	中等	小	中等
			滑坡	小	中等	小	
			岩溶塌陷	小	小	小	
Ⅱ	0.33	70	崩塌、滑坡	小	小	小	小
			黄土湿陷	小	小	小	
			岩溶塌陷	小	小	小	
			其他	无	无	无	

注：评估区总面积为 0.47 km^2；Ⅰ区主要是指场区西部和西南部山前地段；Ⅱ区是指除Ⅰ区之外的其他地段。由以上分析可知，在场区西部和西南部山前地段（Ⅰ区）地质灾害危险性综合评估为中等，占用地区面积 30%；在其他地段（Ⅱ区）为地质灾害危险性小区，占用地区面积 70%。

2. 建设场地适宜性分区评估

规划建设用地适宜性受地质灾害危险性、灾害防治难易程度和防治效益等因素制约，根据主要制约因素，可将场地适宜性按适宜、基本适宜、适宜性差三级进行划分，采用半定量的综合类比评判法进行评估。划分标准、依据条件、分配权值见表 8－8。

根据计算出的适宜性指数可划分适宜性等级见表 8－9。

表 8－8　场地适宜性划分因素条件及标度分值表

类别 / 条件程度 / 因素及权重	Ⅰ类 标度分值 3 分	Ⅱ类 标度分值 6 分	Ⅲ类 标度分值 10 分
地质环境条件权重 0.3	简单	中等	复杂
地质灾害现状评估权重 0.10	地质灾害不发育，危险性小	地质灾害较发育，危险性中等	地质灾害发育，危险性大
地质灾害预测评估权重 0.15	地质灾害危险性小	地质灾害危险性中等	地质灾害危险性大
地质灾害综合评估权重 0.25	地质灾害危险性小	地质灾害危险性中等	地质灾害危险性大
防治措施难易程度及经济合理性权重 0.2	防治简单易行，投入小，小于 10 万元	防治难度中等，投入中等，10～100 万元	防治难度大，投入大，大于 100 万元

表 8-9　场地适宜性分级表

标准＼项目	适宜性等级		
	适　宜	基本适宜	适宜性差
适宜性指数	＜4.5	4.5～7.5	＞7.5

因此，综合本评估区域内的地质环境条件、地质灾害现状评估、预测评估、综合评估及防治措施的难易程度，进行场地适宜性半定量综合评估结果见表 8-10。

表 8-10　规划建设用地适宜性评估表

区号	分布面积/km²	占用地区面积/%	地质环境条件	地质灾害现状评估结果	地质灾害预测评估结果	地质灾害综合评估结果	防治措施难易程度及经济合理性	土地适宜性评价	
								适宜性指数	适宜性等级
Ⅰ	0.07	39	Ⅱ类，标度指数值 1.8	Ⅱ类，标度指数值 0.6	Ⅱ类，标度指数值 0.9	Ⅱ类，标度指数值 1.5	Ⅲ类，标度指数值 2.0	6.8	基本适宜
Ⅱ	0.11	61	Ⅱ类，标度指数值 1.8	Ⅰ类，标度指数值 0.3	Ⅰ类，标度指数值 0.45	Ⅰ类，标度指数值 0.75	Ⅰ类，标度指数值 0.6	3.9	适宜

注：规划建设用地总面积为 0.18 km²。

从上面的分析可知，本建设场地西部和西南部山前地段（在Ⅰ区范围之内的部分）的场地适宜性等级为基本适宜，建设场地内的其他地段（在Ⅱ区范围之内的部分）的场地适宜性等级为适宜。

3. 地质灾害防治措施

根据区内地质环境条件和可能发生的地质灾害，针对可能发生的主要地质灾害，提出以下防治措施建议。

(1)在场区西部和西南部崩塌、滑坡危险性中等的地段，要注意合理开挖和进行削坡及必要的边坡防护，并设计排水措施，避免在施工中诱发地质灾害，造成人员伤亡及财产损失；对于征地区边线外的高陡边坡，应采取工程措施，对高陡危岩体应进行锚固。

(2)在场区北部山沟和中东部填方较大地段，要在填筑过程中分层压密夯实，对于湿陷性黄土必须采取强夯等措施消除其湿陷性，并采取必要的防水措施。

(3)在工程施工前阶段，要做专项岩溶调查工作，充分了解岩溶发育情况，以利于采取相应的防治措施。

(4)在建筑施工前，做好工程地质勘察工作，合理设计基础持力层。

二、巫山县城新址区地质灾害危险性评价[①]

(一)概况

巫山县地处三峡水利枢纽库区东段、三峡库区中部。水库蓄水后，县境沿江最高回水位为

① 周爱国等. 巫山县城新地区工程地质综合调查评价报告，1995.

海拔 175.4m，境内共有 17 处城镇、集镇和重要村镇被全部淹没，需迁建新城。经过多次选址方案比较，确定采用自旧城后靠东移为主体的新城建设方案。

巫山县 1994 年城镇人口约 3 万人，而实际居住人口约为 6 万人，据新城总体规划：城区人口规模近期为 7 万人，远期 10 万人。按三峡工程库区移民土地利用标准，人均占有土地面积 $70m^2$ 计算，新城规划面积下限应为 4.9 km^2；考虑城市远景发展对场地的需求，城市远期规划面积应保证有 7.0 km^2 的可用地，并应在此基础上留有余地。但是，由于新址区地质环境条件极为复杂，适宜于城市建设的场地面积较小，使得城市建设与地质灾害之间的矛盾十分尖锐。因此，必须对新址区进行地质灾害调查，进行详细的地质灾害分区，以根据用地的功能合理安排建设布局。

（二）主要程序

评价程序如图 8－7 所示。

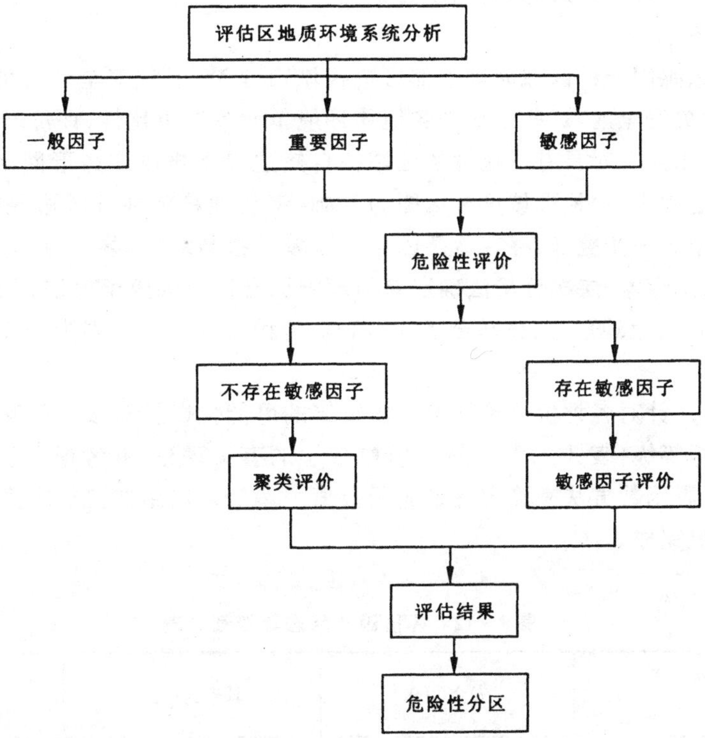

图 8－7　巫山县新址地质灾害危险性评价程序图

（三）评价因子选取

在充分论证新址西区地质条件和主要地质环境问题的基础上，选择地形坡度（大于 30°）、库岸稳定性、场地稳定性为敏感因子；地形坡度（小于 30°）、微地貌形态、地基土承载力、场地稳态为重要因子。

（四）地质灾害危险性评价

1. 敏感因子评价

敏感因子对地质环境具有绝对重要性，有它们存在的单元，就属于地质灾害危险区或易发区。对评价区内所有构成单元，就每一项敏感因子进行评价。状态与标准划分见表 8－11。

表 8－11　巫山新城址区敏感因子评价标准与状态表

质量等级 / 敏感因子	危险区(Ⅳ)	易发区(Ⅴ)
地形坡度	30°～45°	≥45°
库岸稳定性	岩质库岸再造带	土质库岸再造带
场地稳定性	不稳定区	特殊地质问题区

在三项敏感因子评价中，只要某一项为Ⅳ级或Ⅴ级，则该区域为危险区或易发区，即采用取差原则。通过上述评价，即可确定新址为地质灾害危险区或易发区域，这些区域不适宜城市建设。对于这些区域，不再考虑其他因子的影响。

2. 模糊综合评价

对于不存在敏感因子的区域原则上都可进行城市建设，但从安全性上可进一步划分为安全区、较安全区和欠安全区，这些区域内各地质环境单元具有可比性，评价步骤如下。

(1)划分评价单元。对具有可比性的区域按自然边界不规则多边形网络单元划分法划分评价单元。划分过程中，以地形坡度分区图为基础，将场地稳定性分区边界叠加上去，然后再将岩土体分区界限进一步叠加，存在敏感因子的区域不参与划分，共分为 172 个评价单元。

(2)定权。选用专家-层次分析法确定参与模糊综合评价的因子权重。四个重要因子为地形坡度(小于 30°)、微地貌形态、地基土承载力和场地稳态的权值分别为 0.316、0.452、0.087、0.172。

(3)综合评价。针对各评价因子诱发地质灾害的可能性以及对城市建筑物的适宜性，建立评价因子状态指标等级(表 8－12)。按照模糊数学的有关理论，并考虑评价因子对评价目标的影响，用线性隶属函数方法来确定各隶属函数值。然后，选用加权平均模型进行合成运算，具体过程由计算机完成。

表 8－12　评价因子状态等级划分表

状态 / 评价因子	安全(Ⅰ)	较安全(Ⅱ)	欠安全(Ⅲ)
地形坡度	≤10°	10°～25°	25°～30°
场地稳定性	稳定区	基本稳定区	潜在不稳定区
地基土承载力	土基 f_k≥180kPa 岩基 f_k≥400kPa，岩土地基相对均一	土基 f_k≥180kPa 岩基 f_k≥400kPa，局部地基需要处理	覆盖层厚，风化程度大
地貌形态	阶地、岩质斜坡、舒宽山脊	土质斜坡、尖窄山脊	沟谷谷底、洼地

最后结合敏感性因子评价与模糊综合评价的结果，将相同等级的单元合并，编制地质灾害危险性评价图(图 8－8)。

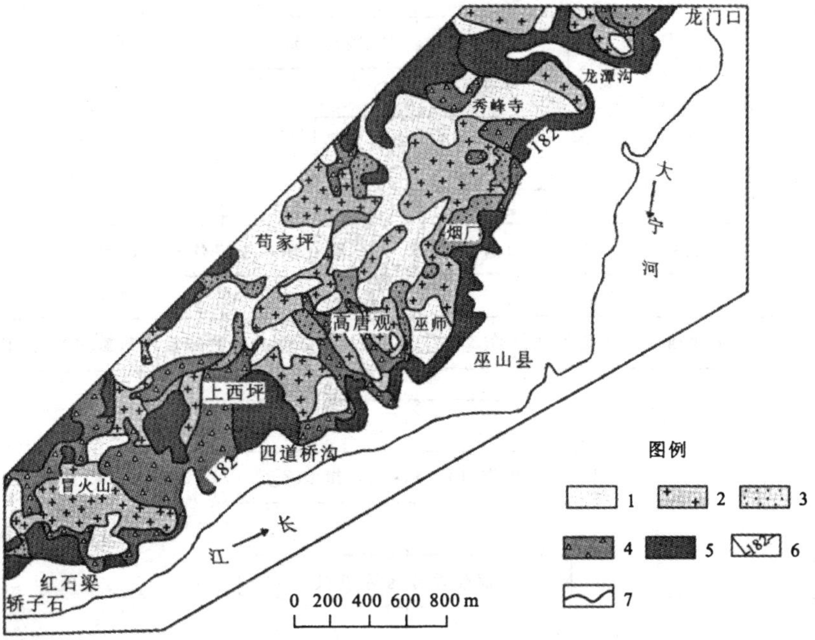

图 8-8　巫山县城新址地质灾害危险性评价图

1. 地质灾害危险性小区(最佳建筑场地);2. 地质灾害危险性较小区(良好建筑场地);3. 地质灾害危险性中等区(一般建筑场地);4. 地质灾害危险性较大区(不宜建筑场地);5. 地质灾害危险性大区(不宜建筑场地);6. 182m 高程线;7. 单元边界

3. 评价结果

通过上面的详细分析、计算,由制成的地质灾害危险性评价图可求出各类场地的分布情况。结果表明:新址西区存在地质灾害危险性的区域占总面积的 35.49%,为了满足城镇规划要求,必须考虑使用 4、5 区场地(危险区和易发区);但要采用适当的工程措施,如围堤造陆、崩塌治理、岩质库岸再造带防护等。

三、浙江省 L 市地质灾害危险性分区评价

(一)概况

L 市位于浙江省西南部。据以往调查,L 市地质灾害直接威胁 1 904 人,间接威胁 1 598 人。按原浙江省地矿厅《(县市地质灾害调查评价和防治规划报告)编制提纲(试行)》经济损失折算标准计算,仅 1998 年前 25 处灾害点经济损失总额为 1 641.5 万元。2000 年 8 月碧利斯台风带来的暴雨引起住龙、锦溪镇泥石流灾害,造成 3 人死亡,经济损失巨大。本次地质灾害调查与评价工作的目的是查明 L 市地质灾害的隐患,圈定地质灾害易发区,为 L 市有计划开展地质环境保护与地质灾害防治提供科学依据。

(二)工作步骤

L 市地质灾害危险性评价主要工作步骤如图 8-9 所示。

(三)地质环境特征、危险性分析

充分搜集研究区域的自然地理、气象水文、地形地貌、区域地质、岩土体性质、水文地质等

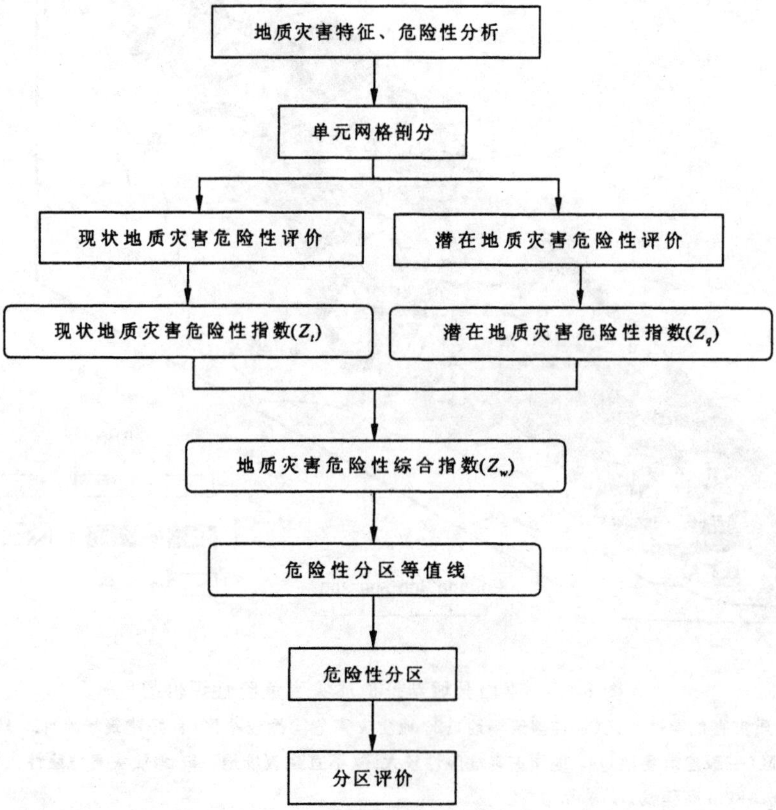

图 8-9　L 市地质灾害危险性评价工作步骤

资料，并对城镇、厂矿、村庄(包括灾害易发区内的分散居民点)、重要交通干线、重要工程设施潜在的地质灾害隐患点进行调查。总结地质灾害的发育特征、分布规律、形成条件及影响因素，对地质灾害的稳定性和危害性进行初步分析。

(四)单元网格剖分

将 L 市按行政区划图进行网格剖分。运用栅格数据处理方法对调查区进行剖分，每个单元面积为 1km×1km，共剖分为 3 274 个单元，网格单元剖分图如图 8-10 所示。

(五)现状地质灾害危险性评价

现状地质灾害危险性评价主要根据公式 $R=a_2+b_2+c_2$ 来评价，该评价方法关键是 a、b、c 值的确定，采用各个单元灾害点的点数、灾害体的面积和体积统计资料来确定。

由各单元的 a、b、c 值，根据 $R=a_2+b_2+c_2$ 式可得出各单元的袭扰指数。根据各单元的 R 值及现状发育的实际情况，给现状地质灾害危险性指数 Z_t 赋值：$R>20$，Z_t 赋值 4，表示现状地质灾害易发程度高；R 值在 20～10 之间，Z_t 赋值 3，表示易发程度中等；R 值在 10～5 之间，Z_t 赋值 2，表示易发程度低；$R\leqslant 5$，Z_t 赋值 1，表示不易发。然后据此生成现状地质灾害危险性指数等值线图。

(六)潜在地质灾害危险性评价

潜在地质灾害危险性分区采用综合性模糊评判模型。

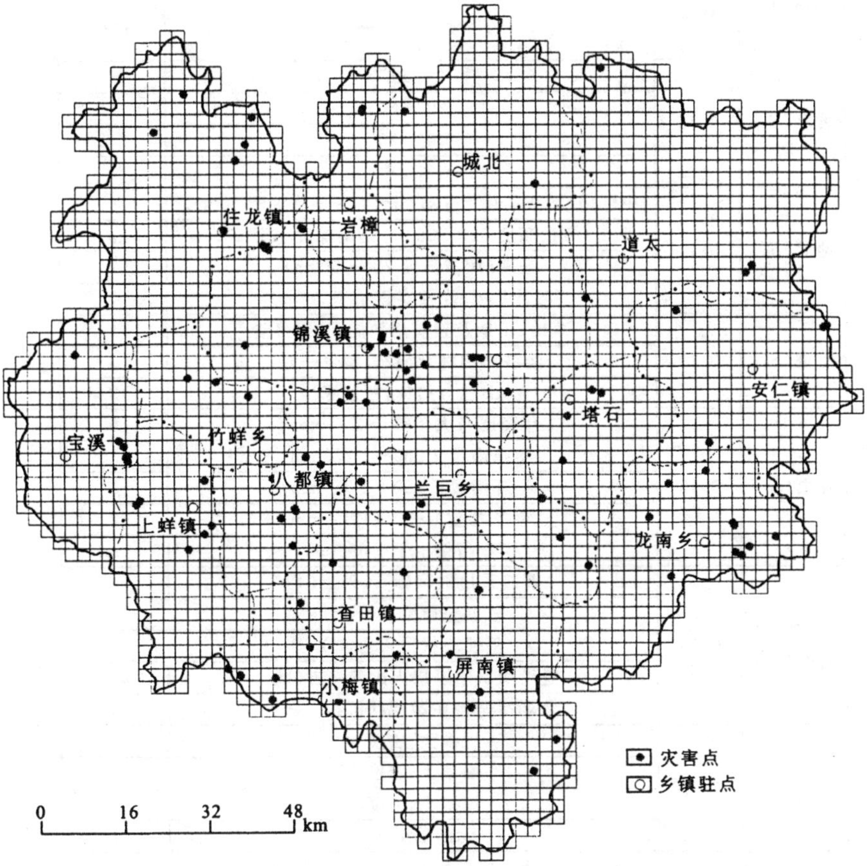

图 8－10　L市地质灾害危险性分区单元剖分图

1. 确定评价因子

根据L市地质灾害的现状调查与分析，确定L市地质灾害的致灾因子有：坡度(S_1)、地貌(S_2)、植被(S_3)、降雨(S_4)、工程地质岩组(S_5)、地质构造(S_6)、人类工程活动(S_7)。

2. 评价因子的分级评分与数字化

根据L市地质灾害的发育特征、分布规律、稳定性和危险性分析结果，采用定量、半定量的方法，对L市地质灾害的致灾因子分别进行数字化和分级评分(表8－13)。

3. 确定评价因子权重

根据浙江省其他县市地质灾害区划的资料及经验，以及L市地质灾害的发育受各评价因子的影响程度，确定出各评价因子的权重：坡度 $S_1=0.15$、地貌 $S_2=0.10$、植被 $S_3=0.10$、降雨 $S_4=0.15$、工程地质岩组 $S_5=0.15$、地质构造 $S_6=0.10$、人类工程活动 $S_7=0.25$。

4. 评价因子叠加分析

运用MAPGIS空间分析功能，对各单元各个因子的评分值进行空间叠加。

表 8-13　地质灾害致灾因子权重及分级赋值

分类	赋值	评价因子(S)	权重(A_i)	类别划分	分值(q_i)	说明
潜在地质灾害	0.75	坡度(S_1)	0.15	≥30°	4	以 1km×1 km 范围内坡度统计
				20°～30°	3	
				10°～20°	2.5	
				<10°	2	
		地貌(S_2)	0.10	中低山(海拔高度大于 800m,切割深度大于 500m)	4	
				低山(海拔高度 500～800m,切割深度小于 500m)	3	
				丘陵(海拔高度 200～500m)	2	
				河谷平原(海拔高度小于 200m)	1	
		植被(S_3)	0.10	草地、田地及建筑用地周围,覆盖差	4	
				经济作物林及灌丛,覆盖一般	3	
				山地自然林,覆盖好	2	
		降雨(S_4)	0.15	年降雨量大于等于 2 250mm	4	
				年降雨量 2 050～2 250mm	3.5	
				年降雨量 1 850～2 050mm	3	
				年降雨量 1 650～1 850mm	2	
				年降雨量小于 1 650mm	1	
		工程地质岩组(S_5)	0.15	第四系松散状砾石、砂土(T)	4	
				软弱坚硬变质岩(B)	3.5	
				坚硬块状侵入岩(Q)	3	
				坚硬块状中厚层火山碎屑岩(H)	2.5	
				软弱次坚硬中薄层状沉积岩(C)	2	
		地质构造(S_6)	0.10	规模大,密度大	4	
				规模大,密度小	3	
				规模小,密度小	2	
				无断层影响带	1	
		人类工程活动(S_7)	0.25	人类活动强烈影响区/>200 人/km²	4	考虑人口密度、水库及重要公路
				人类活动较强影响区/100～200 人/km²	3	
				人类活动一般影响区/50～100 人/km²	2	
				人类活动较少影响区/<50 人/km²	1	
现状地质灾害	0.25	现状地质灾害	6	多发区	4	
				中发区	3	
				低发区	2	
				不发区	1	

5. 潜在地质灾害危险性指数计算

通过叠加分析,运用综合性模糊评判模型计算各单元潜在地质灾害危险性指数。计算出的各单元地质灾害危险性指数出现了一些小于 1.0 的单元,但分布零散,所占面积很小,把这些单元也一起加入生成等值线图,没有多少实际价值,故在生成绘制潜在危险性指数等值线图的过程中,对这些单元做了一些略去处理。

6. 绘制潜在地质灾害危险性指数等值线图

根据潜在地质灾害危险性指数,通过内插方法生成等值线图。

(五)地质灾害危险性综合评价

在现状地质灾害和潜在地质灾害危险性评价的基础上,进行地质灾害危险性综合评价,地质灾害危险性综合评价常以地质灾害危险性综合指数来表示,其计算公式如下:

$$Z_w = A_w Z_t + B_w Z_q$$

式中，Z_w为地质灾害危险性综合指数；A_w、B_w分别为现状地质灾害危险性权重和潜在地质灾害危险性权重，其值分别为 0.25 和 0.75。

通过 MAPGIS 的空间叠加分析，可得各单元地质灾害危险性综合指数。在此基础上，采用线性内插的方法，生成地质灾害危险性综合指数等值线图。

根据地质灾害危险性综合指数等值线图，确定危险性分区界限值：高易发区（>3.5）、中易发区（2.5～3.5）、低易发区（1.5～<2.5）、不易发区（<1.5）。

进行危险区划分时，以地质灾害危险性综合指数等值线图为基础，同时考虑地质灾害的发育强度和行政区划界线，局部地区经适当调整，得出最后的危险性分区图（图 8－11）。由于 L 市地质灾害危险性综合指数值都大于 1.5，故 L 市地质灾害危险性分区分为高易发区、中易发区和低易发区，没有不易发区。

L 市地质灾害危险性分区共分为高易发区、中易发区、低易发区三大区，其中高易发区分为 7 个地质灾害高易发区亚区，中易发区分为 5 个地质灾害中易发区亚区。

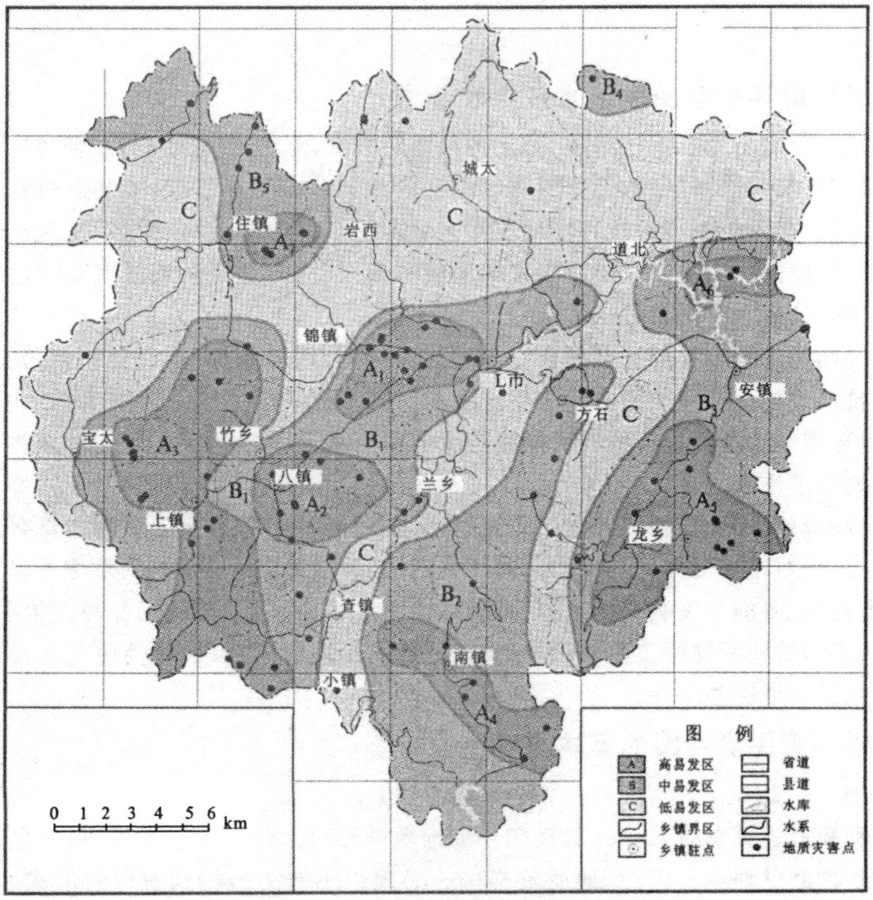

图 8－11　L 市地质灾害危险性分区图

第九章　地质环境评价制图

人们将地质环境调查和评价的结果除用文字表达外，往往还需要通过制作图件，以图的形式来反映，这些图件具有形象直观、可以对比量化等特点，它是地质环境保护与规划、地质资源开发利用、地质灾害防治和环境科学研究的一种基本工具和手段。

地质环境评价制图是环境制图的内容之一，图件是反映和应用地质环境信息的最好方式。从一定意义上讲，地质环境系列图件的质量和功能直接反映了地质环境调查与评价工作的质量和功能。

第一节　地质环境评价制图的基本任务和原则

一、地质环境评价制图的基本任务和要求

地质环境评价制图的基本任务是：运用各种制图方法，形象地反映与地质环境有关的自然和人为条件（即环境背景情况）以及这些环境信息的空间分布特征、随时间发生的变化和质量指标。通过制图，有助于查明地质环境状况在区域空间上的分布规律、结果、变化趋势和地质环境问题产生的原因。它是研究地质环境的形成和发展、进行地质环境区划和制定地质环境保护措施的重要依据和前提条件。

环境地质图件编制的首要原则是切实满足区域规划、环境保护、建设和管理的实际需要。地质环境评价的成果图件应该是一种应用地质图，其实用性能否实现取决于几点。

(1)面对环境地质调查成果所有可能使用者的实际需要，并以介入区域总体规划和环境保护作为环境地质工作的战略目标。

(2)根据环境地质调查情况，确立制图选题、比例尺和编图数量。制图内容要突出地质条件在区域建设、规划和安全方面利弊得失的评价建议，并且寓实用性于针对性之中。

(3)制图内容、图例和说明书要求：尽可能减少专业术语；尽可能多编各种评价图、适宜性等图面简单、工程措施明确的实用性图件；辅以必要的用图说明，以引导使用人员及读者能读懂图并知道如何使用这些图件。

二、地质环境评价制图的基本原则

1. 实用性

美国加利福尼亚大学的 Keller 教授（《环境地质学》的作者）对此作了说明：环境地质制图的首要目标是帮助规划者。因此，地质资料……必须以不费力地得到解译的形式表达出来。也就是说，环境地质图件必须包含对于规划来说至为必要的重要信息，同时必须剔除那些枝节性的内容。……并以较少的技术术语来表达，便于读者有一个总体的了解。

应用性地学图与基础性地学图的主要区别，就在于前者对于非地学专业的规划决策者乃至一般公众具有实用价值。这是应用性地学图编制的最基本原则。

2. 动态(预测)性

环境地质调查与评价的对象是地质环境，而地质环境状况是时刻变化的，所以作为地质环境状况最终反映的地质环境评价成果图件也必须具有动态性。例如，反映某区域地下水质状况的地下水污染评价图件，必须反映地下水质的变化，让使用者能够了解不同时期的地下水状况。另外，某些图件还应该在现有调查的基础上进行一定的预测，并将预测的结果反映在图件上，让使用者通过看图了解可能出现的后果或将发生的危险。比如：地质环境的危险性、风险性评价和某些地质灾害的预警预报成果图件。

3. 自然与人为地质作用相结合性

地质环境状况是自然地质作用和人类活动共同影响的结果，所以，地质环境评价工作的成果图件也应该是两者共同作用的反映。例如地下水污染分区评价图，地下水污染程度分区中的污染现状，一方面可能受附近工厂的工业污水排入或生活垃圾的不利影响，另一方面还受水体自静等自然因素的有利影响，减缓了水质的恶化速度。

4. 思维深加工性

即环境地质工作者在进行环境地质调查、评价和制图的过程中，不是单纯的罗列现象，往往加入了制图者的思想，一方面使图件更浅显易懂，另一方面使地质环境评价的成果达到一定的深度和广度，相当于研究成果的进一步升华。

第二节　地质环境评价制图的特征和分类

一、地质环境评价图件的特征

1. 制图目的的针对性

环境地质制图的目的，不能仅仅满足于认识到“为了合理开发利用和保护水、土、矿产资源，把地质环境影响的损失减少到最低限度”这样一个总目标。关键是要把这个总目标，落实到每一张环境地质图的内容和表示方法上。因此，制图的目的要尽量具体化，只有这样，针对性才能增强。针对性的增强，有赖于对需求的周密调查。如果制图者对于用图对象一无所知，不知道具体是为哪些人所用，需要从图上提取什么信息，以及如何利用这些图件、其效果之优劣等等情况，那么所谓“面向经济建设”就只能是一句空话。因此，要增加图件的使用价值，就是要从调查用图者的真正需要和使用效果这类反馈信息开始。

2. 制图内容的易读性

传统的报告和图件使没受过基本地质训练的读者感到困惑的是：①地质术语太专业；②图面太复杂；③文字报告太长。让使用者无从理解和使用，不知道从什么地方着手去认识所面临的地质环境问题。所以，地质环境评价成果图件的编制必须通俗易懂、相对简单化、突出重点、画龙点睛，尽量减少无关痛痒的文字，让使用者能够一目了然，直接提取到所需求的信息。

3. 制图成果的及时性

使用 GIS 系统和计算机进行分析、评价和制图。鉴于在实际的地质环境条件中，常有一些随时间变动的因素，把计算机用于地质环境评价和地质灾害的信息更新与超前预报，比其他部门的研究成果更显得必要和迫切。

4. 成果形式的灵活性

由于环境地质制图要求制图者的头脑里时时刻刻装着用图者的需要。环境地质图的编制数量应该以能解决当地主要规划问题为准则。条件简单的地区也许只要几张图就能解决问题，而用于新城镇的规划目的的图件，其总数也许要几十张才够用。原则上是基本满足需要，不必要求全。

由于地图的分幅要取决于制图区域的面积，采用国际分幅的形式可能不太合适也不经济。比例尺的确定与制图区域和分幅都有关系，不宜做太死板的规定。在研究区进行环境地质工作，应该以大比例尺图件为主。总之，编制图件的数量、制图的范围、比例尺、地图的开幅和复制的份数都要根据具体情况而定，总的要求就是要满足具体的制图目的。

二、地质环境评价图件的类型

地质环境评价图件可按其制图区域，制图目的、内容、过程以及思维加工的程度进行分类。当然，这种划分不是绝对的，具体到某一张图上，常常会出现交叉的情况。

(1)按地质环境评价的范围，可分为：区域性地质环境评价图、城市地质环境评价图、流域地质环境评价图、旅游区地质环境评价图和开发区地质环境评价图等。

区域性和城市性图的实用性主要体现在为区域和城市宏观规划的服务方面，这是它们的共性。但因为城市性图要回答的问题比区域性图要具体一些，而且在强调以城市总体规划为主以外，还可以为城市的详细规划和工程设计阶段提供有针对性的实用图件。

(2)按地质环境评价的目的，可分为：资源类评价图、环境类评价图、地质灾害评价图等。

资源类评价图应该反映资源的种类和产量、质量、等级、开发利用现状、开采潜力与前景，以及合理开发利用、保护的建议对策等，如地下水资源开发利用现状图和应急水源地评价图。

环境类评价图专指以地质环境保护为目的，如果从强调科学内容的角度去编制，那样很可能把组成地质环境的一切因素(如地质、构造、地貌、水文、资源、灾害等)统统列上去，使应用者无所适从。所以，应根据使用对象，编制具体的评价图件，如土壤重金属污染现状图、垃圾场地质环境适宜性评价图、地下水防污性能评价图等。

灾害(预警)类评价图对灾害发生地的内容、程度、后果等进行分析，如有可能，则可进而提出某些预警性的意见。如地质灾害类型图、地质灾害危险性分区图等。

(3)按制图的过程，可分为：资料图(或称实际材料图)、分析图和最终成果图三类。

资料图相当于上游产品，成果图相当于下游产品；而分析图指的是一种过渡性的图件，很可能不成为一种正式成果与读者正式见面。不过，这三种状态的划分是相对而言的。如钻孔的实际材料图是一种典型的资料图，但有时它却包含在某个图系之内，作为正式图件印刷出版。在这种情况下，这张图既是资料图又是成果图。如果根据钻孔分布图编制出来潜水水位等值线图，那么前者就是资料图，后者才是成果图。而假如再根据潜水水位等值线图编制出地下水开采条件图，而且以这张图作为成果图的话，这样就完整地构成了从资料图到过程图、再到成果图这一全过程的系列图件。

(4)按制图者的思维加工程度，则可分为：条件性图、评价性图和规划性图三个等级。

条件性图是指描述地质环境中的客观存在的、很少进行思维加工的一些条件和特征的图件。这类条件和特征，有的直接来自野外的调查记录，有的来自数据的图解，有的则根据实验室测试的结果。多数采用单要素图的形式，常常表示出有关水土资源的物理化学性状等主题信息(高度、坡度、岩性、强度、硬度、风化程度、温度、化学性质、矿化度等等)，如地貌分区图、地表坡度图、岩土体结构类型图、建筑材料资源分布图等。

评价性图是制图者利用一张或者多张条件图，根据某一个特定的评价需要（使用目的），进行思维加工以后编制出来的，有针对性结论、能为非地学专业工作者读懂并直接加以利用的图件。如建筑地基适宜性图、垃圾填埋场适宜性图、地下水防污性能评价图等。

规划性图是根据所编制的条件性图、评价性图，再进一步总揽土地利用的全局，从地学角度出发，经过思维深加工编制出来的地学建议性图件。

三、地质环境评价图件与基础地质图件的主要区别

进入21世纪以来，地质环境问题已成为影响社会可持续发展的主要因素，对上述问题的分析、研究、解决成为当前地质工作者的首要任务。而实际上，世界地质工作发展整体上也正由以资源勘查为重点的时代进入到更加强调社会化与环境保护的时代，地质工作部署的重点正逐渐由山脉和盆地转移到人类活动密集的城市地区和重大工程建设区。许多国家，尤其是美国、加拿大、英国和澳大利亚等发达国家已将地质工作的重点转移到减轻灾害、废物处置、环境保护、土地利用、水资源与城市发展、公众健康等环境地质领域上来。

地质工作为社会服务方向的转变（以资源保证为主转变到以环境保护为主）是一股世界性的潮流。因此，环境地质工作，尤其是城市环境地质已成为当前地质研究工作的重要内容，肩负着推动地质科学发展的重任。

地质工作能否紧密地与社会发展和经济建设相结合，关键要看向使用部门提供的地质成果的有效性。而地质成果除了以文字方式表示之外，图件是一个很重要的手段，在过去几十年的地质工作过程中，基础性地质图件，如地质图、构造图、地貌图等，在资源保障领域内的有效性已经得到证明；而环境地质图件（包括地质环境评价图）与基础地质图件的区别还是很大的，它们在地质环境保护、国土规划等领域内的有效性还需要从图件的编制方面去更好地实现。地质环境评价图件与基础性图件的主要区别如表9－1所示。

表9－1　基础性地质图件与地质环境评价类图件的主要区别①

类　　型	基础性地学图件	地质环境评价图件
服务对象	地学类专业人员	非地学专业的规划和决策人员、各类工程技术人员和公众
主要功能	客观的、地学环境的简化模型	广大公众能够直接利用的产品
获取的知识	地质知识、认识和结论	工程行为的措施和建议
图件内容	复杂，多主题	简单、单一主题
作者科学思维序次	反映型认识（对于外部客体的如实反映）	评价型认识（对主体与客体之间价值关系的自觉评价） 决策性认识（对主体改造客体的实践活动的预期决策）
图件类型	条件图或现状图	评价图、预测图、规划决策图
表达形式	多维空间的描述、图解的地学文献	按某一个专题做出优劣等级的评价和分级
成图方式	正由模拟制图向数字制图发展。以纸质图为主	依赖于地理信息系统对数据进行综合评价和图层的叠置分析

① 资源来源于王明德先生的会议讲稿，2005.

续表 9－1

类型		基础性地学图件	地质环境评价图件
时间特征		以今论古，以果导因，讨论的大多是既成事实	讨论的重点是今天和未来，即进行现状评价和预测评价，有的图件需要随时输出
制图成本		较高	较低
社会经济效益	对地学家	较高	较低
	对公众	较低	较高

第三节　地质环境评价制图的内容

地质环境评价制图的内容，从制图上来讲一般要涉及下述几种类型的图件。

(1)地质环境条件图(或地质环境背景图)，包括自然条件、社会经济条件两个方面，如地理位置、气象水文、地形地貌、地质构造与地壳稳定性、工程地质、水文地质、自然地质作用、地质资源和能源分布等等。

(2)地质环境质量现状图，包括地下水、土壤、岩石等的环境质量状况、主要污染源分布、污染物类型、浓度和分布范围等。

(3)主要地质环境问题分布图，包括地震、滑坡、崩塌、泥石流、水土流失、岩溶塌陷、地面沉降、地裂缝、荒漠化、有害化学组分和放射性强度等地质环境问题的类型、位置、规模、成因等。

(4)地质环境评价分区图，包括污染物的污染指数、单项地质环境评价、地质环境综合评价等，还有环境影响评价图，包括对人、生物和各种环境的影响评价图。

这几种图型，其中地质环境条件图主要用以反映区域的环境背景状况或环境条件，它是地质环境评价的一项基础性工作。地质环境质量现状、主要地质环境问题分布图和地质环境评价分区图，则构成了地质环境评价制图的主要成果，通过它们可以反映一个区域地质环境的优劣及受污染(或破坏)的程度。

由上述可见，地质环境评价制图实质上是系列成图，往往不是单张成图。因此，对于它们的选题和具体内容的表示，取决于地质环境评价工作特定的目标和要求，并应遵循突出主题、简明精练、合理分工、相辅相承的基本原则。

以下举例说明地质环境评价制图的主要内容。

一、城市地质环境评价制图的内容

城市地质环境评价制图是环境地质图系编制中最为重要且最为复杂的一个方向性工作。它的内容主要包括以下几项。

(1)底图：一般应采用相同比例尺的地理图，主要有地理位置、行政区划及与评价项目有关的地貌地物。

(2)社会环境：土地利用现状、结构、功能，公共绿地分布，机动车与非机动车车流量及车流密度，人口密度与建筑密度等。

(3)水资源状况：地下水分布、埋深、水量与水质(包括受污染)状况，地表水分布、水位(或水量)、水质(包括受污染)及底质状况，水污染源分布及特征等。

(4)固体废弃物的分布、类型及数量,处理、处置状况等。

(5)地质环境状况:地形地貌,地层岩性、断裂及其活动性,地震烈度区划,地质灾害分布、类型及规模等。

(6)地质环境评价:依据上述(2)～(5)项图件及有关数据,可进行单项或多项综合地质环境评价制图。

例如,目前正在进行的全国城市环境地质调查与评价工作,主要编制的图件包括:土地利用现状图,固体废物处置地适宜性图,地下工程、废弃工程分布图,建筑地基适宜性图,地面沉降现状图,第四系富水性图,地下水水质现状图,地下水位埋深分区图,地下水位等值线图,地下水污染源分布图,地下水开发利用现状图,应急(后备)地下水水源地分布图,地下水资源合理利用及污染防治区划图,软土(特殊岩土)分布图,人工填土分布图,地质灾害分布图,地质灾害易发性分区图,地热资源及远景分布图,地下水污染评价图,地下水质量评价图,地质环境问题现状图,土壤类型分布图,土壤污染评价图,垃圾填埋场适宜性评价图,建设用地地质环境适宜性评价图,地下水防污性能评价图等等。

二、地质灾害危险性评价制图的内容

地质灾害危险性分区及其制图一般包括下述内容。

1. 平面图表示的主要内容

(1)地质灾害形成、发育的地质环境条件图,如地形地貌及岩土体类型、地质构造、区域地壳稳定性和水文地质要素等。

(2)地质灾害类型,尤其典型、大型地质灾害类型,如滑坡、崩塌、泥石流、水土流失、黄土湿陷、岩溶塌陷、地面沉降、地裂缝、含有害化学组分和放射性元素的地质体或堆积物等的位置、类型、成因、规模等的基本特征。

(3)已建人类工程活动类型所诱发的地质灾害现象和特征,以及拟建工程可能诱发的地质灾害现象与特征。

(4)危险性分区评价。根据地质灾害发育的地质环境条件和地质灾害发育状况,综合研究确定不同地段可能发生地质灾害的危险程度,并根据“区内相似,区际相异”的原则,划分区和亚区(带)。在上述定性分析的基础上,采用定量方法评价危险性等级。危险性等级是图面反映的主题内容。

2. 分区说明简表

简表内容主要包括:区和亚区名称及代号、地质环境特征、地质灾害发育状况、危险性评述等。

第四节 地质环境评价制图的表示方法

如前所述,地质环境评价制图为系列成图,它是由多幅内容互相联系、互相制约的图件组成。因此,对于这类图的表示,除了要研究现象的特点及其一般图形表示方法以外,还要研究它们的图型、结构和有关符号、颜色等一定程度的统一性,以及用于专题内容表达的基础底图的编制等问题。这里仅就常规制图范围做简要介绍。

一、常用表示方法

上面已提到,地质环境评价制图由几个方面的图构成,若从内容上做进一步分析,则基本

上可把它分为两类，一类是地质环境条件图，另一类是地质环境评价图。由于内容有差异，表示方法自然也不一样。第一类图，多数是类型图、分布图、分区图，如地貌、土壤、植被、土地利用、水文地质、工程地质、地球化学等的类型或分区图，森林、农作物、湖泊、碳酸盐岩等的分布图。这类图常用制图学上的类别法（或称质底法）和区域法（或称范围法）表示。所谓类别法，是用不同颜色或晕线表示现象的质的特征。而区域法，则是用不同的轮廓线有选择地表示现象的范围。在区域法的轮廓线内，一般用颜色或晕线表示现象的质量，同时也可用符号或统计图表来表示现象的数量。类别法与区域法的主要区别在于前者要求现象布满整个制图区域，而后者则是标明现象在制图区域内分布的面积。第二类图，根据环境现象的点、线、面的形态，有许多种表示方法。这类图从评价过程上看，主要有三个环节构成，即从环境因子监测值到单要素和综合地质环境指数，然后按指数值的序列分级，做出地质环境评价图，这是在获得大量监测数据基础上，通过采用一定的指标体系和数学模型的方法进行的，也就是按这一模式来建立自已的“地质环境评价模型”（前些章节已述）。因此，从制图方法来看，实质上是一种统计制图。按其形态一般分为以下几种常用表示方法。

（一）地质环境评价的点状表示法

这种表示方法多为定位符号，是用一定形状、大小和颜色的符号表示现象的位置、类型和数量。通常有几何、象形、文字三种。几何符号有圆形、扇形、方形等，它绘制方便，容易确定符号中心和数量比例关系。定位符号表示现象的数量，多用绝对比率和任意比率。绝对比率用圆形、扇形的半径或方形的边长代表一种现象的一定数量，因此图上的所有点状现象的圆形、扇形半径或方形的边长，均可按这一基数正比求出；任意比率代表所规定的圆形、扇形的几种不同半径或方形的几种不同边长，分别代表现象的不同数量等级，则图上所有点状现象的半径或边长可按规定的所属等级定位。定位符号法可以表示各类监测点、污染源，而用绝对比率或任意比率方法表示污染源某种废物排放量（图 9－1），污染源（或监测点）的某些因子的测试值或评价值（图 9－2）等。定位符号法还可以采取组合形式，如可将同弧度的几个同心扇形等间隔地定位于点上，扇形的不同颜色或晕线代表现象质量（或类型），不同半径代表现象的数量，用此法可以同时表示一个污染源（或监测点）上各种不同污染物或因子的排放量（或含量、浓度）。如图 9－3、图 9－4 所示。

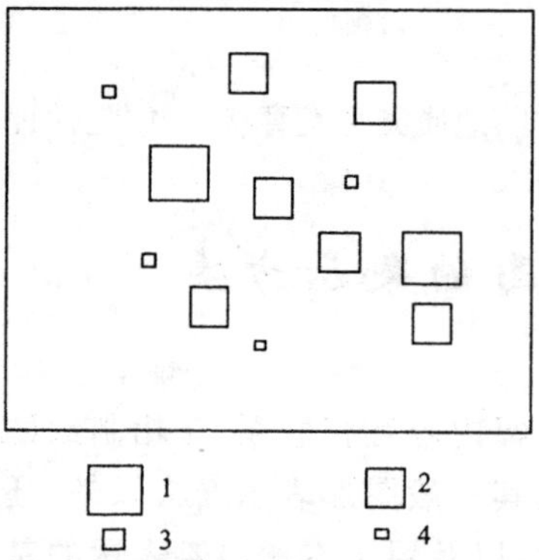

图 9－1　某地工业废水污染源排放量
（据陆雍森等，1990，略有修改）
1. ＞200t/d；2. 101～200t/d；
3. 10～100t/d；4. ＜10t/d

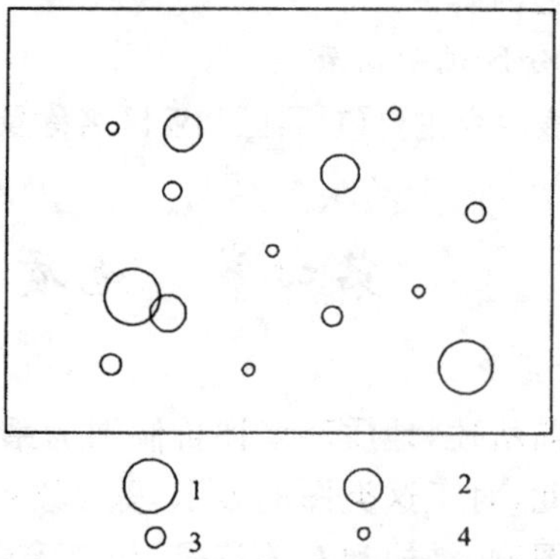

图 9－2　某地工业废水污染危害指数
（据陆雍森等，1990，略有修改）
1. ＞500；2. 251～500
3. 101～250；4. ＜100

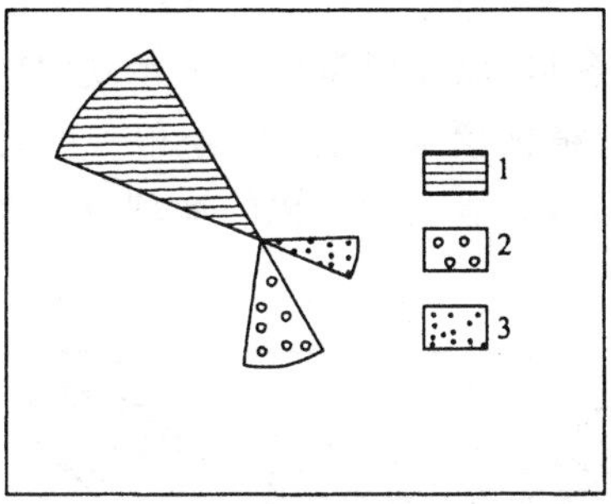

图 9-3 某地工业污染源“三废”排放量
（据陆雍森等，1990，略有修改）
1. 废水；2. 废气；3. 废渣；
扇形半径表示排放量大小，t/d

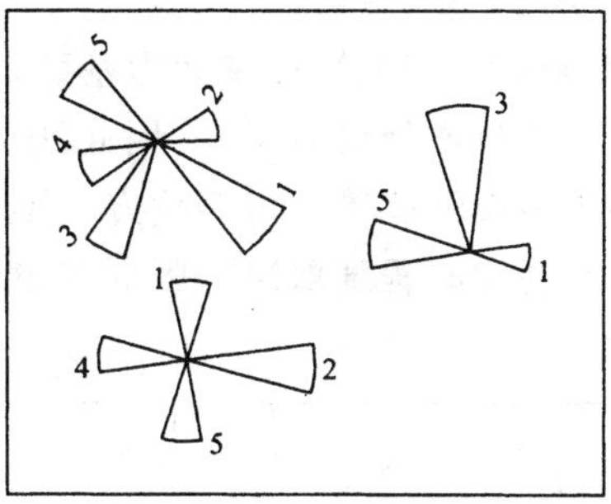

图 9-4 某区工业废水各种污染物排放量
（据陆雍森等，1990，略有修改）
注：1、2、3、4、5 表示工业废水中不同种污染物；
扇形半径为污染物排放量，kg/d

（二）地质环境评价的线状表示法

线状符号法是以不同粗细、结构和颜色的线条表示现象的类型和数量等级。用此法往往表示河流、道路、水体岸带等线状目标物的质量，或污染物的含量、污染指数等。如水质评价的各河段污染物含量或指数分级，可用同一套色系表示，也可用同种颜色的不同宽度表示（图 9-5）；某公路的车流量及噪声强度等表示如图 9-6 所示。

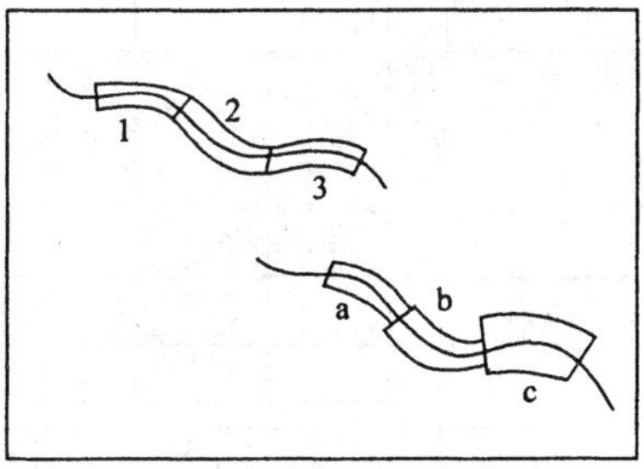

图 9-5 河流水质评价等级示意图
（据陆雍森等，1990，略有修改）
1、2、3 为同一色系的不同等级；
a、b、c 为同一颜色的不同等级

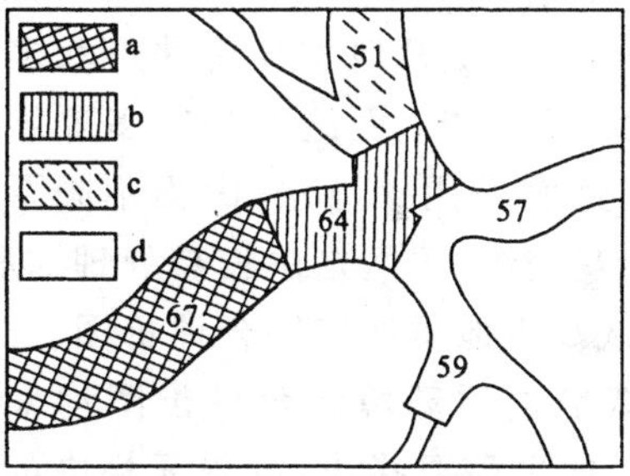

图 9-6 某地区公路车流量、尾气排放量及噪声水平现状图
（据陆雍森等，1990，略有修改）
车流量（辆/h）以宽度表示；噪声水平[dB(A)]
以数字表示；尾气排放量[kg/(km·h)]：a. <1；
b. 1～2；c. 2.1～3；d. >3

（三）地质环境评价的面状表示法

地质环境评价的面状表示方法常用的有：等值线法、分级统计图法、网格法和类型法。

1. 等值线法

它是将监测值、评价值或预测值相同的点连成曲线的一种表示方法。它对反映数量连续递变的现象最为合适，如自然条件方面用以表示地形、气温、降水量等。在地质环境评价制图中表示大气、湖泊、海域、大型水库、地下水中各种污染物的浓度或指数分布等。这种等浓度线或等指数线是地质环境评价的基础图件，其间隔密度与监测网点数量和布设直接相关（图 9-7）。

2. 分级统计图法

它是以一定的统计单元为基础，用调查或统计得到的资料，以相对量分级表示现象的数量差别(用颜色或晕线表示)。用此法可以表示农药施用量、植被覆盖率、人口分布密度(图 9-8)、环境污染强度等。该表示方法不易反映分区内部的差异，只能表示现象的地理分布及数值范围，它的详略程度取决于区划单位的大小与分级系统。

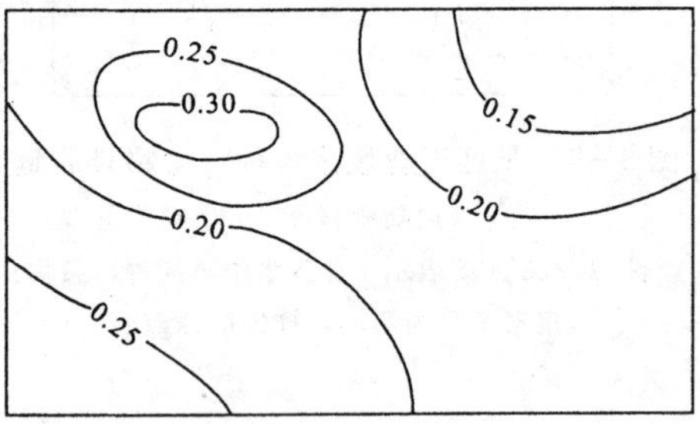

图 9-7　某市城区 SO_2 浓度等值线图(单位:mg/m³)
(据陆雍森等，1990，略有修改)

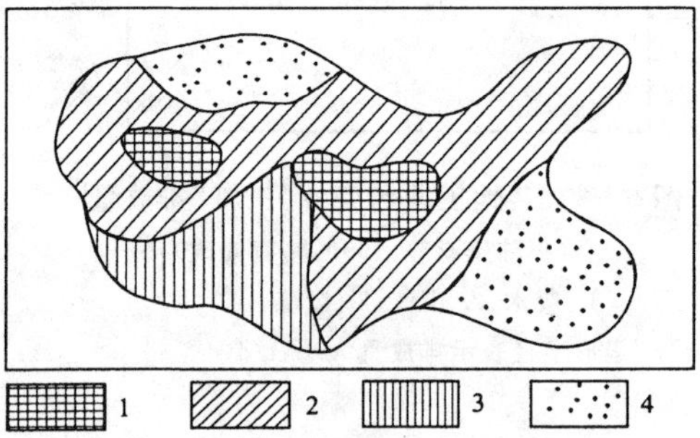

图 9-8　某市城区人口密度分布图(单位:万人/km²)
(据陆雍森等，1990，略有修改)
1. >5；2. 3.1～5；3. 1～3；4. <1

3. 网格法

它实质上是一种分级统计图法，适宜于编制现象界限不十分明确的环境图件。用此法可以进行单一污染物、单要素地质环境评价和多要素地质环境综合评价制图，而绝大多数多要素地质环境评价制图适宜采用该方法，因为不同要素数值变化界限相互交织，用网格法较易处理这种关系。如 1990 年武汉市地质环境综合评价图、三峡库区巫山县城新址地质环境综合评价图均采用此法(图 9-9)。这里需要指出，各单元格内的各要素质量评价值多数为计算值，也可以用等值线图经内插取得，按一定数学方法求出地质环境综合评价指数(具体算法前面已有论述)，再根据质量分级设色(或晕线)。

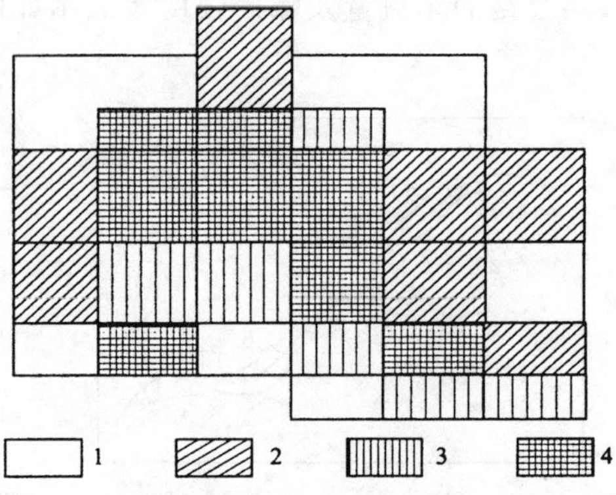

图 9-9　某市环境质量综合评价示意图
(据陆雍森等，1990，略有修改)
1. 好；2. 较好；3. 一般；4. 差

网格法划分的方格大小要与底图比例尺、各要素的调查(或监测)精度相适应。

4. 类别法

它可用来表示污染程度分区、环境区划、地质环境类别等等。

为了便于进行学术交流与资料对比，我国制定了全国《工业污染源调查技术要求及其建档技术规定》，其中规定了若干种图例，我们在编制有关地质环境评价图时，可因地制宜地采用有关图例。

二、图表的应用

在地质环境评价制图中，常利用各种图表来表示一些监测、调查资料和分析问题。所谓图表就是利用线和图形来表达客观现象数量关系的一种统计手段，具有一定的直观性。常用的图表有如下几种。

（一）条形图

条形图多用于表示现象的数量变化及数量对比，如某地1994年各月份降水量图（图9-10），地区多年降水量及蒸发量图（图9-11）。

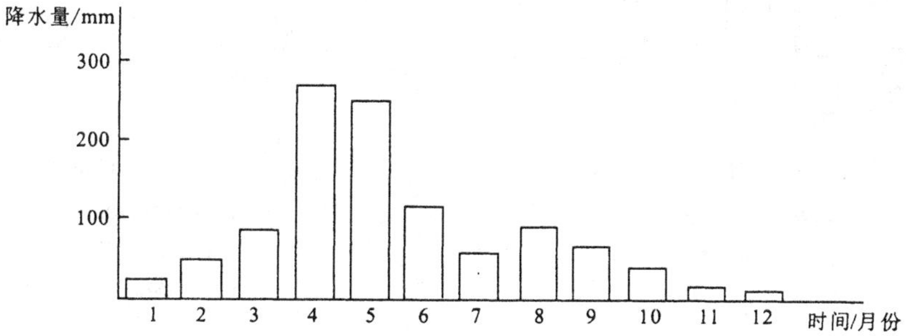

图9-10　某地1994年降水量图

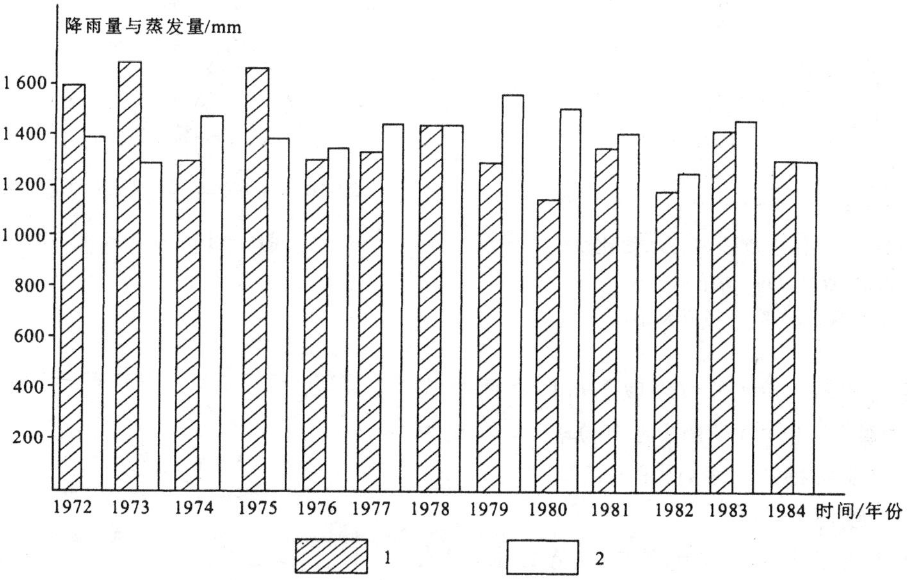

图9-11　某地区多年降雨量与蒸发量图

1. 降雨量；2. 蒸发量

条形图可分为单式的、复式的和结构式的三种。单式的指由单一条形构成的图形（图9-10）；复式的是指由两个以上条形列为一组的组合图形（图9-11）；结构式的是把一条或一组条形分成数段，各段表示条形总体的一部分，每部分表示某现象的数量多少（图9-12）。

（二）分配图

分配图用于表示各现象的分量占总量的比例，通常用圆形（图9-13）和方形（图9-14）来表示。

（三）玫瑰图

玫瑰图用于表示周期性现象的数量特征或某现象的统计规律，如温度、降水的年变化、风频和裂隙发育的方向性等（图9-15）。

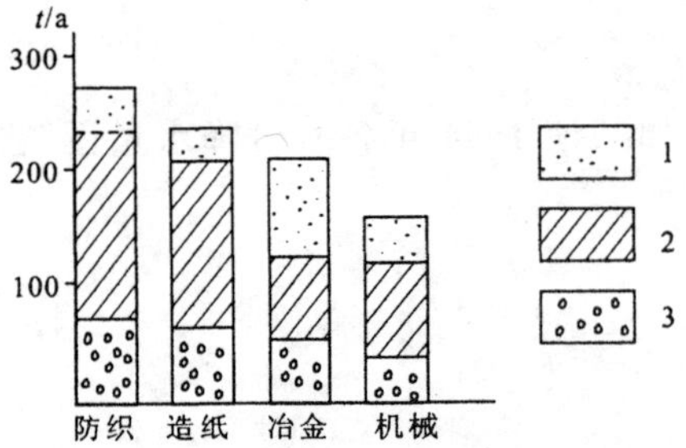

图 9－12　某市不同行业"三废"污染物年产生量

（据陆雍森等，1990，略有修改）

1. 废气；2. 废水；3. 废渣

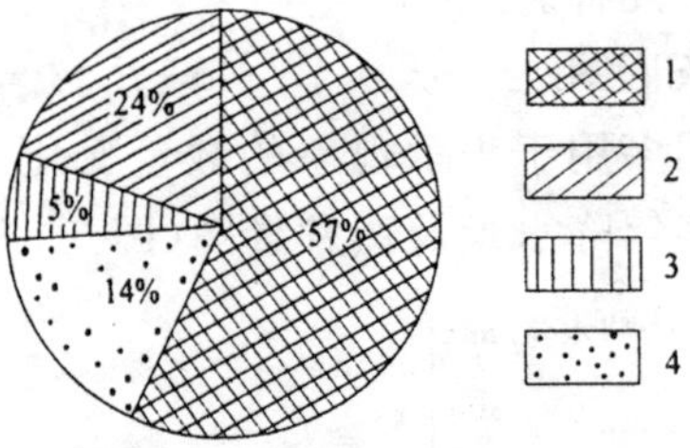

图 9－13　某区环境噪声分配状况

（据陆雍森等，1990，略有修改）

1. 工厂噪声；2. 交通噪声；3. 施工噪声；4. 其他噪声

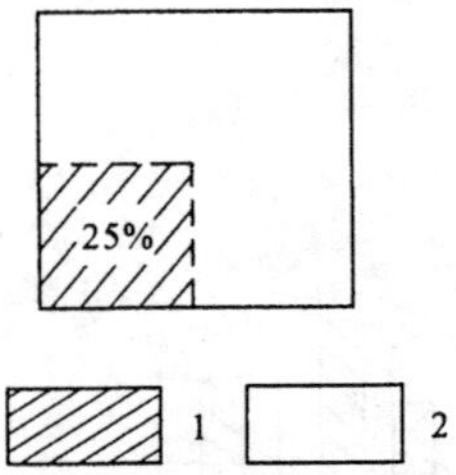

图 9－14　某湖污染范围占总水面比重

（据陆雍森等，1990，略有修改）

1. 已污染水面；2. 未污染水面

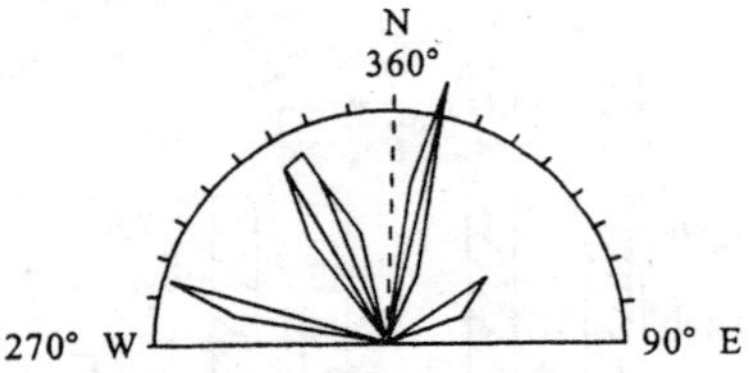

走向NE10°、NW20°～30°两组裂隙最发育

图 9－15　裂隙玫瑰花图

上述条形图、分配图和玫瑰图可以在图外表示，即单独使用，也可以在图内定位表示，而成为主图的定位现象特征图表（图 9－16）。

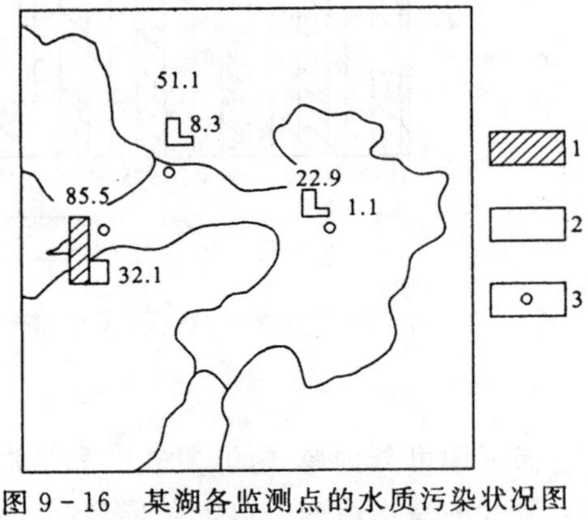

图 9－16　某湖各监测点的水质污染状况图

（据陆雍森等，1990，略有修改）

1. COD(mg/L)；2. BOD(mg/L)；3. 监测点

（四）曲线图

曲线图用于表示各种现象的数量变化，如表示气温、水量、某种污染物浓度随时间或空间的变化（图 9－17）。曲线图可同时表示两种或两种以上的现象，如同一方向上不同层次的污染物浓度变化（图 9－18）。

（五）相关图

相关图用以表示现象之间的相关联系，如图示污染物浓度变化与环境要素之间、污染物含量与人体健康之间的相关联系等（图 9－19、图 9－20）。

图表的制作，形式可以灵活，如彩色的、线条的均可。但原则上应使所绘制的图表简单、明了、美观。

三、环境现象的动态表示

环境现象并非是静态的，而是在时间和空间两个方面不断地或多或少、或快或慢地发生着

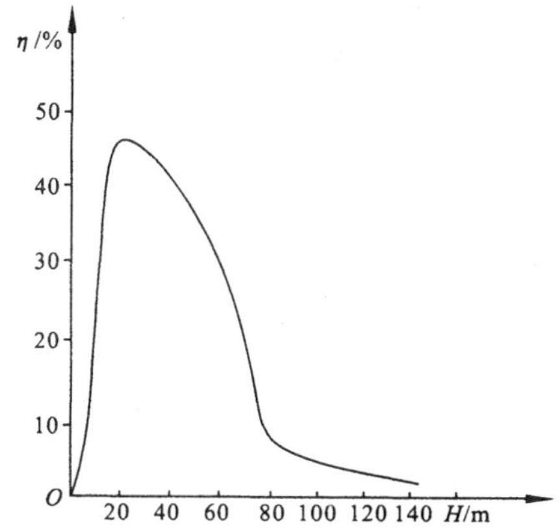

图 9-17　地形高度变化统计曲线图

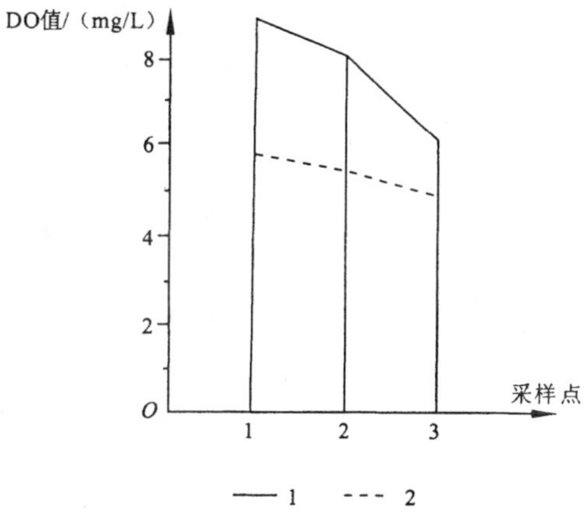

图 9-18　某水体溶解氧垂直变化简单曲线图

（据陆雍森等，1990，略有修改）

1. 水体表面；2. 水体深层

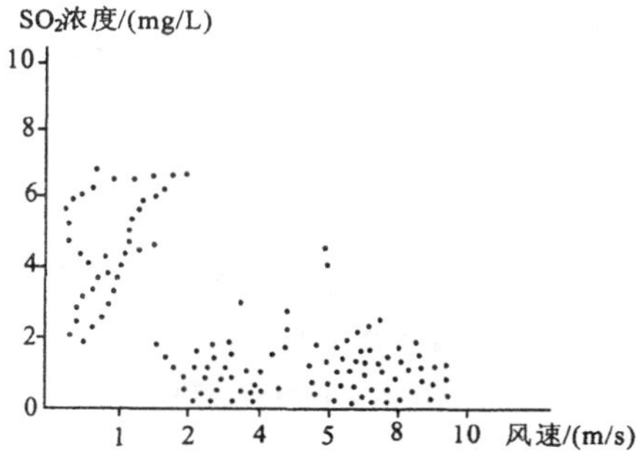

图 9-19　某监测点 SO_2 浓度与风速相关图

（r=0.58）

（据陆雍森等，1990，略有修改）

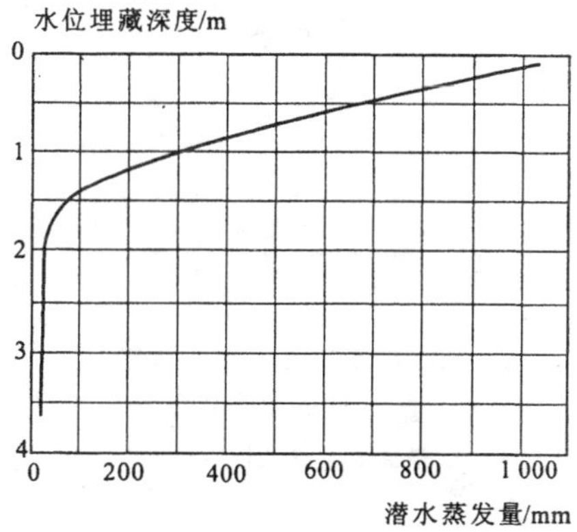

图 9-20　潜水蒸发量与水位埋深关系曲线

（据河北省地质局水文地质观测总站多年观测资料）

变化。因此，环境制图不仅要表示现象在某一特定时间内的空间分布，而且还应反映现象的一般和极端状况及现象随时间的变化，如地面沉降的速率、地表水、地下水中污染物的浓度变化等。用常规制图表示环境现象的动态变化，通常采用如下几种方法。

（一）扩展符号法

表示同一监测点的现象变化，即用同一几何符号的不同结构线符或组合条形图表示某现象不同时间的监测值或一定时间内最大、平均和最小数值的变化。如图 9-21 所示。

（二）扩展等值线法

表示某特定区域内同一现象在一定时间内的数值变化，一般采用线组，如某地区地下水中某污染物浓度的平均值、最大值和最小值等。如图 9-22 所示。

（三）扩展范围法

用不同颜色或不同结构线，重叠表示同一现象不同时间的范围变化（图 9-23）。

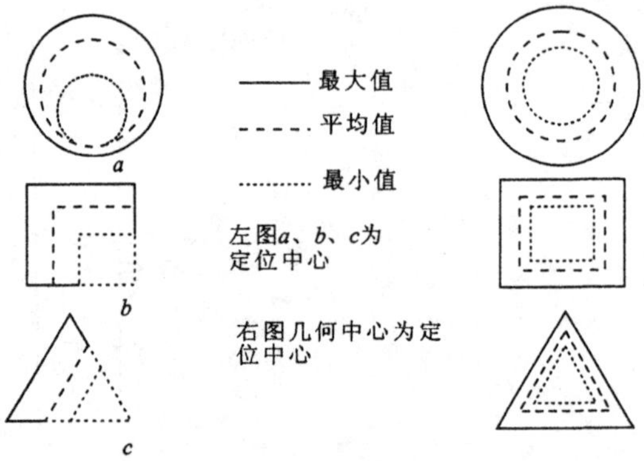

图 9-21　扩展符号表示样图

（据陆雍森等，1990，略有修改）

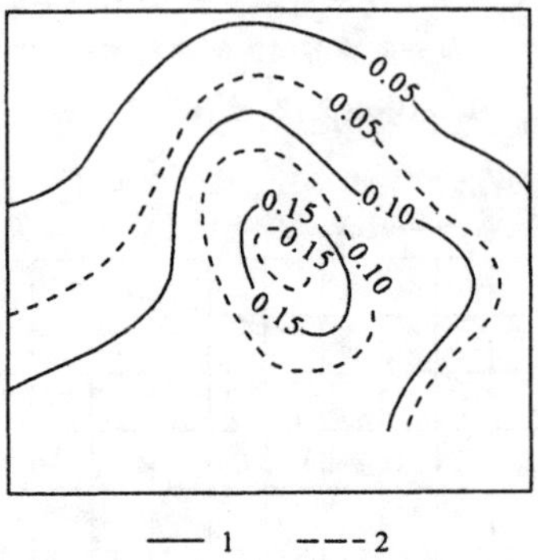

9-22　扩展等值线表示样图

（据陆雍森等，1990，略有修改）

1. 最高浓度；2. 最低浓度

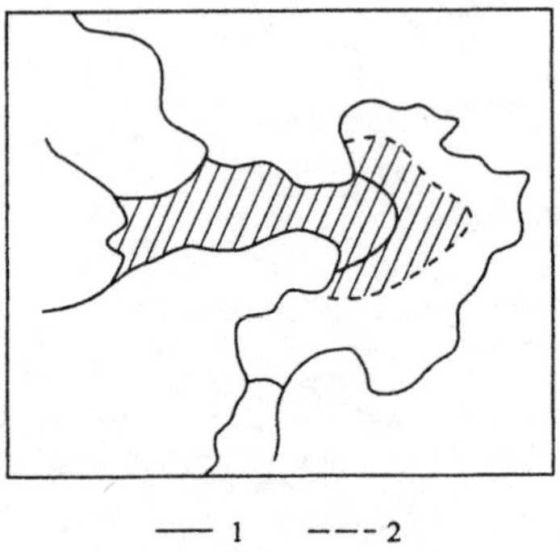

图 9-23　扩展范围表示图

（据陆雍森等，1990，略有修改）

1. 现有范围；2. 原有范围

这几种扩展法，在表示和使用上都有一定的局限性，特别是扩展符号比较臃肿。因此，也有用一组图表示的，即每一幅图仅表示现象的某一个时间的状况，需要表示多少个时间则编制相应的多少幅图。这种图图面负担较轻，但缺点是不便于对比。故常尽量利用各种图表来配合表示环境现象的动态变化。

地质环境评价制图的表示方法很多，不限于上述几种。在具体编图时，可根据需要选择其他地图表示方法。但地质环境评价制图也和编制其他种类的地图一样，要受成图比例尺和资料详简状况等因素的制约。因此，只有通过试验、比较，才能更好地实现图面布置合理、美观清晰、信息量大、规律性及应用性强，主题突出的原则。

第五节　制图方法

一、编图程序

地质环境评价制图是一种专题制图，在成图方面虽与一般普通地图有所不同，但基本上也要经过以下三个阶段。

1. 准备阶段

包括讨论和研究拟编制图幅的选题和内容、成图比例尺，对基础底图的要求、成图形式及有关规定。拟定出编图提纲，整理监测数据及有关资料，编制基础底图。依据有关数据、资料，选用或研究相应评价模型，对研究区做出科学合理的质量评价和分区。对于系列成图来说，要安排好各图幅的内容，并协调它们之间的关系，有时并不是一下就能确立的，经过资料整理，可作局部的修改与补充。

2. 编绘阶段

利用整理的监测数据资料及评价结果，进行草编、试验，绘出样图或草图。

3. 清绘阶段

根据草图，请绘图人员进行清绘、复制和着色。

二、基础底图的编制

基础底图是表达专题内容的地理基础，通常以地理图或地形图作为基本资料。由于地理图或地形图的成图时间往往较早，与当前环境状况可能发生了变化，为此，需进行必要的补充修正。底图内容的选择对成图质量影响很大，它不仅关系到现象的定位问题，更重要的在于通过底图建立专题内容与环境之间的有机联系。

(一)底图内容的选取原则

(1)要保留与专题内容有关的一些要素，换句话说即应去掉那些与专题内容无关的要素，以减轻图面负担。如编制土壤环境质量评价图，需要考虑地形的影响，当成图比例尺较大时，可保留等高线(等高距可适当取舍)，若是小比例尺时可用晕渲；编制城市建设用地适宜性评价图，除保留地形等高线外，对土地利用现状应充分表现出来。也就是说，要根据地质环境评价制图的类型、对象和目的，有针对性地加以选择。

(2)底图的内容不能过于简略，在一定成图比例尺和不影响专题内容表示的前提下，要保持适当的详细程度。

(3)作为系列成图的底图，还要求内容上的协调，各图幅的底图可选同样内容，也可以采用繁简不同的底图。

(二)地质环境评价制图的底图内容

对不同研究对象或区域，地质环境评价的内容不同，基础条件不同，其底图内容和要求也不同，这里仅讨论两个范例。

1. 城市地质环境评价图的底图内容

表示主要的河流、湖泊及其名称、山峰及其名称，主要铁路、车站，通往郊区的主要公路，主要街道及其名称，一般街道可适当选取，市、区界及其区名，城市绿地分布。

2. 大区域地质环境评价图的底图内容

比较详细的河流、湖泊、水库及主要河流、湖泊、水库的名称，地形(以等高线表示)，铁路，主要公路、市(州)、县、乡(镇)及其名称和界限，森林等。

(三)基础底图的编制方法

首先根据成图的类型和比例尺确定底图基本资料，并进行调绘、加工，即把制图区域变化了的情况，如新修的道路、扩展或缩小了的水体边界、改变了的用地类型、调整过的行政界限等等，重新加以修订、补充；然后对修正好的底图给予清绘(或清绘于透明纸上，或清绘于非透明纸上)、复制(或晒制、或以工程复印机复制)。若需要的量大、质量高，可进行复照。正式底图的图例符号，成图为大比例尺的基本按地形图，但可作适当修改、调整，以适应专题内容的表示；小比例尺的可自行设计线画符号。

三、样图试验

样图试验是指专题内容的表示试验，是成图过程的重要环节，包括内容和图面设计两个方面。内容设计主要是根据地图学的制图综合原理，对现象进行科学的概括，并研究如何运用地图"语言"(包括各种符号、颜色和文字及其组合)把它表达出来。图面设计则是研究成图的层次结构和图幅配置等问题。样图的试验有两个目的：①考查未来成图的效果；②提供审稿，以便在修改后作正式复制和出版的准备。样图试验，对于地质环境评价制图来说，由于其内容广泛和现象多样，给符号和颜色的设计、特别是颜色设计带来一定困难，应认真进行研究，并遵循如下原则。

(1)要有一定的系统性。如各类监测点、采样点、各类污染源的符号，以及主要污染物和地质环境评价等级系统的颜色，要有一定程度的统一。

(2)颜色要鲜明，强调主题，淡化背景。区域地质环境分区之间的差别要明显。

(3)刻意简化，不求繁全。繁复的内容不仅难以读懂，而且耗时。

四、GIS与地质环境评价制图

(一)基本原理

近年来，随着计算机技术的飞速发展，地理信息系统(GIS)系列软件的功能越来越强大，如ArcView、ArcGIS、MAPGIS等都具有数据处理和空间分析功能，可以充分利用这项技术进行地质环境分析和评价工作。

这种方法的一般流程和步骤如图9-24所示。

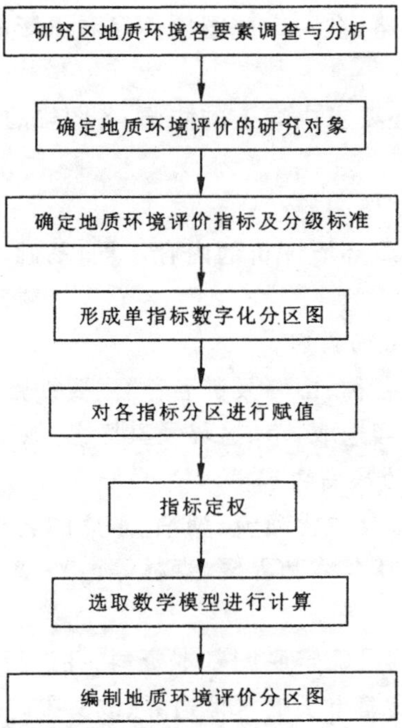

图9-24 基于GIS的地质环境评价的一般步骤

应用这种方法进行地质环境评价的特点是在已有底图的基础上，充分利用 GIS 的空间分析功能，不进行单元划分，整个过程都是自动化处理，自动生成分区图，减少手工操作的人为误差。但是必须事先有同一坐标系下的各评价指标的数字化分区图。

ArcGIS、MAPGIS 等地理信息系统软件的空间分析功能中都具备加权叠加分析的能力，一般是先选择两个指标分区图进行区对区的判别分析，保存所生成的区文件，然后利用形成的区文件与另外某一参数分区图进行区对区的判别分析，……直到所有指标分区图加权叠加完成为止。最终生成地质环境评价分区图，每个分区的最终叠加值也可以从属性文件中读出。

另外，若希望采用模糊聚类和灰色聚类方法进行计算，可在地理信息系统软件平台上进行二次开发，修改某些程序模块，使之适应地质环境评价工作的特殊需要。

（二）应用实例

下面以上海市建设用地地质环境适宜性评价为例说明利用 MAPGIS 的空间叠加分析功能进行评价工作的基本方法。

上海市是目前我国最大的城市之一，是长江入海口地区极为重要的国际化大都市，全市总面积 6 340.5km^2。上海市陆域大部分土地为近几千年来泥沙冲积而成，除西南部分布十余座低矮残丘外，全区地势低平。由于近年来市区面积的急剧扩张，城市化对建设用地的需求膨胀，也对土地的合理规划和使用提出了更高的要求。因此，对上海市的已有建设用地从地质环境角度进行评价和分析，有利于政府规划部门对土地利用进行综合规划和管理，充分发挥现有土地的最大功效，也为有效防治地质灾害和合理保护地质环境提供决策和建议，促进城市的可持续协调发展。

主要评价流程和方法如下所述。

1. 指标选取及分级

上海市建设用地地质环境适宜性评价选取的指标及分级标准见表 9－2 所示。

表 9－2　上海市建设用地地质环境适宜性指标及分级

指标	地质环境适宜性指标分级标准				
	Ⅰ	Ⅱ	Ⅲ	Ⅳ	Ⅴ
地表高程/m	<1	1～2	2～3	3～4	>4
基岩埋深/m	>400	300～400	200～300	100～200	<100
天然地基承载力/kPa	<80	80～100	100～120	120～140	>140
累计软土层厚度/m	>100	80～100	60～80	40～60	<40
第二砂层桩端极限端阻力/kPa	<1 000	1 000～2 000	2 000～3 000	3 000～4 000	>4 000
地面沉降速率/(mm/a)	>40	30～40	20～30	10～20	<10
地壳稳定性	不稳定区	较不稳定区	次稳定区	基本稳定区	稳定区
第一砂层液化势	严重	中等液化	轻微液化	不液化	无砂层

2. 按分级标准进行数字化成图及属性赋值

按照上面所选取的指标及分级标准，根据上海市的地质环境条件，以 MAPGIS 为基础平台，分别做出各指标的五级分区图。然后，再对 MAPGIS 中各级别的属性进行赋值，Ⅰ、Ⅱ、Ⅲ、Ⅳ、Ⅴ级分别赋值为 1、2、3、4、5。

共作出指标分级图八幅，限于篇幅，在此不一一列举。

3. 指标赋权

采用专家打分-层次分析法赋权，分别确定地质环境适宜性评价指标权重如表 9-3 所示。

表 9-3 上海市建设用地地质环境适宜性评价指标权重

指标	地表高程	基岩埋深	累计软土层厚度	天然地基承载力	第二砂层桩端极限端阻力	地面沉降速率	第一砂层液化势	地壳稳定性
权重	0.12	0.16	0.07	0.13	0.14	0.18	0.11	0.09

4. 进行建设用地适宜性指数计算并成图

利用 MAPGIS 的空间分析功能，选择两个参数分区图进行区对区的判别分析，保存所生成的区文件，然后利用形成的区文件与另外某一参数分区图进行区对区的判别分析……

利用属性库中的统改属区属性中进行加权计算，得出规划区内各点建设用地适宜性指数；利用图形编辑功能统一修改区属性颜色；最后形成上海市建设用地地质环境适宜性分区评价图（图 9-25）。

5. 评价结果的综合分析

从图 9-25 可以看出，地面建筑环境建设用地适宜性好的区域主要分布在南汇、奉贤、金山及浦东区中部，适宜性较好的区域分布在闵行、浦东和松江地区，适宜性中等的区域主要分布在上海市北部周边地带及崇明岛中部，而嘉定中部及崇明岛周边地带建设用地适宜性都比较差。

结合上海市 1999—2020 年城市远景规划的设计方案，可知从地质环境保护和工程建设的经济性角度考虑，有如下方面的规划存在一些问题。

（1）在城市建设用地的规划方面，上海市东南部沿海和长江入海口地区工程建设适宜性差，应加强保护，不宜大规模开发。所以，临港新城的规划建设和崇明、横沙、长兴三岛的远景规划不尽合理。

（2）在城市工业布局方面，上海市北部、黄浦江入海口地区工程建设适宜性差，不宜大规模开发。所以，宝山钢铁厂、外高桥保税区、金桥出口加工区的规划布局不尽合理。

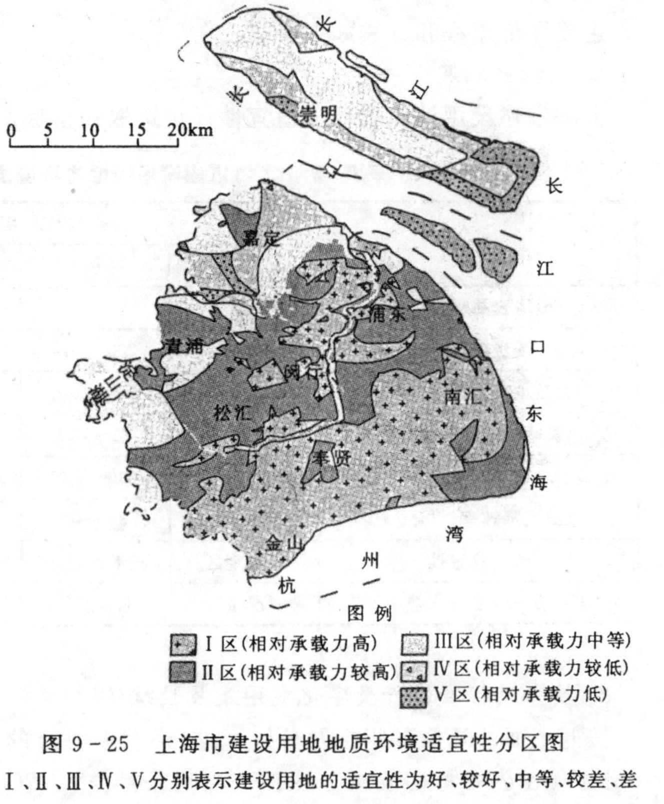

图 9-25 上海市建设用地地质环境适宜性分区图

注：Ⅰ、Ⅱ、Ⅲ、Ⅳ、Ⅴ分别表示建设用地的适宜性为好、较好、中等、较差、差

参考文献

毕思文,许强.地球系统科学[M].北京:科学出版社,2002,5

蔡鹤生，唐朝晖，周爱国.地质环境质量综合评价中的敏感因子模型[J].地质科技情报，1998,17(2)：71～75

蔡鹤生,唐朝晖,周爱国.地质环境容量评价指标初步研究[J]. 水文地质工程地质,1998(1)：23～25

蔡劲松.岷江上游生态环境地质质量评价与可持续发展[M].成都:成都理工大学出版社,2004

蔡运龙.持续发展-人地系统研究的新思路[J].应用生态学报,1995,15(3):329～333

曹树刚,武晓敏.重庆市矿山地质环境评价方法探讨[J].山东科技大学学报(自然科学版),2007,26(2):1～4

陈爱光,徐恒力.地下水系统与地下水系统分析[M].武汉:中国地质大学出版社,1987.5

陈桂华，徐樵利.城市建设用地质量评价研究[J].自然资源，1997,12(5):22～30

陈国阶,等.三峡工程对生态环境影响的综合评价[M].北京:科学出版社,1993.

陈楷根.区域环境承载力理论及其应用[D].福建师范大学硕士学位论文,2002

陈克华.层次分析法在生态环境评价中的应用[J].福建环境,1998,15(5):18

陈美君.农业地质环境调查、分析与评价[M].上海:上海师范大学出版社,2006

陈梦熊.论生态地质环境系统与综合性生态环境地质调查.水文地质工程地质[J].1999(3):3～7

陈梦熊.环境地质学的理论基础与研究领域[A].见:陈梦熊.环境地质研究(第三辑)[C].北京:地震出版社,1995,1～5

陈守煜，伏广涛，周惠成,等. 含水层脆弱性模糊分析评价模型与方法[J]. 水利学报，2002(7):23～30

陈育峰.环境地学分析方法及应用[M].北京:中国环境科学出版社,1994

陈志恺.中国水资源的可持续利用.中国水利.2000(8):38～40

陈智梁.以人为本,复兴地质科学——从第32届国际地质大会看地质学研究的几点新动向[J].沉积与特提斯地质,2004,24(4):96～98

陈忠,盛毅华.现代系统科学学[M].上海:上海科学技术文献出版社，2005

程伯禹.矿山地质灾害防治与地质环境保护[J].中国地质灾害与防治学报,1994(S1):7～10

戴福初,李军,张晓晖. 城市建设用地与地质环境协调性评价的GIS方法及其应用[J]. 地球科学——中国地质大学学报，2000,25(2)：209～214

戴塔根,刘悟辉,马国秋.环境地质学[M].长沙:中南大学出版社,2000

戴英,张晓晖. 基于GIS的城市地质环境敏感性评价——以兰州市为例[J].地球物理学进展，2003,18(2)：353～356

邓聚龙.灰色系统(社会,经济) [M].北京:国防工业出版社,1985

董元华.土壤与全球环境变化[J].中国人口、资源与环境,1993,3(2):19～22

段飞舟.污灌区农田土壤环境质量评价[J].环境科学研究，2006,19(3):114～116

段永侯,罗元华,柳源,等.中国地质灾害[M]. 北京:地质出版社,1993.12

段永侯.我国地质灾害的基本特征与发展趋势[J].第四纪研究,1999,5(3):208～216

段永侯.中国地质灾害与生态地质环境[A].见:曲焕林,程莉蓉主编. 人类生存的地质环境问题[C].北京:地质出版社,1998

段永侯,等.中国环境地质分区图及说明书[M]. 北京:地质出版社,1992

段仲远.城市环境质量指标体系定量评价研究[J].环境科学与技术,1995,51(1):64～76

樊运晓,高朋会,王红娟.模糊综合评判区域承灾体脆弱性的理论模型[J]. 灾害学,2003,18(3):20～23

方鸿琪,杨闽中.城市工程地质环境分析原理[M].北京:中国建筑工业出版社,1999
方家骅.中国城市环境地质工作回顾和今后工作思考[J].火山地质与矿产,2001,22(2):84～86
费忠华,罗定贵,周利麟.地下水环境质量评价模糊数学模型新探[J].工程勘察,1995,10(6):31～33
冯小铭,郭坤一,王爱华,等.城市地质工作的初步探讨[J].地质通报,2003,22(8):571～579
付素蓉,王焰新,蔡鹤生,等.城市地下水污染敏感性分析[J].地球科学——中国地质大学学报 2000,25(5):482～486
高吉喜.可持续发展理论探索——生态承载力理论、方法与应用[M].北京:中国环境科学出版社,2001
高建国.中国沿海地区灾害带及其对策[J],灾害学,1991,6(13):81～85
葛双成,张藻.论城市地质研究与土地利用规划评价[J].上海地质,2001(4):5～7
郭显光.改进的熵值法及其在经济效益评价中的应用[J].系统工程理论与实践,1998,(12):98～102
郭秀锐,毛显强,冉圣宏.国内环境承载力研究进展[J].中国人口、资源与环境,2000,10(3):28～30
郭永海.区域地下水防污性能评价方法及其在河北平原的应用[J].石家庄经济学院学报,1996,19(1):41～45
哈承佑.正确认识地质环境的属性——发挥地学在环境保护中的作用[A].见:中国水文地质工程地质勘查院.工程地质、环境地质论文集[C].北京:地震出版社,1993.261～270
韩华,孙保卫,王峰,等.矿山环境治理地质灾害危险性评估技术探讨[J].城市地质,2006,12(1):54～60
何斌.环境影响综合评价权重确定的一种新方法[J].蒙自师范高等专科学校学报,1999,10(2):1～4
洪阳,叶文虎.可持续环境承载力的度量及其应用[J].中国人口、资源与环境,1998,8(3):54～58
胡海涛,哈承佑,钟立勋,等.中国的环境地质问题[A].见:张炳焘等.中国地质工作发展战略[C],北京:地质出版社,1999.150～163
胡海涛.中国地质灾害类型、分布及防治建议[J].水文地质工程地质,1993(1):1～7
华解明.我国煤矿区水文地质勘查与环境地质评价现状及发展趋势[J].煤田地质与勘探,2006,34(3):40～43
黄建军,李雪梅.宝鸡城市地质环境质量评价研究[J].西安工程学院学报,2001,23(1):50～53
黄润秋.生态环境地质的基本特点与技术支撑[J].中国地质,2001,28(11):20～24
黄淑芳.主成分分析及 MAPINFO 在生态环境脆弱性评价中的应用[J].福建地理,2002,17(1):47～49
黄兴国,刘秀花.水环境质量评价中几种方法的对比[J].地下水,2005,27(2):125～127
黄益斌,崔广柏,朱德明.太湖生态脆弱性特征与消除对策的初步探讨[J].湖泊科学,1999,11(4):316～321
籍传茂.水文地质和环境地质的发展趋势[J].水文地质工程地质,1999(3):7～8
贾永刚,方鸿琪.青岛城市地质环境信息系统(QUGIS)的设计与实现[J].中国地质灾害与防治学报,1999,10(2):45～52
姜桂华.地下水脆弱性研究进展[J].世界地质,2002,21(1):33～38
姜启源.数学模型[M].北京:高等教育出版社,1987,4
姜志群,朱元甡.地下水污染敏感性评价中 DRASTIC 法的应用[J].河海大学学报(自然科学版),2001,29(2):100～103
蒋辉.环境水文地质学[M].北京:中国环境科学出版社,1993
金玉国.一种测定权数的新方法:灰色系统关联分析法[J].统计教育,2002,5(3):14～15
匡乐红,徐林荣,刘宝琛.地质灾害危险性评价指标规范化方法研究[J].铁道科学与工程学报,2007,4(1):39～43
李鄂荣等.环境地质学[M].北京:地质出版社,1991
李瑞敏,侯春堂,王轶.农业地质研究进展及主要研究问题.水文地质工程地质[J].2004(2):110～113
李树德.环境工程地质分区及工程地质环境综合评价[M].北京:海洋出版社,1996
李双林.遥感技术在武汉市城市地质环境及环境地质分析评价中的应用[J].测绘通报,1996,(5)

李天杰,宁大同,薛纪渝,等.环境地学原理[M].北京:化学工业出版社,2003

李相然,权惠庆,曹振斌,等. BP神经网络及其在城市环境工程地质研究中的应用[J].中国环境监测,2001,17(1). 5～18

李志新,等.地质及矿山地质学[M].北京:冶金工业出版社,1979

李智毅,江顺先.地质灾害及其在山区城市工程地质环境质量评价中的贡献[J].地球科学——中国地质大学学报,1989,20(3):1～4

李祚泳,丁晶,彭荔红.环境质量评价原理与方法[M].北京:化学工业出版社,2004,5

郦桂芬.环境质量评价[M].北京:中国环境科学出版社,1989

林年丰.环境水文地质学[M].北京:地质出版社,1990

林山杉.地下水脆弱性的概念与评价[J].长春地质学院学报,1997(增刊1):45～48

凌志敏.矿山地质环境影响评价方法[J].中国西部科技,2006(10):38～41

刘春涌,张慧,阿依古丽.初论新疆大农业生态地质环境调查[J]. 新疆环境保护.2001, 23(1):11～14

刘广润.关于环境地质学的一些基本问题探讨[J]. 工程地质学报,2003,11(4):339～342

刘培桐.环境学概论[M].北京:高等教育出版社,1998

刘石.地下水质量评价方法探讨[D].中国地质大学(北京)硕士学位论文, 2006

刘淑芳,等.区域地下水防污性能评价方法及其在河北平原的应用[J].河北地质学院学报,1996,(1):41～45

刘用清.土壤环境质量评价标准研究及应用[J].上海环境科学,1996,15(11):8

龙腾锐,姜文超.水资源(环境)承载力的研究进展[J].水科学进展.2003,14(2):249～252

卢全中,彭建兵,赵法锁.地质灾害风险评估(价)研究综述[J]. 灾害学,2003,18(4):59～63

鲁益钜,张道.全国国土综合开发重点地区水资源和地质环境评估[M].北京:地质出版社, 1994

陆雍森,等.环境评价[M].上海:同济大学出版社,1990

陆洲,马涛.地下水环境质量评价的一种新方法——集对分析法[J].环境保护科学, 2005,31(5):53～55

马倩如,程声通,等.环境质量评价[M].北京:中国环境科学出版社,1990

马寅生,张业成,张春山等.地质灾害风险评价的理论与方法[J]. 地质力学学报,2004,10(1):7～18

马仲文,等.环境评价[M].上海:同济大学出版社,1990

毛大发.试论南昌—莲塘一带土壤环境地球化学特征及其环境质量[J].地质与勘探,2003,39(3):72～77

毛同夏.21世纪初期中国地质环境态势与可持续发展[J].水文地质工程地质,1996,6:6～9

毛同夏,石宏仁,张丽君.区域地质环境的定量评价和预测[J].地学前缘,1996,3(1～2):141～146

闵隆瑞,迟振卿,刘东生.第四纪地质图件和生态与环境图系的编制及展望[J].第四纪研究,1999(3):198～207

闵茂中,倪培,崔卫东,等.环境地质学[M].南京:南京大学出版社,1994

欧正东,等.环境地质学的理论与应用研究[M].成都:成都科技大学出版社,1994

潘懋,等.环境地质学[M].北京:地震出版社,1997

乔家君.改进的熵值法在河南省可持续发展能力评估中的应用[J]. 资源科学,2004,26(1): 113～119

曲焕林,程莉蓉.人类生存的地质环境问题[M].《中国大陆岩石圈组成、结构、演化与环境》系列丛书(3).北京:地质出版社,1998,10

任幼蓉.城市地质环境复杂程度与灾害的相关性[J].地质灾害与环境保护.2003, 14(3):1～4

尚永升.滑坡灾害危险性评价方法研究综述[J].山西建筑,2006,32(24):87～88

邵时雄,等.果林农业生态地质研究:金丝小枣农业生态地质环境[J].北京:科学出版社,1995,12(5):23～25

沈继方,高云福.地下水与环境[M].武汉:中国地质大学出版社,1995,10

沈莽庭.九江市城市建设用地地质环境质量评价[J].吉林大学学报(地球科学版),2006(S1):90～94

沈勇.矿区地质环境评价探讨[J].科技情报开发与经济,2005,15(16):288～289

沈照理,朱宛华,钟佐燊.水文地球化学基础[M].北京:地质出版社,1993

沈珍瑶,杨志峰,曹瑜.环境脆弱性研究述评[J].地质科技情报,2003, 22(3):91～94
石有维.城市建设用地适宜性评价——以鞍山市为例[J].中国土地科学,1993,7(5):28～32
宋之杰,高晓红.一种多指标综合评价中确定指标权重的方法[J].燕山大学学报,2002,26(1):20～23
孙才志,潘俊.地下水脆弱性的概念、评价方法与研究前景[J].水科学进展,1999,10(4): 444～449
孙培善.城市地质工作概论[M].北京:地质出版社,2004
谭周地.城市工程地质环境质量评价与区划[A].水文地质工程地质论丛[C].北京:地质出版社,1988.41～50
谭卓英.城市发展与地质环境相互作用机制及数值模拟——北海市可持续发展战略研究[D].广西大学博士论文.2000
汤洁.农业生态地质环境质量综合评价——以吉林省乾安县为例[J].世界地质,1999,18(2):89～94
汤中立,李小虎,焦建刚,等.矿山地质环境问题及防治对策[J].地球科学与环境学报,2005,18(2):281～282
唐辉明.地质环境与城市发展研究综述[J].工程地质学报, 2006,14(6):728～733
唐剑武,叶文虎.环境承载力的本质及其定量化初步研究[J].中国环境科学,1998,18(3): 227～230
汪礼.环境数学模型[M].上海:华东师范大学出版社,1997
王从祥,杨斌,张尚坤,等.农业生态地质调查工作方法浅谈.山东地质.2002,18(5): 41～43
王凤生.矿业开采诱发的地质环境负效应及综合治理工程[J].吉林地质,2001,20(1):35～44
王国利.基于DRASTIC的地下水易污染性多目标模糊模式识别模型[J].水科学进展, 2000,11(2):173～178
王华东,等.环境质量评价[M].天津:天津科学技术出版社,1986
王莲芬,许树柏.层次分析法引论[M].北京:中国人民大学出版社.1989,1～46
王思敬.典型人类工程活动与地质环境相互作用研究[M].北京:地质出版社,1995,1～9
王学萌,罗建军.灰色系统预测决策建模程序集[M].北京:科学普及出版社,1986
王哲.我国地质灾害区划及其研究现状[J]. 中国矿业,2006,15(10):47～50
魏军才.湖南省矿山地质环境保护对策研究[J].国土资源导刊,2005,16(1):16～19
魏迎春,许友宁. 矿山地质环境量化评价模型研究[J].华南地质与矿产,2004,(4):47～50
文冬光,刘长礼.中国主要城市环境地质调查评价[J].城市地质,2006,2(2):4～7
吴必虎.中国城市灾害地学背景研究[J].灾害学,1997,12(1):28～33
吴思江,李献.灰色关联分析在浅层地下水环境质量评价中的应用[J].水矿产与地质,2001,85(5):304～344
吴恒.城市用地的影响因素分析及其评价系统[J].地理研究,1995,14(4):69～77
武强,薛东,连会青.矿山环境评价方法综述[J].水文地质工程地质,2005,32(3):84～88
夏军.区域水环境及生态环境质量评价:多级关联评估理论与应用[M].武汉:武汉水利电力大学出版社, 1999
夏立江,王宏康.土壤污染及其防治[M].上海:华东理工大学出版社, 2001
徐春霞.秦皇岛市地下水环境质量评价与分析[J].水土保持研究, 2007,14(2):330～332
徐友宁.矿山环境地质问题综合评价指标体系[J].地质通报,2003,22(10):829～832
徐友宁.中国西北地区矿山环境地质问题调查与评价[M].北京:地质出版社,2006
徐增亮.环境地质学[M].青岛:青岛海洋大学出版社,1992
严健汉,詹重慈.环境土壤学[M].武汉:华中师范大学出版社,1985,8
阳杰.环境承载力评价及预测模型研究[J].技术经济与管理研究,2000(1): 38～40
杨闽中,方鸿琪.城市地质环境质量的计算机分析方法[J].工程勘察,1989(5):19～22
杨庆,栾茂田.地下水易污性评价方法DRASTIC指标体系[J].水文地质工程地质,1999,26(2): 4～9
杨晓婷,王文科,乔晓英.关中盆地地下水脆弱性评价指标体系的探讨[J]. 西安工程学院学报, 2001,23(2): 46～49
叶文虎,环境承载力及其科学意义[J].环境科学研究,1992(增刊)
叶文虎,栾胜基.环境质量评价[M]. 北京:高等教育出版社,1994

尤孝才.我国矿山地质环境的问题与保护对策探讨[J].地质技术经济管理,2002,24(4):23～27

虞登梅.两种不同的水环境质量评价方法应用与比较[J].安徽理工大学学报(自然科学版),2006,26(1):6～10

张丽君,贾跃明,刘明辉.国外环境地质研究和工作的主要态势[J].水文地质工程地质,1999(6):1～5

张欣海,李智毅.用灰色聚类方法对重庆环境地质质量的评价[J].勘察科学技术,1993(l):3～7

张永忠.南昌市建设用地地质环境质量评价[J].地质调查与研究,2007,30(1):62～70

张宗祜,袁道先.我国跨世纪的重大地学问题——环境地学发展前景[J].国土资源科技管理,1995(5):60～69

张宗祜.地质环境与环境地质[A].见:中国水文地质工程地质勘查院.环境地质研究[C].北京:地震出版社,1991.1～4

张宗祜.环境地质与地质灾害[J].第四纪研究,2005,25(1):1～5

赵传冬.多目标地球化学填图中土壤环境质量评价方法的探讨[J].地质与勘探,2003,39(6):78～81

赵焕臣,等.层次分析法:一种简易的新决策方法[M].北京:科学出版社,1986

赵力强.矿山地质环境状况及防治措施的研究[J].浙江地质,2001,17(2):59～62

赵树柏.实用决策方法——层次分析法[M].天津:天津大学出版社,1988

赵颖弘,胡明安.鄂东南矿山环境评价指标体系[J].地质科技情报,2005,24(1):91～94

郑西来,吴新利,荆静.西安市潜水污染的潜在性分析与评价[J].工程勘察,1997,(4):22～25

中华人民共和国地质矿产部,中华人民共和国国家科学技术委员会,中华人民共和国国家计划委员会.中国地质灾害与防治[M].北京:地质出版社,1991

中国环境监测总站.土壤元素的近代分析方法[M].北京:中国环境科学出版社,1992

钟佐燊.地下水防污性能评价方法探讨[J].地学前缘,2005,(S1):3～11

周爱国,蔡鹤生.地质环境质量评价理论与应用[M].武汉:中国地质大学出版社,1998;6

周爱国,孙自永,马瑞.干旱区地质生态学导论[M].北京:中国环境科学出版社,2007

周爱国,孙自永,徐恒力,等.地质环境生态适宜性评价指标体系研究[J].地质科技情报,2001,20(2):71～74

周广柱.土壤环境质量综合评价方法探讨[J].山东科技大学学报(自然科学版),2005,10(4):1～5

周国华.土壤环境质量标准的制定原则与方法[J].地质通报,2005,24(8):721～728

周惠成.基于DRASTIC模型含水层易污染性模糊综合评价[J].大连理工大学学报,2001,41(2):213～216

周涛发,岳书仓,柏林.城市地质环境及其评价与保护[J].合肥工业大学学报(自然科学版).1997,20(3):22～27

周托.地质灾害危险性的灰色模糊综合评判模型[J].西部探矿工程,2005

朱大奎,等.环境地质学[M].北京:高等教育出版社,2000

朱良峰,吴信才,刘修国.城市三维地质数据管理与服务系统框架研究[J].地球科学与环境学报,2004,26(1):69～75

朱茵,孟志勇,阚叔愚.用层次分析法计算权重[J].北京交通大学学报,1999,23(5):119～122

Tsang Chin-fu,王焰新.水文地质研究的关键科学问题及其创新资助领域[J].中国科学基金,2003(6):330～334

D.R.科茨.环境地质学[M].李鄂荣等译.北京:地质出版社,1991

E.Л.明金(苏)著.地下水污染调查与预测计算[M].王霭玲等译.北京:中国建筑工业出版社,1987

Nebel B. J.. 环境科学:世界存在与发展的途径[M].范淑琴等译,北京:科学出版社,1987

Allen, W. H., M. R. George. A second review of the international status of engineering geology-encompassing hydrogeology, environmental geology and the applied geosciences [J]. Engineering Geology, 1999 (53): 259～296

Allen, P. M.. Evolution, innovation and economics. In: Dosi G., C. Freeman, R. Nelson, *et al*. Technical change and economic theory [M]. London: Printer Publishers, 1988

Allen, P. M.. The evolutionary paradigm of dissipative structure [J]. AAAS Selected Symposium 61. Colorado: Westview Press, 1981

Alley, L., T. Bonnet, J. H. Lehr, *et al.*. DRASTIC, a standardized system for evaluating groundwater pollution potential using hydro-geologic settings[R]. U. S. Environmental Protection Agency, 1987

Antrop, M.. Landscape change: plan or chaos? [J]. Landscape and urban planning, 1998, 41:155～161.

Atkinson, *et al.*. Measuring Sustainable Development: Macroeconomics and Environment [M]. Cheltenham: Edward Elgar, 1997

Balocco, C., Grazzini G.. Thermodynamic parameters for energy sustainability of urban areas [J]. Solar Energy, 2000, 69(4):351～356

Bell, F. G.. Environmental geology: principles and practice [M]. Malden, MA: Blackwell Science, 1998

Bertalanffy von. General System Theory [M]. New York: George Breziller, Inc. 1973. 33

Bisset, R.. Social impact assessment and its future [J]. Mining Environmental Management, 1996(3): 9～11

Button K. J.. Urban economics - theory and policy [M]. London: The Macmillan Press Ltd. 1976

Claassen, M.. Ecological risk assessment as a frame work for environmental impact assessments [J]. Water science and Technology, 1999, 39(10～11): 151～154

Cohen, J. E.. How many people can the earth support? [M]. New York: W. North & Co, 1995

Daily, C. C., P. R. Ehrlich. Population, sustainability, and earth's carrying capacity [J]. Bioscience, 1992, 42 (10): 761～771

David, B. D.. Geotechnical practice for waste dispose [A]. 1993

Durr, H.. The Synopsis of Large Scale Maps and the Stud of Man - Land Systems [J]. Resource Management and Optimization, 1983, 2(3):259～269

Eyles, N. E.. Environmental Geology of a Super city: The Greater Toronto Area [A]. Geological Association of Canada [C], 1997, (3): 7～80

Fader, G. B. J., D. E. Buckley. Environmental geology of Halifax Harbor [M]. Nova Scotia: Institute of public Affair, 1997:249～268

Falkenmark, M., J. Lundqvist. Towards water security: political determination and human adaptation crucial [J]. Natural Resources Form, 1997, 21(3): 181～190

Foley, D., D. M. Garry, O. U. Russell. Investigations in environmental geology [M]. N. J.: Prentice Hall, 1999

Forrester, J. W.. World Dynamics [M]. Cambridge, Mass.: The MIT Press, 1971

Fyte, W. S.. Earth systemscience for the 21st century: touards truly sustainable decelopment[J]. Episode, 1997,20(1)

Gerber, R. E., K. W. F. Howard. Groundwater Recharge to the Oak Ridges Moraine [J]. Gedogical Assocaition of Canada, 1997, (3): 173～192

Grim, S. S., W. Thomas. Environmental geology of urban and urbanizing areas: a case study from the San Marcos area, Texas. Ann Arbor [J], Mich.: UMI, 1977

Harding, G.. Cultural carrying capacity: a biological approach to human problems [J]. Bioscience, 1986, (36): 599～606

Hartmut, B.. Earth at a Crossroads: Paths to a Sustainable Future [M]. Cambridge University Press, 1998

Hertz, D.. Risk Analysis and Its Applications [M]. New York: John Wiley and Sons, 1983. 9

Irmi, S., Clem, A. T.. Carrying capacity reconsidered: from Malthus's population theory to cultural carrying capacity [J]. Ecological Economics, 1999(31):395～408

Jantsch, E.. The Self - Organizing Universe [M]. New York: Pergamon Press. 1980

Kaplan, S.. On the Quantitative Definition of Risk [J]. Analysis, 1981, 1(1):11

Keefer, D. K., R. C. Wilson, R. K. Marrk, *et al.* Real time landslide warming during heavy rainfall [J]. Science, 1987,238(I_3):921～925

Kolluru, R., S. Bartell, R. Pitblado, *et al.* Risk Assessment and Management Handbook for Environmental Health and Safety Professionals [M]. New York: McGraw - Hill, 1996

Kovark, K. J.. Groundwater quality: remediation and protection [J]. Proceedings of a conference, Prague, 1995. 225

Larsen, T. A., W. Gujer.. The concept of sustainable urban water management [J]. Water Science Technique, 1997, 35(9):3～10

Lawren, W. L.. Environmental Geology [M]. N. J.: Prentice Hall, 1999

National Academy of sciences (NAS). Risk Assessment in Federal Government: Managing the process [M]. Washington D. C. : National Academy Press, 1983. 15

National Research Council (U. S.). Ground water vulnerability assessment predicting relative contamination potential under conditions of uncertainty [A]. Committee on Techniques for Assessing Ground Water Vulnerability [C]. Washington D. C. : National Research Council, National Academy Press, 1993

National Research Council. Committee to review the Florida Keys Carrying Capacity Study [Z]. Washington D. C.: National Academy Press, 2001

Nicholas, E.. Environmental Geology of Urban Areas [M]. Memorial University of Newfoundland: Geological Association of Canada, 1997

Nicolis, G., Prigogine, I.. Self - organization in none equilibrium systems. New York: John Wiley & Sons, 1997

NRC. Ground water vulnerability assessment contamination potential under conditions of uncertainty [M]. Washington D. C., National Academy Press, USA, 1993

NRC. Science and Judgment in Risk Assessment [M]. Washington D. C.: National Academy Press. 1994

Paul, N. C.. Ecological Issues and Environmental Impact Assessment - Advances in Environmental Control Technology Series [M]. Houston, Texas: Gulf Publishing Company, 1997

Pearce, D., K. Hamilton and G. Atkinson. Measuring Sustainable Development: Progress on Indicators [J]. Environment and Development Economics, 1996, (1)

Power, M., L. S. McCarty. Trends in the development of ecological risk assessment and management frame works [J]. Human and Ecological Risk Assessment. 2002, 8(1): 7～18

Rchard, J. A.. Developing sustainable studies on environmental health [J]. Mutation Research, 2001, 480～481: 317～331

Richardson, M. L.. Risk Assessment of Chemicals in the Environment [M]. London: Royal Society of Chemistry, 1988. 127

Robert, B. J., *et al.*. The use of urban geology in Canada A case study in the national capital region [J]. Geoscience in Canada, 2000, 26(3)

Rowe, R. K., M. J. Fraser. Engineered waste disposal facilities [A]. Geological Association of Canada, 1997. 339～345

Rupert, M. G.. Calibration of the DRASTIC groundwater vulnerability mapping method [J]. Ground Water, 2001, 39(4):625～630

Sergeant, A.. Management objectives for ecological risk assessment developments at US EPA [J]. Environmental Science & policy, 2000 (3): 295～298

Shafik, N.. Economic Development and Environmental Quality: An Econometric Analysis [J]. Oxford Economic Paper, 1994, 46: 757～773

Slocombe, S. D.. Assessing transformation and sustainability in the Great Lakes Basin [J]. Geo-journal, 1990, 21: 273～298

Snyder, D. T., J. M. Wilkinson. Use of a Groundwater Model with Particle Tracking to Evaluate Ground water Vulnerability, Clark County, washing ton [R]. U. S. Geological Survey. 1998. 1～63

Tim U. S., D. Jain, H. H. Liao. Interactive modeling of groundwater vulnerability with in a geographic information system [J]. Ground Water, 1996, 34(4): 618～627

U. S. NRC. Innovations in groundwater and soil clean up from concept to commercialization [M]. National Academy Press, 1997

Watt, K. E. F.. Systems Analysis in Ecology [M]. New York: Academic Press, 1966

Wu F.. Linguistic cellular automata simulation approach for sustainable land development in a fast growing region [J]. Computers, Environment and Urban Systems, 1996, 20(6):367～387